用地補償と会計検査

HAGA Akihiko

芳賀 昭彦

一般財団法人 経済調査会

は じ め に

　この度、会計検査院が記録している戦後の新憲法、新会計検査院法の下で検査活動を開始した昭和22年度から令和4年度までの77年間にわたる決算検査報告のデータベースから、用地・補償に係る報告事例を抽出したところ、その件数は、235件となっています。

　これらの事例について、各時代を辿ってみると、戦後の昭和22年度から昭和40年代までの検査報告（75件）においては、戦後の混乱期から復興期、経済の成長期、安定期に入る時代で、国の財産の管理、処分、取得、貸付料の徴収などに係る主に国の体制や制度の不備などを原因とする事例が大半を占めています。

　その後、昭和50年代に入ってからは、関係する制度の整備等もあってか、用地関係の事例に加えて補償関係の事例も目立ち始め、「その処理」や「考え方」などが関係法令や基準等に基づいているかといった近年の検査の着眼点からの指摘事例が主流となり、この傾向が平成の時代を経て令和の時代の現在にまで至っています。

　そして、これらの事例は、用地・補償の担当者の交代時期が関係するかのような類似の事例がある間隔で出現していたり、各時代の社会的・経済的な背景を反映した事例が出現したりしていることなどが見て取れます。

　本書は、戦後からの用地・補償の事例235件のうち、特に昭和50年代以降の事例160件について会計検査院の各年度のデータベースに基づき編集したものですが、本書を年代ごとにご一読して頂くことにより、事例の傾向や繰り返す事例に注意をして頂くなど、用地・補償に携わる皆様の業務の参考として頂ければ幸いです。

　なお、本書における検査報告以外の記載内容は個人的見解によるものであることを予めお断りいたします。

2024年（令和6年）11月

芳賀　昭彦

本書の利用にあたって

　会計検査院の検査報告データベースは、昭和22年度から作成されている。戦後、我が国は、6年8か月に及ぶ連合国軍による占領を経て主権を回復するが、この間、新憲法である日本国憲法が昭和21年11月3日に公布され翌22年5月3日に施行された。そして、会計検査院は日本国憲法第90条に規定され、これに基づく新会計検査院法が昭和22年4月19日に公布されて、新憲法と同じく同年5月3日に施行された。これ以降、戦後の会計検査院は、昭和、平成、令和の時代へと検査の歩みを進めることになる。

昭和20年（1945年）8月14日	ポツダム宣言受諾
同年 8月15日	昭和天皇の終戦の詔勅
同年 8月28日	連合軍進駐開始
同年 8月30日	ダグラス・マッカーサー大将厚木基地到着
同年 9月 2日	横須賀の戦艦ミズーリで降伏文書に調印
昭和21年（1946年）11月 3日	新日本国憲法公布
昭和22年（1947年）4月19日	新会計検査院法公布
同年 5月 3日	新日本国憲法施行、新会計検査院法施行
昭和26年（1951年）9月 8日	サンフランシスコ講和条約調印
昭和27年（1952年）4月28日	サンフランシスコ講和条約発効（主権回復）

　新憲法下での会計検査院は、帝国憲法下で天皇直隷機関であった地位が廃止され、国家組織上国会、内閣、裁判所のいずれにも属さない純然たる独立機関となり、戦後の混乱期、復興期、高度成長期、ドルショック、石油危機、バブル期、バブル崩壊、リーマンショック、デフレ不況、アベノミクス、コロナ禍及びロシア・ウクライナ戦争と令和4年まで戦後77年、主権回復から70年以上を経てきた。各時代の決算検査報告をみると、我が国が新たな民主国家として歩み始めた戦後の混乱期から令和の今日までの時代背景や予算、決算を通じた国家活動の実情を映し出している。

　前述したとおり、本書で紹介するのは、戦後の混乱期の昭和22年度から

令和 4 年度の 77 年にわたる会計検査院の決算検査報告における用地・補償の事例であるが、昭和 22 年度から昭和 40 年代までの 75 件の事例については、主に国の体制や制度の不備などを原因とするものが多く、また、文章表記についても現代表記とは異なることなどから、この間の事例については、各年代の概要及び代表的な事例紹介に止め、年度別に事例件名を資料編に掲載するに止めることとした。

昭和 50 年代から令和 4 年度までの間の事例については、160 件となっていて資料編に年度別に事例件名を紹介するとともに、その事例については全て個別に検査報告本文に基づく現行の様式に修正して、用地及び補償に区分し、土地評価、土地等管理・処分、物件、機械工作物、営業補償・特殊補償、事業補償、総合補償に分類した上、検査院の指摘の態様別に編集した。その内容は、用地については、取得、交換、管理（維持保全、遊休化、利活用、借上げ、貸付け）、処分など、また、補償については、移設、移転、営業、金銭、消滅などとなっている。

なお、国有財産には、土地、建物、工作物等が含まれており、土地以外を含んだ事例の場合、「土地」のみを抽出することは困難なため、国有財産の事例では、土地以外も含む場合があることを予めご了承願いたい。

目　　次

第1章　戦後から昭和40年代の報告事例

1. 昭和22年度から昭和29年度まで（40件）……………………………2
2. 昭和30年代から40年代（35件）………………………………………4
　(1) 昭和32年度検査報告…………………………………………………5
　(2) 昭和33年度検査報告…………………………………………………7
　(3) 昭和37年度検査報告…………………………………………………8
　(4) 昭和40年度検査報告………………………………………………10

第2章　昭和50年度から平成期を経て令和4年度までの　検査報告事例

1. 時 代 背 景……………………………………………………………14
　(1) 昭和50年から昭和63年……………………………………………14
　(2) 平 成 期……………………………………………………………14
　(3) 令 和 期……………………………………………………………15
2. 指 摘 事 例…………………………………………………………16
　(1) 指 摘 事 項…………………………………………………………16
　(2) 一覧表の見方………………………………………………………17
3. 分類別一覧表…………………………………………………………17
　(1) 土地評価（不当）……………………………………………………17
　(2) 土地評価（処置済・処置要求）……………………………………18
　(3) 土地等管理・処分（不当）…………………………………………19
　(4) 土地等管理・処分（処置済・処置要求・意見表示）……………20
　(5) 土地等管理・処分（特記）…………………………………………21
　(6) 物件（不当）…………………………………………………………21
　(7) 物件（処置済）………………………………………………………23
　(8) 物件（特定検査）……………………………………………………23
　(9) 機械工作物（不当）…………………………………………………23
　(10) 機械工作物（処置済・処置要求）…………………………………24

vii

(11) 営業補償・特殊補償（不当）……………………………………………25

(12) 営業補償・特殊補償（処置済・意見表示)……………………………25

(13) 事業補償（不当）………………………………………………………25

(14) 事業補償（処置済)……………………………………………………25

(15) 総合補償（不当）………………………………………………………26

(16) 総合補償（処置済)……………………………………………………26

第3章　用地補償の分類別指摘事例

1．土 地 評 価

(1)　不　　　当

① 買収単価は対象外用地の価格を含めたもの……………………………28

② 無断処分の用地を新規取得として住宅建設……………………………29

③ 買い戻す予定とは別の相手方を介在させた……………………………32

④ 無償部分の面積に有償部分の単価を乗じて過大………………………34

⑤ 学校用地を公民館敷地に転用し不足解消せず…………………………36

⑥ 補助対象でない土地を地下鉄用としている……………………………37

⑦ 借地料に都市計画税を含めている………………………………………39

⑧ 土地取得費の算定が適切でない…………………………………………41

⑨ 用地取得に伴う補償費の算定が過大……………………………………42

⑩ 近傍事例との比較が不十分で用地費が過大……………………………44

⑪ 私道を宅地と評価し用地費が過大………………………………………45

⑫ 高速道用地補償で17億円不当……………………………………………46

⑬ 先行取得用地よりも高い時価で購入……………………………………48

⑭ 再取得時の時価に利子支払額を含めて過大……………………………49

⑮ 市道内の民有地を宅地等と評価…………………………………………50

⑯ 崖地条件格差率は対象地総面積全体に適用……………………………52

(2)　処置済・処置要求

⑰ 地上権の設定幅を改善させたもの………………………………………56

⑱ 管水路等の建設に伴う地上権設定に処置要求…………………………58

⑲ 個別計算によらず路線価を平均して徴収不足…………………………60

⑳ 土地先行取得費の国庫補助基本額を改善………………………………62

㉑ 譲渡した住宅用地の固定資産税を改善…………………………………64

目　　次

㉒　取得した残地を早期に売却するよう改善‥‥‥‥‥‥‥‥‥‥66

㉓　先行取得用地に対する補助基本額が過大‥‥‥‥‥‥‥‥‥‥68

㉔　用地の再取得費に係る補助交付が過大‥‥‥‥‥‥‥‥‥‥‥70

㉕　用地業務で高速道路子会社に利益発生‥‥‥‥‥‥‥‥‥‥‥72

㉖　移転補償費の見積内容を明確に‥‥‥‥‥‥‥‥‥‥‥‥‥‥74

2. 土地等管理・処分

(3)　不　　当

㉗　貸付料を改定せず徴収額が低額‥‥‥‥‥‥‥‥‥‥‥‥‥‥77

㉘　購入用地に建設の目途が立たず遊休化‥‥‥‥‥‥‥‥‥‥‥78

㉙　大学用地が不正に売り払われ転売されるなど‥‥‥‥‥‥‥‥80

㉚　土地が無断使用や他用途転用などされている‥‥‥‥‥‥‥‥83

㉛　虚偽の売買契約書等により用地を不正売却‥‥‥‥‥‥‥‥‥85

㉜　道路敷地を非課税扱いとしなかった‥‥‥‥‥‥‥‥‥‥‥‥86

㉝　土地の売却が適切でない‥‥‥‥‥‥‥‥‥‥‥‥‥‥‥‥‥88

㉞　庁舎使用料の算定を誤り低額となっている‥‥‥‥‥‥‥‥‥90

㉟　代替地用地の賃料が未収納となっている‥‥‥‥‥‥‥‥‥‥93

㊱　取得した用地が目的に使われていない‥‥‥‥‥‥‥‥‥‥‥94

㊲　高架下の占用料が徴収不足‥‥‥‥‥‥‥‥‥‥‥‥‥‥‥‥96

㊳　代替地用地の管理が不適切‥‥‥‥‥‥‥‥‥‥‥‥‥‥‥‥98

㊴　承認を受けずに下水道用地を貸し付けている‥‥‥‥‥‥‥100

㊵　基準貸付料ではなく決定貸付料で算定‥‥‥‥‥‥‥‥‥‥102

㊶　減耗分や処分利益の区分経理を行っていない‥‥‥‥‥‥‥105

㊷　補助事業で取得した道路用地を無断処分‥‥‥‥‥‥‥‥‥107

(4)　処置済・処置要求・意見表示

㊸　廃川敷地の管理に処置を要求‥‥‥‥‥‥‥‥‥‥‥‥‥‥109

㊹　道路占用料を道路価格を基準とするよう改善‥‥‥‥‥‥‥111

㊺　不用鉄道施設用地の処理に処置を要求‥‥‥‥‥‥‥‥‥‥113

㊻　固定資産税等が賦課されないのに負担‥‥‥‥‥‥‥‥‥‥115

㊼　貸付けに関する基準について是正改善要求‥‥‥‥‥‥‥‥118

㊽　移管すべき公共施設を長期間保有‥‥‥‥‥‥‥‥‥‥‥‥124

㊾　造成宅地に投下した事業費の効果未発現‥‥‥‥‥‥‥‥‥126

㊿　市街化区域内にある国有農地等の処分の促進‥‥‥‥‥‥‥130

ix

(51) 団地内の施設用地の利用……132
(52) 空港用地の使用料を改善……134
(53) 駐車場用地の使用料を改善……136
(54) 漁港施設用地の利用及び管理の改善……138
(55) 未利用国有地の活用の改善……139
(56) 公益施設用地の処分を促進……141
(57) 鉄道用地等の第三者占有について改善意見……143
(58) 史跡の保存及び活用について改善……145
(59) 代替地用地の保有について改善……147
(60) 普通財産となった土地の管理が不適切……150
(61) 土地及び建物に係る貸付料の算定が不適切……152
(62) 貸付用地を有償化へ向け協議を……154
(63) 宿舎、庁舎分室等が有効利用されていない……156
(64) 農地使用料が長期滞納……158
(65) 河川改修予定地の管理が不適切……160
(66) 下水道用地の適切な管理を要求……162
(67) 代替地用地の取得、管理が不適切……164
(68) 国立大学の保有している土地・建物の有効活用を要求……166
(69) 麻薬探知犬の訓練施設が有効利用されていない……168
(70) 利用が低調な土地について改善の処置……170
(71) 有効利用されていない土地の処分を要求……175
(72) 法制局分室の有効活用を図るよう意見表示……177
(73) 不要な土地の処分及び活用について要求……180
(74) 不要財産は国庫納付の手続を……184
(5) 特　　記
(75) 用地の使用等ができず金利負担等が増大……187
(76) 法定外公共物の管理状況について……188
(77) 協定を締結できず投下資金等の回収が皆無……190
(78) 土地区画整理事業で整備された宅地が未利用……193
(79) 都市施設用地の取得費用を回収できず……196

目　次

3. 物　　件

(6) 不　　当

- ⑧ 必要の範囲を超えて事業用地を買収‥‥‥‥‥‥‥‥‥199
- ⑧ 用地買収の借入金の利子の計算を誤った‥‥‥‥‥‥‥201
- ⑧ 解体撤去が不履行なのに補償費を支払うなど‥‥‥‥202
- ⑧ 家屋等の移転方法が適切でない‥‥‥‥‥‥‥‥‥‥204
- ⑧ 道路用の用地内の物件が移転していない‥‥‥‥‥‥207
- ⑧ 補償費のうちの消費税分が過大‥‥‥‥‥‥‥‥‥‥208
- ⑧ 補償金に消費税分を加算したのは不適切‥‥‥‥‥‥210
- ⑧ 厚さ区分はフランジではなくウェブで決定‥‥‥‥‥212
- ⑧ 河川改修事業の移転補償費が過大‥‥‥‥‥‥‥‥‥215
- ⑧ 建物移転補償費が過大‥‥‥‥‥‥‥‥‥‥‥‥‥‥216
- ⑨ 舗装撤去費の算定が過大‥‥‥‥‥‥‥‥‥‥‥‥‥217
- ⑨ ビルドH鋼材ではなくH形鋼の誤り‥‥‥‥‥‥‥‥218
- ⑨ 鉄骨重量の算定を誤って移転補償費が過大‥‥‥‥‥219
- ⑨ 立体駐車場の移転補償費の算定が不適切‥‥‥‥‥‥221
- ⑨ 違法建築に補償している‥‥‥‥‥‥‥‥‥‥‥‥‥223
- ⑨ 建物の移転補償費の算定が不適切‥‥‥‥‥‥‥‥‥224
- ⑨ く体コンクリート量の算定を誤っている‥‥‥‥‥‥226
- ⑨ 鉄骨の肉厚区分を誤っている‥‥‥‥‥‥‥‥‥‥‥228
- ⑨ 支障とならない物件まで補償対象としている‥‥‥‥230
- ⑨ 補償費の算定が不適切‥‥‥‥‥‥‥‥‥‥‥‥‥‥232
- ⑩ 取得する土地にない建物まで補償‥‥‥‥‥‥‥‥‥234
- ⑩ 純工事費の合計額に応じた諸経費を適用せず‥‥‥‥235
- ⑩ 鉄塔は取替え単位として減耗分を控除‥‥‥‥‥‥‥237
- ⑩ 鉄骨の肉厚区分、設計監理費、移転工法を誤る‥‥‥239

(7) 処　置　済

- ⑩ 損失補償費の消費税を改善‥‥‥‥‥‥‥‥‥‥‥‥241
- ⑩ 建物のコンクリート解体費の積算を改善‥‥‥‥‥‥244
- ⑩ 建物移転補償における解体材処理費の積算を改善‥‥246

(8) 特　定　検　査

- ⑩ シューパロダムに係る損失補償等について‥‥‥‥‥248

xi

4. 機械工作物

(9) 不　　当

⑩⑧ 鉄塔移転に当たり、基礎部を撤去していない……………………264

⑩⑨ 送電線路の移設補償費の支払が過大となっている…………………265

⑪⑩ 損失の補償対象にならない消費税額を計上……………………266

⑪⑪ 下水道事業の損失補償額算定の消費税額の取扱いが不適切………268

⑪⑫ 減耗分を控除せず補償費を算定……………………………………270

⑪⑬ 水道管移設補償費の算定が過大………………………………………272

⑪⑭ 新設費用で移転料を算定……………………………………………273

⑪⑮ 損失補償費に消費税相当額を加算……………………………………274

⑪⑯ 機械設備の移転補償費の算定が過大……………………………276

⑪⑰ 工作物を建築設備として移転補償……………………………………278

⑪⑱ 再築補償率の適用を誤っている………………………………………280

⑪⑲ 水道管の減耗分を控除せず補償費を算定…………………………281

⑫⑩ マンホール間の管路は1管理区間…………………………………283

⑫⑪ 黒字の水道事業で減耗分を控除せず(1)……………………………285

⑫⑫ 黒字の水道事業で減耗分を控除せず(2)……………………………287

⑫⑬ 工作物を建築設備として過大………………………………………289

⑫⑭ 工作物の区分を誤り補償費が過大………………………………291

⑫⑮ 減価相当額を材料費のみとして補償過大…………………………293

⑫⑯ 通信線、配水管等の移設補償費が過大……………………………295

⑫⑰ 冷蔵庫等は建物と一体ではない機械設備…………………………298

⑫⑱ 減価相当額を減価償却累計額で算定するなど……………………300

⑫⑲ 通信線、ガス管等の移設に係る補償費の算定が不適切…………302

⑬⑩ 消費税相当額の算定が適切でなかったため、移設等補償費が過大

………………………………………………………………………305

⑬⑪ 減価相当額や処分利益等の額を誤っていた………………………307

(10) 処置済・処置要求

⑬⑫ 支障移転費用の標準単価の適用対象を改善………………………309

⑬⑬ 水道管等の移設補償費を改善…………………………………………311

⑬⑭ 水道管等の移設補償費の算定を改善………………………………313

⑬⑮ 道路事業における水道管移設費の改善……………………………317

xii

⑱　キュービクルは機械設備·····································319

⑲　単独処理浄化槽の移転補償費の算定が過大·····················321

⑱　既存公共施設等の移設補償費の算定について···················323

5.　営業補償・特殊補償

（11）　不　　　当

⑲　架空請求や水増し等で補償金を支払い·························326

⑭　水田の減渇水対策費の支払が不適切···························328

⑪　調査確認を行わないまま補償金を支払った·····················330

⑫　補償費の算定に対象外の店舗を含めている·····················332

⑬　休業補償に臨時雇用者を含めて算定···························333

（12）　処置済・意見表示

⑭　補償の趣旨が生かされていない·······························335

⑮　取引慣行や家賃の実態に即していない·························339

⑯　休業補償費を過大に算定している·····························341

6.　事　業　補　償

（13）　不　　　当

⑰　埋没建設機械器具等の損害額が過大負担·······················343

⑱　先行補償に係る利子支払が過大·······························345

（14）　処　置　済

⑲　漁業権等の先行補償者に支払う利子支払額が過大···············346

7.　総　合　補　償

（15）　不　　　当

⑮　用地の買収が補助対象外·····································348

⑮　補助金で取得した学校用地を転用·····························349

⑯　学校用地の一部を公民館敷地に使用(1)·························350

⑯　学校用地の一部を公民館敷地に使用(2)·························351

⑯　学校用地の一部を公民館敷地に使用(3)·························352

⑯　学校用地の一部を働く婦人の家の敷地に使用(4)·················353

⑯　権利関係等を確認せずに用地・補償を実施·····················354

⑰　移転補償額の業務委託費の支払が不適切·······················356

⑱　移転補償金の支払が不適切···································358

xiii

（16）　処　置　済

　　⑮　道路用地取得の事務処理の改善······360

　　⑯　用地取得ができずトンネル工事が中止している······362

第4章　会計検査院の概要

　1.　**会計検査院の歩み**······366

　　（1）　会計検査院の歴史······366

　　（2）　会計検査の動向と変遷······366

　2.　**会計検査院の地位**······370

　3.　**会計検査院の組織**······372

　　（1）　検査官会議······372

　　（2）　事　務　総　局······372

　　（3）　会計検査院組織表······378

　4.　**会計検査院の業務**······378

　　（1）　検査の目的······378

　　（2）　検査の対象······379

　　（3）　検査の観点······379

　　（4）　検査の運営······389

　5.　**検　査　報　告**······395

　　（1）　会計検査院の検査効果······396

　　（2）　検査報告事項のフォローアップ······398

　6.　**検査結果の反映**······399

　　（1）　国会への提出、説明······399

　　（2）　財政当局への説明······400

　7.　**検査対象機関に対する講習会等**······400

　　（1）　検査報告説明会······401

　　（2）　検査対象機関の職員への講習会等······401

　　（3）　内部監査関連業務······401

　8.　**その他の業務**······401

　　（1）　弁償責任の検定······402

　　（2）　懲戒処分の要求······402

　　（3）　審　　　　査······402

xiv

目　次

第5章　会計検査院法（一部抜粋）………………………………………403

第6章　会計検査基準（試案）……………………………………………411

資料編　昭和 22 年から令和 4 年…………………………………………425

第 1 章

戦後から昭和 40 年代の
報告事例

1. 昭和 22 年度から昭和 29 年度まで（40 件）

　戦後の会計検査は、『会計検査院百年史』（会計検査院編集、大蔵省印刷局、昭和 55 年）によれば、「敗戦による虚脱感と廃墟の拡がった昭和 20 年 8 月 28 日、連合国軍の先遣部隊が厚木に到着し、以後 27 年 4 月 28 日講和条約が発効するまで 6 年 8 か月に及ぶ占領が続いた。この戦後の混乱期において、会計検査院が取り組まなければならなかったこの時期特有の検査上の課題は、①旧陸海軍が保有した兵器、軍需品、不動産の終戦に伴う処分に関するもの、②連合国軍の占領経費をまかなった終戦処理費に関するもの、③戦後の物資統制のために設立された各種の配給公団及び貿易公団等に関するものが主なものと言えよう。」と記述されている。

　この占領期の検査の概要を『同百年史』から抜粋して紹介すると次のように記述されている。なお、この記述にある掲記件数は個々の事態の件数であり、これらを取りまとめて指摘事項としている年度別資料の事例の件数とは異なる表記となっていることをお断りしておく。

　「旧軍財産の管理、処分の状況に対する検査は、昭和 23 年度から本格的に行われるようになり、決算検査報告における掲記件数も、それを反映して、22 年度においては 5 件にすぎなかったものが、23 年度には 43 件と急増し、その後も 24 年度 28 件、25 年度 47 件、26 年度 59 件と数多くの事項が掲記されている。

　批難の内容は、①一時使用させたり貸し付けたりしたものの使用料や貸付料、あるいは売却したものの売払代金について徴収決定が遅れていたり、徴収決定していても納入が遅滞しているものに対しその督促をしていないなど収納措置が当を得ないもの、②使用料や売渡価格が低価に失しているもの、③特殊の目的のため特に低価で貸し付けあるいは売り渡したものが、その目的外に使用されているのに適切な措置をとらず、そのまま放置しているものが主な態様となっている。

　これらのうち、使用料、貸付料及び売渡代金の収納措置について批難しているものが最も多く、22 年度 5 件 407 万余円、23 年度 33 件 8410 万余円、24 年度 21 件 1189 万余円、25 年度 23 件 3636 万余円、26 年度 40 件 6924 万

第1章　戦後から昭和40年代の報告事例

余円となっていて、22年度から26年度までの検査報告掲記件数182件のうち67％122件と、その3分の2以上を占めている。このように収納措置が遅延しているという批難が多いのは、結局のところ、一時に多量の軍用財産が大蔵省に移管された結果、それに対処する職員の不足と事務不慣れが原因であった。

　土地や機械等の旧軍用財産を著しく低価に売却したとして批難している例としては、姫路市所在の元城北練兵場等の軍用地4万7270坪を坪当たり25円から30円で姫路市に、元若松練兵場5万477坪を坪当たり15円で若松市に、また元都城陸軍病院跡地等2万1248坪を坪当たり18円から22円で日本繊維工業株式会社に、それぞれ売り渡した件が23年度の検査報告に掲記されている。旧軍用地の売渡価格は、一般に、財産税課税価格に日本勧業銀行調査の全国市街地価格平均指数を乗じた金額を基準としており、これは一般市価に比べて相当低いものであったが、上記の売渡価格は、この基準価格に比べてもさらに低いもので、姫路市の分は基準価格の17％から32％、若松市の分は19％、また日本繊維工業株式会社の分は14％となっていた。元練兵場とか連隊敷地のように広大な軍用地を一括し集団として売却する場合、しかも売却先が公共団体等の場合には、多少低価となることはやむを得ないとしても、これらの売渡価格は、なお著しく低価に失しており、また売り渡された土地の利用目的に照らしてみても、一般の場合よりも低価にする必要はなかったという批難の趣旨である。」

　「また、特定の目的のために用途を指定して売り渡した土地が、その指定どおりに利用されていないとして批難されている一例を挙げると、26年度の決算検査報告に、10年間試験農場として利用することを条件として、元陸軍練兵場の敷地1万2189坪を131万余円で売り渡したところ、翌年から翌々年にかけて、そのうち1万1125坪を923万余円で転売されてしまい、それに対して何の処置もとられていないという事例が掲記されている。

　そのほか、管理が不十分であると指摘されている事例も多いが、多くは戦後間もないころの特殊な事情を原因としており、時日の経過とともに改善されていった。27年度の検査報告には、『旧軍用の機械器具等については、まだ管理が行き届きかね、民間業者に使用させていながら長期にわたってその使用料の徴収処置をしなかったため徴収困難をきたし、または現況についての調査を怠ったなどのため借受人によってほしいままに他に処分されたもの

3

がある。』としながらも、『土地、建物等の管理については改善のあとが認められる。』と記述されている。」

　このように戦後の混乱期の会計検査は、特に占領期の復興の途上にあった時期では国の形や制度が整備の途上であり、それに携わる人も、また教育も不足していた状況下での事態であったことを窺い知ることができる。

2.　昭和30年代から40年代（35件）

　「戦後10年を経過した31年7月に発表された経済白書には『もはや戦後ではない』との記述があり、これは流行語にもなった。30年代に入り、復興という一点で推し進められてきた経済政策の結果、国民は耐乏生活から抜け出し、少しずつ輸出が伸びるなど日本経済は新たな時代を迎えた。そして35年7月、第1次池田内閣が成立し、36年からの10年間に実質国民所得を倍増させることを目標とした国民所得倍増計画を打ち出した。その後30年代後半に入ると、教育水準の高さ、勤勉な国民性、高い貯蓄率などに支えられて、我が国の輸出は伸び続け、貿易収支の黒字幅は飛躍的に拡大した。39年10月には東海道新幹線が東京・新大阪間で営業を開始し、東京オリンピックが開催されるなど、国民の自信の回復につながった時期でもあった。」

　昭和40年代は、ドルショック、石油危機を契機として、日本経済が高度成長から安定成長に入った時期であるが、「日本列島改造論」に代表される国土開発行政の推進された時期でもあった。（『会計検査院百三十年史』より）

　この昭和40年代では、40年度検査報告の2件のみで、41年度から49年度の間は報告事例が見当たらない。

　「このような社会・経済の安定化に伴い、30年代には公会計の経理も20年代に比べて著しく改善され、会計検査院の検査結果もこのような状況を反映したものとなった。」（『会計検査院百三十年史』より）

　この時代の事例についてみると、土地の管理、土地の売渡価格、土地の貸付料などに係る事例が多く占めているが、中には近年の事例に繋がるものが幾つか見受けられるので、これらについて抽出し、検査報告のデータベースに基づいて紹介する。

第1章　戦後から昭和40年代の報告事例

(1)　昭和32年度検査報告

〈不当事項〉
○総理府（調達庁、防衛庁）

1) 過大な土地借料を支出しているもの

　横浜調達局で、昭和22年5月から提供している東富士演習場のうち高根財産区等16名所有の土地183,385坪の32年度分借料として33年3月837,432円を所有者に支払っているが、土地のうち一部は東京電力株式会社所有のもので同会社が鉄塔敷地として使用しており、また、残部は所有者との間の契約に基づき同会社及び電源開発株式会社が送電線架設のため使用していることを考慮すれば、約68万円減額することができたものと認められる。

　借料は、駐留軍の用に供する土地等の損失補償等要綱（昭和27年7月閣議了解）により、前記東京電力株式会社所有のもので、同会社が鉄塔敷地として使用しているものについては原野の坪当り借料年0円84、その他のものについては山林経営の収益を補償する方式によって算出した坪当り借料年4円572をもって計算したうえ前記のとおり支払ったものである。本件について33年7月本院会計実地検査の際調査したところ、183,385坪は、東京電力、電源開発両株式会社が送電線架設のためうち2,577坪を鉄塔敷地として利用し、残余の180,808坪を線下地として制限し、東京電力株式会社所有の200坪を除き、それぞれ賃借料または使用料を所有者に支払っている。しかして、本演習場の総借上面積については、31年度は民公有の面積を12,595,520坪としていたものを、32年度からは土地所有者からの要請による実測面積14,389,814坪（大正5年ごろ静岡県吏員の測量による。）をそのまま採用して契約を改訂したいきさつもあるのであるから、その際同調達局においても現地を調査したうえ、演習場として使用することができない前記鉄塔敷地は借上げから除外し、また、電気工作物規程（昭和29年通商産業省令第13号）第106条の規定により、山林経営をすることができない状態にある前記線下地については同地帯の原野の借料坪当り年0円84として契約するのが妥当な処置であったと認められる。いま、仮にこれによって算出すれば年間151,896円で足り約68万円は減額することができた計算である。

2) 建物の返還に伴う損失補償金の支払にあたり処置当を得ないもの

横浜調達局で、昭和32年10月及び11月、日本郵船株式会社に横浜市中区所在建物の返還に伴う損失補償金として2,404,302円を支出したものがあるが、支払の際すでに支払済の借料のうちの過渡額2,538,545円は返納させなければならないのにその処置を講じていないものがある。

補償金は、建物返還の際、現場確認のうえ当該建物の変更箇所の原状回復工事に要する経費1,854,700円から工事による発生材の価格447,980円を差し引いた額と管理補償金997,582円との合計額であるが、この補償金支払の際はすでに支払済の借料に過渡があれば返還財産処理要領第38条の規定によりこれを返納させなければならないこととなっているものである。しかるに、本件建物に対する27年7月以降の借料については、同会社との契約に基づき建物の固定資産課税台帳に登録された価格に年7分の利率を乗じた額が算定要素となっているが、この価格には国費をもって設置した暖房設備の価格が含まれていたため、前記金額が過渡となっていたものであるからこれを返納させなければならないのに、暖房設備が国費をもって設置されたことが判明していながら部内の連絡が不十分なためその処置を講じていなかったので注意したところ、33年10月及び11月前記金額を返納させた。

3) 用地の取得にあたり処置当を得ないもの

防衛庁仙台建設部で、昭和32年6月及び9月、航空自衛隊松島基地の滑走路新設用地として購入した宮城県矢本町所在の土地175,721坪の代金92,503,222円及び離作等補償費69,368,907円計161,872,129円を矢本町長菅原某ほか100名の代理人矢本町長片倉某に支払っているが、土地の取得方法及びなし畑の作物補償費の算出方法等が適切であれば約2100万円を節減することができたものと認められる。

本件土地は、航空自衛隊が東北財務局の承認を得て使用中であった旧海軍航空隊基地に滑走路を増設するため新たに取得した民有地23万5千余坪の一部であって、うち、立沼地区114,676坪については、同建設部が、土地所有者に対して同地区に隣接する基地内の約12万坪を代替地として売り渡すよう管理者である東北財務局にあっ旋することを条件として、田69,186坪を単価430円で29,750,311円、宅地17,587坪を単価1,200円で21,104,988円、畑その他27,901坪を14,228,337円総額65,083,536円をもって購入し

第1章　戦後から昭和40年代の報告事例

たものであるが、代替地のうち98,784坪については同財務局が33年5月か
ら7月までの間に単価150円総額14,817,670円で売渡済である。

　しかして、本件購入地と代替地とは地続きで旧海軍使用前は民有地であっ
たもので、もともと土地に差等は認められず、31年12月には代替地提供の
方針が確定していたものであり、また、別に耕地の離作補償費31,595,618
円を支払っているばかりでなく、代替地の宅地化及び水田化については、電
燈線移設費及び水道取付費の補償を行ったり、直ちに耕作することができる
よう別途施行の滑走路工事において排土し、売渡手続前に代替地に移転させ
るなどの便宜をはかっていたことからみても、東北財務局から代替地の所管
換を受けこれと本件購入土地と等価交換するなどの手続をとるべきであった
と思料されるのに、このようなことを考慮しないで購入しているのは当を得
ない。

　いま、仮に耕地についてはしばらくおき、土質についてとくに問題がない
宅地の部分についてだけ等価交換をしたとしても購入価格は坪当りで1,050
円、17,587坪では約1840万円節減することができた計算である。

　また、なし畑5,889坪については、土地購入代金として坪当り500円総額
2,944,765円を支払っているほかに作物補償として矢本町菅原某ほか3名に
対し7,852,705円を補償しているが、この算出にあたって、反当り補償額は
各人の年間純収入額を聞取りによる栽培面積4,980坪で除して算出し一律に
400,000円としながら、これに実測面積である5,889坪を乗じて補償費総額
を算出したり、防衛庁で定めた補償要綱によれば当該果樹の所得にその効用
年数に応ずる年8分の複利年金現価率を乗じて算出した価格を標準として補
償費を算出すべきであるのに、単純に8年の効用年数を乗じて算出している
ため約260万円が過大な評価となっている。

(2)　昭和33年度検査報告

〈不当事項〉
○総理府（防衛庁）

・不用の土地を購入しているもの

　防衛庁仙台建設部で、昭和33年8月及び10月、技術研究本部下北試験場
用地の一部として購入した青森県下北郡東通村所在の土地156,759坪の代金

7,908,094円及び離作、採草等の補償費9,350,033円計17,258,127円を同村川向某ほか6名の代理人同村村長二本柳某に支払っているが、本件土地は試験場用地としては購入する必要がなかったものである。

本件土地は同試験場所要地として32年度に同村大字尻労字中野所在の長沼開拓地169,082坪の一部12,322坪を購入したところ、地元から残余の土地では経営が困難であること、被弾の危険があることなどを理由として開拓地全部の買収方要望があり、残余の土地を前記のとおり購入したものであるが、本開拓地の入植開始は昭和22年で、計画耕地面積123,000坪に対し9万余坪が7戸によって経営されてきたものであり、32年度購入の土地のうちには耕地もわずかに川向某ほか2名所有の2千5百余坪を含んでいるにすぎず、これによって入植戸数も減少せず開拓地の経営に影響があるとも認められないし、また、被弾の危険も考えられないのに、本件土地を試験場用地としては全く使用計画もないまま購入したのはその理由を認めがたい。

(3) 昭和37年度検査報告

〈不当事項〉
○日本国有鉄道

1) 会社線との並行敷設に伴う損失補償の処置当を得ないと認められるもの

日本国有鉄道大阪幹線工事局で、昭和36年12月及び37年6月、近江鉄道株式会社に滋賀県彦根市ほか4町村地内延長7.5キロメートルにおいて東海道幹線を同会社線と並行して敷設するに要する同会社線用地の買収費及び旅客収入減等に対する損失補償費として総額2億5000万円を支払っているが、うち旅客収入の減少に対する補償1億円については、同幹線の並設により旅客収入減が確実に生ずるものとは認めがたく、従来からその例をみないもので処置当を得ないと認められる。

本件用地買収及び損失補償は、36年10月、東海道幹線を同会社線に並設施行するにあたり同会社から同会社線施設の防護補強工事費等2億6215万余円及び沿線風致阻害観光価値減殺による旅客収入減補償1億5410万余円計4億1626万余円の要求があったのに対し、36年12月、取りあえず用地費及び防護補強工事費等として1億5000万円を概算払し、一方、旅客収入減に対する補償は、その査定が困難であるが、これを支払わないときは同会

社との設計協議等において協力を得られず、幹線増設工事に支障を生ずるおそれがあるとして、観光旅客収入及び普通券一般客収入の予想減少率をそれぞれ50%及び25%とするなどして並行区間の向う13年間の旅客収入減額見込みを算定し、37年6月、1億円を概算払し、38年11月、それぞれ同額をもって精算を了したものである。

しかしながら、旅客収入減に対する補償についてみると、現地の実情等からみて同幹線を並設することによって同会社線の観光旅客等が減少するものとは認めがたく、前記収入予想減少率等も全く根拠がないと認められ、一方、同会社との設計協議等に関しては、地方鉄道法（大正8年法律第52号）によりその促進をはかるなどの余地があったと認められるのに、これらの配慮も十分でないまま、このように将来確実に発生するとは認められないものに対して補償したのは、従来からその例を見ないばかりでなく、通例の補償限度を著しく逸脱するもので、その処置当を得ないと認められる。

2) 用地の買収等にあたり処置当を得ないと認められるもの

日本国有鉄道大阪幹線工事局で、東海道幹線増設工事に伴い、京都府乙訓郡大山崎村所在の福田某所有の宅地、建物等の買収費及び移転補償費として、昭和37年4月及び5月、同人に総額215,010,420円を支払っているが、当該増設工事に要する用地は宅地の一部にすぎないものであるのに、全宅地、建物等について買収等をしたのは処置当を得ないと認められる。

本件買収及び補償は、幹線用地及び西国街道の付替道路用地として、上記福田某所有の宅地のうちの一部を取得するにあたり、同人から土地、家屋の全面買収及び遠隔地移転に伴う損失補償の要求があったのに対し、増設工事の工期上の制約を顧慮して、土地2,443 m^2、鉄筋コンクリート造り2階建ての建物1棟延べ167 m^2 ほか付帯設備一式を120,227,000円で買収するほか、木造瓦葺き平屋建て4棟延べ295 m^2 ほか付帯設備一式を45,177,000円で移転補償することとして総額165,404,000円と算定し、これにさらに約30%増額して契約し、支払ったものである。

しかしながら、本件幹線用地等として必要な土地は、211 m^2（当局評価額5,888,000円）で、本件宅地2,443 m^2 の8.6%程度にしか相当しない道路に面した一隅にすぎず、また、同地上の支障物件（移転補償費、当局評定額20,285,900円）は、倉庫162 m^2、自動車庫33 m^2、表門等で本件残存宅地等

には十分の余積もあるから、これらは容易に移設することができ、たとえ移設したとしても本件邸宅は従来どおり使用することが困難となるものとは認められないもので、このような場合は日本国有鉄道の従来の例によっても所要用地及び支障物件だけの買収等にとどめることとしているのに、使用上格別の支障をきたすものとは認められない邸宅等を含めて全面買収等を行っているばかりでなく、土地、建物等の評定にあたり根拠もなく一律に約30%を増額しているのはその処置当を得ないと認められる。

(4)　昭和40年度検査報告

〈改善の意見を表示した事項〉
○日本住宅公団

・**土地買収予定価格の評定について（昭和41年12月2日付41検第337号、日本住宅公団総裁あて）**

　日本住宅公団における集団住宅の建設及び宅地の造成のための土地買収は、近年、その事業量が著しく増大し、昭和40事業年度の買収実績は9,927,925 m²、309億2847万余円に上っている。

　しかして、これらの土地の買収予定価格の評定にあたっては、近傍類地の売買実例、課税上の評価額等を調査するほか、民間精通者の鑑定評価格を徴して評定資料を作成し、同公団の役員及び職員で構成する土地等評価審議会においてこれを調査審議することとしているが、本院において、本所及び東京ほか4支所等について光明池ほか47地区の土地買収につき実地に調査したところ、

① 　売買実例として調査した取引価格等が事実と相違していてその調査の根拠も明らかでなかったり、適切な売買実例等を調査した事跡がなかったり、類似性に乏しい売買実例を収集したりなどしているほか、売買実例の検討にあたり、位置、形状、造成費、有効面積等土地価格形成上の諸要素を十分比較考量していないもの、

② 　特段の事由があるとは認められないのに、特殊価格として評価した民間精通者の、しかも1名だけの鑑定評価格をそのまま採用しているものなどがあり、なかには、土地所有者等との価格交渉がほとんど成立した後によ
うやく売買実例の調査や鑑定評価の依頼を行っているものも見受けられる

状況で、買収予定価格の評定が適正に行われていないと認められるものが少なくない。

このような事態を生じているのは、売買実例等の収集及び検討、鑑定評価の徴取等についての具体的手続に関する規程が整備されていないことならびに土地買収業務に従事する職員に経験に乏しい者が多いこと、職員の配置が公共用地を取得する他の団体に比べて十分でないことによるほか、土地所有者等との買収交渉が前記土地等評価審議会の調査審議の結果を待つことなく進められ、同審議会の審議結果を必ずしも十分に買収交渉に反映させることができるような体制となっていないこともあって、適正な買収予定価格の把握についての配慮を欠いていたことによるものと認められる。

ついては、同公団の土地買収の事業量は膨大に上り、その買収価格も他に影響するところが大であり、かつ、用地取得は今後ますます困難性を増す傾向にあることに鑑み、土地買収予定価格評定について、執行機関等の責任体制を確立し、評定手続等に関する規程を速やかに整備するほか、土地買収業務に従事する職員の配置、研修等について適切な処置を講ずるなど買収予定価格の適正化を図るよう格段の努力を傾注するとともに、土地買収業務の公明な運営を期する要があると認められる。

第 2 章

昭和 50 年度から平成期を経て令和 4 年度までの検査報告事例

1. 時 代 背 景

(1) 昭和50年から昭和63年

　昭和50年代は、49年に戦後初めてマイナス成長を記録したのに続き経済成長率が鈍化し税収が伸び悩んだことから、50年度に戦後初めて特例公債（赤字国債）が発行されるなど、公債の大量発行に伴い財政事情が悪化し、財政再建のための行政財政改革が叫ばれた時期であり、60年代に入っては、高齢化、国際化、情報化が急速に進展した時期であった（会計検査院百三十年史より）。

　この昭和50年度から63年度の間の検査報告における用地・補償に係る事例（63年度の報告事例はない。資料編参照）は36件が報告されている。

(2) 平 成 期

　平成期に入ると、元年代はいわゆる「バブル経済」が崩壊したのを契機に、戦後の復興と成長を支えた戦後システムの見直しが叫ばれるようになった。また、戦後ちょうど50年目（平成7年1月17日、5時46分）に発生した阪神・淡路大震災は、我が国の「安全神話」に大きな疑問を投げかけた。そして、その16年後には東日本大震災（平成23年3月11日、14時46分）が発生することとなる。

　平成期における財政上のトピックのひとつとして、消費税の導入が挙げられる。第一次大平内閣時の昭和53年に一般消費税の導入案が浮上して以来、紆余曲折を経て消費税法が成立し、平成元年4月、税率3%により消費税が実施されるに至った。さらに9年4月地方消費税が導入され、これと併せた消費税等の税率は5%に引き上げられた。その後、消費税率は26年4月に8%、また、これにプラス2%の引き上げは27年10月を予定していたが、令和元年10月に10%に引き上げられることとなる。

　日本経済の状況をみると、昭和61年から平成3年にかけて、過剰な投機熱による不動産価格、株価の高騰によって支えられた「バブル経済」が崩壊して、地価、株価の下落が始まり、マイナス成長を記録するなど景気は急激

に後退した。同時に経済の安定成長も終焉を迎え、「失われた10年」とも言われた。その後の平成不況の引き金となった。

これにより、日本経済はまたも停滞の時期を迎え、戦後の復興と成長を支えた戦後システムの見直しが叫ばれるようになった。そして、7年から8年にかけて日本の金融機関は、バブル経済の崩壊後多額の不良債権を抱え、経営破綻の表面化が相次いだ。

20年代に入り、アメリカのサブプライム住宅ローンの多額の債務不履行に端を発した金融危機は、20年9月アメリカの証券業界大手のリーマン・ブラザーズの経営破綻により一気に表面化した。このいわゆるリーマンショックにより、金融危機は実体経済にも多大な影響を及ぼすこととなり、世界経済は急激に下降した。

百年に一度と言われる経済危機に対して、政府は過去最大の景気刺激策を採り、21年度当初予算と第一次補正予算及び第二次補正予算を合わせた21年度一般会計予算の総額は初めて100兆円を超え、また公債発行予定額も53兆円を超えることとなった（会計検査院百三十年史より）。

この平成期の元年度から30年度までの間の検査報告における用地・補償に係る事例は106件（資料編参照）が報告されており、昭和の時代よりも多くなっている。

(3) 令 和 期

令和期に入ると、元年は平成期後半からの多くの外国人観光客の来日などにより国内経済も安定的に推移していたが、2年には世界的に新型コロナウイルスの感染が判明し、国内でも2年2月からこのウイルスの感染が拡大し始め、これに対する感染症対策として緊急事態宣言などが相次いで発出されたことなどにより、「マスクの着用」、「3密の回避」とのスローガンの下に人流が制限されるなどして国民生活や国内経済にも多大な影響を及ぼした。このため、令和2年に開催されることになっていた「東京オリンピック・パラリンピック」は3年に延期されただけでなく、3年の開催は原則無観客の開催となった。

平成24年12月から令和2年9月までの第二次安倍内閣は菅内閣に引き継がれたが、令和3年秋には岸田内閣が発足し、岸田内閣は、「新しい資本主義」を掲げて諸政策を起動させること、毎年激甚化する自然災害に対する防

災・減災、国土強靭化の推進、新型コロナウイルス感染症対策などに必要な経費を充てることとして、4年度予算においても多額の予算を成立させ執行している。

　令和4年2月からは、ロシアとウクライナの戦争、円安の影響などにより、3年からの原油の高騰に加えて諸物価の上昇が著しい状況となり、5年度一般会計予算も114兆円を超え、これまでにない予算規模となって現在に至っており、令和の時代となった元年度から4年度までの検査報告における用地・補償に係る事例は9件となっている。

　以降、昭和50年度から令和4年度までの間、160事例については、前述したとおり、資料編に年度別に事例件名を紹介するとともに、各事例について用地及び補償に区分し、土地評価、土地等管理・処分、物件、機械工作物、営業補償・特殊補償、事業補償、総合補償に分類し、かつ、検査院の指摘の態様別として個別に現行様式に修正して紹介する。

2.　指 摘 事 例

(1)　指 摘 事 項

　検査報告の内容は次の7事項であり、①～④の事項が不適切な事態の記述で、通常「指摘事項」と呼ばれている。
　①　**不当事項**
　　検査の結果、法律、政令若しくは予算に違反し又は不当と認めた事項
　②　**意見表示・処置要求事項**
　　会計検査院法第34条又は第36条の規定により関係大臣等に対して意見を表示し又は処置を要求した事項
　③　**処置済事項**
　　会計検査院が検査において指摘したところ当局において改善の処置を講じた事項
　④　**特記事項**
　　検査の結果、特に検査報告に掲記して問題を提起することが必要である

と認めた事項

⑤ **随時報告**

会計検査院法第 30 条の 2 の規定により国会及び内閣に報告した事項

⑥ **国会からの検査要請事項に関する報告**

国会法第 105 条の規定による会計検査の要請を受けて検査した事項について会計検査院法第 30 条の 3 の規定により国会に報告した検査の結果

⑦ **特定検査対象に関する検査状況**

会計検査院の検査業務のうち、検査報告に掲記する必要があると認めた特定の検査対象に関する検査の状況

(2) 一覧表の見方

本項では、指摘事例を分類別（土地評価、土地等管理・処分、物件、機械工作物、営業補償・特殊補償、事業補償、総合補償）に振り分け、分類別ごとに、年度順に指摘事例を配列している。

この表は、左側欄の「通番号」、「収録頁」を利用して 1 件ごとの指摘内容を検索するための表となっている。

また、会計検査院の決算検査報告によって詳細な指摘内容を知りたい場合には、「資料編」を利用すれば検索できるようになっている。

「指摘額」の※を付した金額は背景金額[注] である。

(注) 背景金額：取り上げた事態に関する支出・投資の全体額で、この金額が不適切な会計経理の額ではなく、指摘額と区別されている。

3. 分類別一覧表

(1) 土地評価 (不当)

通番号	収録頁	件　　名			指　摘　額	検査報告年度
		指摘事項	指摘の事態	指摘箇所		
1	28	買収単価は対象外用地の価格を含めたもの			219 万円	S50
		不　当	精算過大	道路用地価格		
2	29	無断処分の用地を新規取得として住宅建設			1 億 2363 万円	S58
		不　当	法令違反	公営住宅		

17

通番号	収録頁	件　名			指　摘　額	検査報告年度
		指摘事項	指摘の事態	指摘箇所		
3	32	買い戻す予定とは別の相手方を介在させた			662万円	S60
		不　当	過大受給	用地取得費		
4	34	無償部分の面積に有償部分の単価を乗じて過大			1億7511万円	S61
		不　当	過大受給	補助単価		
5	36	学校用地を公民館敷地に転用し不足解消せず			393万円	S62
		不　当	目的不達成	公民館敷地		
6	37	補助対象でない土地を地下鉄用としている			353万円	H2
		不　当	補助対象外	土地		
7	39	借地料に都市計画税を含めている			2014万円	H7
		不　当	支払過大	都市計画税		
8	41	土地取得費の算定が適切でない			716万円	H10
		不　当	支払過大	支払利子額		
9	42	用地取得に伴う補償費の算定が過大			497万円	H12
		不　当	積算過大	残地補償		
10	44	近傍事例との比較が不十分で用地費が過大			191万円	H16
		不　当	支払過大	用地費算定		
11	45	私道を宅地と評価し用地費が過大			111万円	H16
		不　当	支払過大	共用私道		
12	46	高速道用地補償で17億円不当			17億6407万円	H23
		不　当	補償過大	移転補償費		
13	48	先行取得用地よりも高い時価で購入			8587万円	H26
		不　当	交付過大	再取得価格		
14	49	再取得時の時価に利子支払額を含めて過大			500万円	H27
		不　当	交付過大	利子支払額		
15	50	市道内の民有地を宅地等と評価			154万円	H27
		不　当	交付過大	市道内の民有地		
16	52	崖地条件格差率は対象地総面積全体に適用			2031万円	R3
		不　当	交付過大	崖地条件格差率等		

(2)　土地評価（処置済・処置要求）

通番号	収録頁	件　名			指　摘　額	検査報告年度
		指摘事項	指摘の事態	指摘箇所		
17	56	地上権の設定幅を改善させたもの			5600万円	S51
		処置済	権利設定過大	地上権		
18	58	管水路等の建設に伴う地上権設定に処置要求			4190万円 899万円	S52
		処置要求	設定過大	地上権		
19	60	個別計算によらず路線価を平均して徴収不足			12億6000万円	S57
		処置済	徴収不足	標準価格		
20	62	土地先行取得費の国庫補助基本額を改善			1億6271万円	H11
		処置済	交付過大	利子支払額		
21	64	譲渡した住宅用地の固定資産税を改善			6866万円	H11
		処置済	支払過大	固定資産税		
22	66	取得した残地を早期に売却するよう改善			3600万円	H15
		処置済	低価売却	残地の処理		

第2章　昭和50年度から平成期を経て令和4年度までの検査報告事例

通番号	収録頁	件　名			指　摘　額 ※は背景金額	検査報告年度
		指摘事項	指摘の事態	指摘箇所		
23	68	先行取得用地に対する補助基本額が過大			28億1274万円	H19
		処置済	過大交付	補助基本額		
24	70	用地の再取得費に係る補助交付が過大			26億2191万円	H21
		処置要求	交付過大	用地取得費		
25	72	用地業務で高速道路子会社に利益発生			2億1930万円 1億8090万円	H22
		処置済	積算過大	子会社の利益		
26	74	移転補償費の見積内容を明確に			※7億3238万円	H25
		処置済	積算過大	諸経費		

(3)　土地等管理・処分（不当）

通番号	収録頁	件　名			指　摘　額	検査報告年度
		指摘事項	指摘の事態	指摘箇所		
27	77	貸付料を改定せず徴収額が低額			1063万円	S50
		不　当	徴収不足	貸付料		
28	78	購入用地に建設の目途が立たず遊休化			34億8762万円	S52
		不　当	効果未発現	購入用地		
29	80	大学用地が不正に売り払われ転売されるなど			4301万円 342万円	S56
		不　当	管理等不適切	国有財産管理等		
30	83	土地が無断使用や他用途転用などされている			5億7868万円	S58
		不　当	管理不適切	国有財産の管理		
31	85	虚偽の売買契約書等により用地を不正売却			848万円	S59
		不　当	不正行為	用地管理		
32	86	道路敷地を非課税扱いとしなかった			4751万円	S62
		不　当	過大納付	固定資産税・都市計画税		
33	88	土地の売却が適切でない			2117万円	H元
		不　当	不当利益	土地価格		
34	90	庁舎使用料の算定を誤り低額となっている			270万円	H15
		不　当	算定不適切	使用料		
35	93	代替地用地の賃料が未収納となっている			642万円	H17
		不　当	徴収不足	賃料		
36	94	取得した用地が目的に使われていない			3億5799万円	H20
		不　当	目的不達	用地利用		
37	96	高架下の占用料が徴収不足			1億5135万円	H20
		不　当	徴収不足	占用料		
38	98	代替地用地の管理が不適切			1318万円	H21
		不　当	管理不適切	用地管理		
39	100	承認を受けずに下水道用地を貸し付けている			6億5709万円	H21
		不　当	国庫未納付	下水道用地		
40	102	基準貸付料ではなく決定貸付料で算定			3622万円	H25
		不　当	算定不適切	決定貸付料		
41	105	減耗分や処分利益の区分経理を行っていない			9億6311万円	R4
		不　当	区分経理不適切	区分経理		
42	107	補助事業で取得した道路用地を無断処分			103万円	R4
		不　当	無断処分	道路用地		

19

（4） 土地等管理・処分（処置済・処置要求・意見表示）

通番号	収録頁	件　名			指　摘　額 ※は背景金額	検査報告年度
		指摘事項	指摘の事態	指摘箇所		
43	109	廃川敷地の管理に処置を要求			2200万円	S51
		処置要求	管理不適切	廃川敷地		
44	111	道路占用料を道路価格を基準とするよう改善			7億5000万円	S51
		処置済	徴収不足	道路占用料		
45	113	不用鉄道施設用地の処理に処置を要求			※15億2191万円	S51
		処置要求	管理不適切	不用鉄道施設用地		
46	115	固定資産税等が賦課されないのに負担			1494万円	S52
		処置済	負担不適切	固定資産税等		
47	118	貸付けに関する基準について是正改善要求			7億0208万円	S57
		処置要求	収入不足	使用料等		
48	124	移管すべき公共施設を長期間保有			1億7253万円	S58
		処置済	管理不適切	移管予定施設		
49	126	造成宅地に投下した事業費の効果未発現			※73億3587万円 ※36億8887万円 ※7242万円	S59
		処置要求	効果未発現	未処分地		
50	130	市街化区域内にある国有農地等の処分の促進			※350億0404万円	H2
		意見表示	未活用	国有農地等		
51	132	団地内の施設用地の利用			※31億4919万円	H2
		意見表示	効果未発現	施設用地		
52	134	空港用地の使用料を改善			1億8210万円	H6
		処置済	徴収不足	使用許可		
53	136	駐車場用地の使用料を改善			3370万円	H6
		処置済	徴収不足	駐車場		
54	138	漁港施設用地の利用及び管理の改善			※11億0828万円	H7
		処置要求	目的不達成	漁港施設用地		
55	139	未利用国有地の活用の改善			※32億1212万円	H9
		処置済	未利用	未利用等国有地		
56	141	公益施設用地の処分を促進			※70億9280万円	H10
		処置済	未処分	土地利用計画		
57	143	鉄道用地等の第三者占有について改善意見			※10億6708万円	H12
		意見表示	処分促進	第三者占有		
58	145	史跡の保存及び活用について改善			※91億9603万円	H13
			利用方法	史跡管理		
59	147	代替地用地の保有について改善			※30億4574万円	H14
		処置済	目的不達	代替地		
60	150	普通財産となった土地の管理が不適切			※6億4110万円	H18
		処置済	管理不適切	土地管理		
61	152	土地及び建物に係る貸付料の算定が不適切			2590万円	H18
		処置済	徴収不足	貸付料		
62	154	貸付用地を有償化へ向け協議を			9966万円	H19
		処置要求	徴収不足	無償貸付		
63	156	宿舎、庁舎分室等が有効利用されていない			12億4397万円 ※175億4784万円	H19
		処置要求	利活用不足	資産活用		
64	158	農地使用料が長期滞納			3億2915万円	H20
		処置要求	徴収遅延	農地使用料		

第 2 章　昭和 50 年度から平成期を経て令和 4 年度までの検査報告事例

通番号	収録頁	件　名			指　摘　額 ※は背景金額	検査報告年度
		指摘事項	指摘の事態	指摘箇所		
65	160	河川改修予定地の管理が不適切			23 億 3022 万円 ※372 億 5507 万円	H20
		処置要求 意見表示	管理不適切	用地管理		
66	162	下水道用地の適切な管理を要求			40 億 7311 万円 ※3235 億 3304 万円	H21
		処置要求 意見表示	交付過大	未利用地		
67	164	代替地用地の取得、管理が不適切			9699 万円 ※23 億 4281 万円	H21
		処置要求	管理不適切	代替地の管理		
68	166	国立大学の保有している土地・建物の有効活用を要求			45 億 2718 万円 23 億 7332 万円 33 億 5237 万円 2 億 6580 万円	H21
		処置要求	資産未活用	大学の土地・建物		
69	168	麻薬探知犬の訓練施設が有効利用されていない			2085 万円	H23
		処置済	施設未活用	土地借上げ		
70	170	利用が低調な土地について改善の処置			22 億 2668 万円	H23
		処置済	利用低調等	長期間更地等		
71	175	有効利用されていない土地の処分を要求			4872 万円 1 億 4600 万円 2 億 8232 万円	H24
		処置済	利活用不足	土地利用		
72	177	法制局分室の有効活用を図るよう意見表示			9 億 4448 万円	H30
		意見表示	未活用	法制局分室等		
73	180	不要な土地の処分及び活用について要求			2 億 3399 万円	R元
		処置要求	未利用、未処分	未利用地		
74	184	不要財産は国庫納付の手続を			4 億 5331 万円	R元
		処置済	未利用	不要財産		

(5)　土地等管理・処分（特記）

通番号	収録頁	件　名			指　摘　額 ※は背景金額	検査報告年度
		指摘事項	指摘の事態	指摘箇所		
75	187	用地の使用等ができず金利負担等が増大			※971 億 7976 万円 ※524 億 5587 万円	S50
		特　記	未利用	用地等		
76	188	法定外公共物の管理状況について			－	S51
		特　記	管理不適切	法定外公共物		
77	190	協定を締結できず投下資金等の回収が皆無			※55 億 3600 万円 ※16 億 6000 万円	S56
		特　記	用地管理不適切	併設道路用地取得費用等		
78	193	土地区画整理事業で整備された宅地が未利用			※121 億 9020 万円	S57
		特　記	未利用	未利用宅地		
79	196	都市施設用地の取得費用を回収できず			※554 億 4600 万円 ※122 億 1400 万円	S59
		特　記	費用未回収	都市施設用地		

(6)　物件（不当）

通番号	収録頁	件　名			指　摘　額	検査報告年度
		指摘事項	指摘の事態	指摘箇所		
80	199	必要の範囲を超えて事業用地を買収			19 億 8290 万円	S51
		不　当	買収過大	全戸買収		

通番号	収録頁	件　　名			指　摘　額	検査報告年度
		指摘事項	指摘の事態	指摘箇所		
81	201	用地買収の借入金の利子の計算を誤った			62 万円	S53
		不　当	精算過大	支払利子		
82	202	解体撤去が不履行なのに補償費を支払うなど			64 万円	S58
		不　当	過大支払及び積算過大	物件移転補償費		
83	204	家屋等の移転方法が適切でない			1100 万円	H2
		不　当	補償過大	移転費用算定図		
84	207	道路用の用地内の物件が移転していない			1 億 3296 万円	H6
		不　当	目的不達成	墓石		
85	208	補償費のうちの消費税分が過大			159 万円	H14
		不　当	支払過大	消費税		
86	210	補償金に消費税分を加算したのは不適切			474 万円	H17
		不　当	支払過大	消費税		
87	212	厚さ区分はフランジではなくウェブで決定			1821 万円	H18
		不　当	算定過大	厚さ区分		
88	215	河川改修事業の移転補償費が過大			1290 万円	H18
		不　当	支払過大	基礎杭		
89	216	建物移転補償費が過大			724 万円	H18
		不　当	支払過大	地区別補正率		
90	217	舗装撤去費の算定が過大			326 万円	H20
		不　当	積算過大	舗装撤去費		
91	218	ビルド H 鋼材ではなく H 形鋼の誤り			198 万円	H20
		不　当	過大補償	ビルド H 鋼材		
92	219	鉄骨重量の算定を誤って移転補償費が過大			771 万円	H21
		不　当	積算過大	鉄骨の肉厚区分		
93	221	立体駐車場の移転補償費の算定が不適切			246 万円	H21
		不　当	積算過大	移転補償費		
94	223	違法建築に補償している			156 万円	H21
		不　当	交付過大	移転補償費		
95	224	建物の移転補償費の算定が不適切			697 万円	H21
		不　当	積算過大	基礎杭		
96	226	く体コンクリート量の算定を誤っている			190 万円	H22
		不　当	補償過大	数量算出基本面積		
97	228	鉄骨の肉厚区分を誤っている			1192 万円	H23
		不　当	補償過大	鉄骨の肉厚区分		
98	230	支障とならない物件まで補償対象としている			994 万円	H24
		不　当	補償過大	一団の土地		
99	232	補償費の算定が不適切			2968 万円	H25
		不　当	交付過大	移転補償費		
100	234	取得する土地にない建物まで補償			1221 万円	H26
		不　当	補償過大	移転補償費		
101	235	純工事費の合計額に応じた諸経費を適用せず			136 万円	H27
		不　当	交付過大	諸経費		
102	237	鉄塔は取替え単位として減耗分を控除			178 万円	H29
		不　当	交付過大	減価相当額		
103	239	鉄骨の肉厚区分、設計監理費、移転工法を誤る			556 万円	H30
		不　当	交付過大	移転補償費		

22

第2章　昭和50年度から平成期を経て令和4年度までの検査報告事例

(7)　物件（処置済）

通番号	収録頁	件名 / 指摘事項	指摘の事態	指摘箇所	指摘額	検査報告年度
104	241	損失補償費の消費税を改善			4億8126万円	H8
		処置済	支払過大	消費税		
105	244	建物のコンクリート解体費の積算を改善			2300万円	H9
		処置済	積算過大	施工機械		
106	246	建物移転補償における解体材処理費の積算を改善			2890万円	H12
		処置済	積算過大	解体処理費		

(8)　物件（特定検査）

通番号	収録頁	件名 / 指摘事項	指摘の事態	指摘箇所	指摘額 ※は背景金額	検査報告年度
107	248	シューパロダムに係る損失補償等について			5623万円 1219万円 ※65億2767万円 ※7億4785万円	H13
		特定検査	算定不適切等	損失補償等		

(9)　機械工作物（不当）

通番号	収録頁	件名 / 指摘事項	指摘の事態	指摘箇所	指摘額	検査報告年度
108	264	鉄塔移転に当たり、基礎部を撤去していない			5623万円	H13
		不当	支払過大	契約違反		
109	265	送電線路の移設補償費の支払が過大となっている			611万円	H15
		不当	支払過大	精算		
110	266	損失の補償対象にならない消費税額を計上			484万円	H16
		不当	算定不適切	消費税額		
111	268	下水道事業の損失補償額算定の消費税額の取扱いが不適切			573万円	H18
		不当	交付過大	消費税		
112	270	減耗分を控除せず補償費を算定			609万円	H19
		不当	過大補償	減耗分		
113	272	水道管移設補償費の算定が過大			235万円	H20
		不当	過大補償	減耗分		
114	273	新設費用で移転料を算定			164万円	H20
		不当	過大補償	再築補償率		
115	274	損失補償費に消費税相当額を加算			197万円	H22
		不当	算定不適切	消費税額		
116	276	機械設備の移転補償費の算定が過大			3255万円	H23
		不当	補償過大	移転補償費		
117	278	工作物を建築設備として移転補償			1746万円	H24
		不当	過大補償	建築設備		
118	280	再築補償率の適用を誤っている			329万円	H24
		不当	補償過大	再築補償率		

23

通番号	収録頁	件　　　　名			指　摘　額	検査報告年度
		指摘事項	指摘の事態	指摘箇所		
119	281	水道管の減耗分を控除せず補償費を算定			280万円	H24
		不　当	補償過大	減耗分		
120	283	マンホール間の管路は1管理区間			233万円	H26
		不　当	補償過大	減価相当額		
121	285	黒字の水道事業で減耗分を控除せず(1)			1600万円	H27
		不　当	交付過大	減耗分		
122	287	黒字の水道事業で減耗分を控除せず(2)			585万円	H27
		不　当	補償過大	減耗分		
123	289	工作物を建築設備として過大			5523万円	H27
		不　当	交付過大	建築設備		
124	291	工作物の区分を誤り補償費が過大			898万円	H27
		不　当	積算過大	附帯工作物		
125	293	減価相当額を材料費のみとして補償過大			556万円	H28
		不　当	補償過大	減価相当額		
126	295	通信線、配水管等の移設補償費が過大			1億2204万円	H30
		不　当	交付過大	減価相当額等		
127	298	冷蔵庫等は建物と一体ではない機械設備			172万円	H30
		不　当	交付過大	機械設備		
128	300	減価相当額を減価償却累計額で算定するなど			1148万円	R元
		不　当	補償過大	減耗分等		
129	302	通信線、ガス管等の移設に係る補償費の算定が不適切			3630万円	R2
		不　当	補償過大	減価相当額等		
130	305	消費税相当額の算定が適切でなかったため、移設等補償費が過大			2億3951万円	R2
		不　当	補償過大	消費税		
131	307	減価相当額や処分利益等の額を誤っていた			2878万円	R3
		不　当	補償過大	減価相当額等		

(10)　機械工作物（処置済・処置要求）

通番号	収録頁	件　　　　名			指　摘　額	検査報告年度
		指摘事項	指摘の事態	指摘箇所		
132	309	支障移転費用の標準単価の適用対象を改善			5440万円	H5
		処置済	積算過大	標準単価		
133	311	水道管等の移設補償費を改善			9870万円	H6
		処置済	支払過大	移転補償		
134	313	水道管等の移設補償費の算定を改善			1億0519万円	H10
		処置済	算定不適切	減耗分		
135	317	道路事業における水道管移設費の改善			2億5207万円	H13
		処置済	支払過大	減耗分		
136	319	キュービクルは機械設備			7158万円 5073万円	H22
		処置要求	補償過大	キュービクル		
137	321	単独処理浄化槽の移転補償費の算定が過大			4870万円 8720万円	H23
		処置済	積算過大	単独浄化槽		
138	323	既存公共施設等の移設補償費の算定について			2445万円	H27
		処置要求	支払過大	減耗分		

第2章　昭和50年度から平成期を経て令和4年度までの検査報告事例

(11)　営業補償・特殊補償（不当）

通番号	収録頁	件名			指摘額	検査報告年度
		指摘事項	指摘の事態	指摘箇所		
139	326	架空請求や水増し等で補償金を支払い			2017万円	S51
		不当	支払不適正	井戸渇水損害補償		
140	328	水田の減渇水対策費の支払が不適切			1439万円	S53
		不当	支払不適切	減渇水対策費		
141	330	調査確認を行わないまま補償金を支払った			2億5690万円	S54
		不当	支払不適切	渇水対策補償費		
142	332	補償費の算定に対象外の店舗を含めている			927万円	H15
		不当	支払過大	補償対象外		
143	333	休業補償に臨時雇用者を含めて算定			620万円	H19
		不当	過大補償	補償費算定		

(12)　営業補償・特殊補償（処置済・意見表示）

通番号	収録頁	件名			指摘額 ※は背景金額	検査報告年度
		指摘事項	指摘の事態	指摘箇所		
144	335	補償の趣旨が生かされていない			※35億3928万円	S59
		意見表示	機能未回復	事業損失補償		
145	339	取引慣行や家賃の実態に即していない			5800万円	S59
		処置済	算定不適切	立退補償		
146	341	休業補償費を過大に算定している			9759万円	H19
		処置済	過大支給	休業補償の算定		

(13)　事業補償（不当）

通番号	収録頁	件名			指摘額	検査報告年度
		指摘事項	指摘の事態	指摘箇所		
147	343	埋没建設機械器具等の損害額が過大負担			1億5800万円	S55
		不当	過大負担	損害額の算定		
148	345	先行補償に係る利子支払が過大			916万円	H17
		不当	支払過大	利子支払額		

(14)　事業補償（処置済）

通番号	収録頁	件名			指摘額	検査報告年度
		指摘事項	指摘の事態	指摘箇所		
149	346	漁業権等の先行補償者に支払う利子支払額が過大			9476万円 1928万円	H18
		処置済	支払過大	利子支払額		

(15) 総合補償（不当）

通番号	収録頁	件　名			指　摘　額	検査報告年度
		指摘事項	指摘の事態	指摘箇所		
150	348	用地の買収が補助対象外			229 万円	S50
		不　当	補助対象外	借用地		
151	349	補助金で取得した学校用地を転用			424 万円	S61
		不　当	目的不達成	学校用地		
152	350	学校用地の一部を公民館敷地に使用(1)			190 万円	S61
		不　当	目的外使用	公民館敷地		
153	351	学校用地の一部を公民館敷地に使用(2)			526 万円	S61
		不　当	目的外使用	公民館敷地		
154	352	学校用地の一部を公民館敷地に使用(3)			438 万円	S61
		不　当	目的外使用	公民館敷地		
155	353	学校用地の一部を働く婦人の家の敷地に使用(4)			694 万円	S61
		不　当	目的外使用	働く婦人の家の敷地		
156	354	権利関係等を確認せずに用地・補償を実施			5680 万円 3642 万円	S61
		不　当	事業不実施	用地取得・移転補償		
157	356	移転補償額の業務委託費の支払が不適切			1219 万円	H13
		不　当	支払過大	委託業務		
158	358	移転補償金の支払が不適切			830 万円	H14
		不　当	法令違反	賃借人補償		

(16) 総合補償（処置済）

通番号	収録頁	件　名			指　摘　額 ※は背景金額	検査報告年度
		指摘事項	指摘の事態	指摘箇所		
159	360	道路用地取得の事務処理の改善			※34 億 9037 万円	H7
		処置済	事務処理不適切	登記		
160	362	用地取得ができずトンネル工事が中止している			※89 億 9366 万円	H18
		処置済	計画不適切	用地取得		

第3章

用地補償の
分類別指摘事例

土地評価

土地等管理・処分

物件

機械工作物

営業補償・特殊補償

事業補償

総合補償

1 買収単価は対象外用地の価格を含めたもの

不当事項　精算過大　昭和 50 年度
指摘箇所：道路用地価格

●事業概要

　神奈川県 A 市は、事業費 1 億 0624 万円（国庫補助金 1725 万円）で小学校用地を買収した。

●検査結果

　この事業は、学校用地 7,469 m² を買収したもので、買収に要した費用を 1 m² 当たり 13,400 円として補助事業費を精算していた。しかし、この費用は、この用地と併せて買収した高価な補助対象外の道路用地の価格を含めた平均単価で算出したものであって、実際に要した学校用地の買収費用は 1 m² 当たり 12,100 円である。

　指摘額　219 万円（補助金）

▶ひと口コメント

　補助対象となる用地単価に対象外の用地単価を混入させてはならない。

第3章　用地補償の分類別指摘事例

2 無断処分の用地を新規取得として住宅建設

土地評価

不当事項　法令違反　昭和58年度
指摘箇所：公営住宅

●事態概要

　A県は、①昭和55年度から58年度の公営住宅建設事業において、新規の用地を確保して公営住宅を建設することとして国庫補助金の交付を受けたものであるが、実際は、②昭和29年度から44年度の公営住宅建設事業により国庫補助金の交付を受けて建設した既設の公営住宅を、建設大臣の承認を得ることなく無断で用途を廃止して除却した跡地に建設しており、その建設に係る事業費44億5349万円に対する国庫補助金24億9872万円（うち交付済額20億1058万円）及び無断で除却した公営住宅の建設に係る事業費2億1326万円に対する国庫補助金1億2363万円が不当と認められた。

●事業概要

　県では、公営住宅法に基づいて県内で、住宅に困窮する低額所得者に対して低廉な家賃で賃貸することを目的として公営住宅（県営住宅）を多数建設しており、昭和58年度末までに建設し管理している県営住宅は、県が建設省に対して報告している公営住宅管理戸数調によると、県営B団地ほか133団地で16,226戸となっている。

　このうち、①の公営住宅建設事業は、A県住宅建設五箇年計画事業の一環として、55年度から58年度までの間に、国庫補助金の交付決定を受けて県営B団地ほか7団地で耐火構造中層住宅（3階から5階建の集合住宅）509戸及び集会所1箇所を新たに建設することとし、うち413戸及び集会所は建設を完了し、96戸は59年3月末現在建設中のもので公営住宅法第9条第1項の規定により県が省に提出した国庫補助金交付申請書等によると、これらの住宅はいずれも新規の用地（合計43,756 m²）に建設することとしているものである。

29

●検査結果

　この事業の実施状況について検査したところ、これら県営住宅509戸等は、新規の用地に建設されたものではなく、②の公営住宅建設事業により、29年度から44年度までの間に国庫補助金の交付を受けて建設した県営住宅321戸（木造平屋建住宅（耐用年限20年）13戸、簡易耐火構造平屋建住宅（耐用年限35年）等308戸）を56年2月から59年4月までの間に、建設大臣の承認を得ることなく56年7月から59年4月までの間に無断で用途廃止をして除却した公営（市営）住宅32戸（C市が29年度から32年度までの間に国庫補助金により建設）のうちの21戸（木造平屋建住宅13戸、特殊耐火構造二階建住宅（耐用年限50年8戸））の跡地（3,712 m²）に新たに建設している状況であった。

　しかしながら、公営住宅法によれば、居住環境を整理することなどを理由として、既設の公営住宅を除却し、その跡地に新たに公営住宅を建設する場合は、除却すべき公営住宅の大部分が耐用年限の2分の1を経過していること又はその大部分につき公営住宅としての機能が災害その他の理由により相当程度低下していることなどの要件に該当し、かつ、あらかじめ同法の規定に基づき公営住宅建替事業に関する計画を作成して、建設大臣の承認を得なければならないことになっており、また、公営住宅の用途を廃止するには、建替事業の承認を得た場合を除き災害その他の特別の事由により引き続き管理するのが不適当な場合に、建設大臣の承認を得なければならないことになっているものである。

　したがって、県が、国庫補助金の交付を受けて建設した公営住宅を承認を得ることなく無断で用途廃止のうえ除却し、しかも、この跡地を新規の用地を確保したとして国庫補助金の交付を受け、独自の建替計画にしたがって公営住宅建設事業を実施しているのは、公営住宅法等関係法令に違背するものであり、国庫補助事業の実施及び経理が不当であると認められた。

　また、無断で除却した県営住宅等342戸については、耐用年限の2分の1を経過していないものが195戸、耐用年限の2分の1を経過し

第3章　用地補償の分類別指摘事例

ているが耐用年限に達していないものが121戸、耐用年限を経過しているものが26戸となっており、これら住宅の耐用年限が2分の1を経過していないものはもちろん、その他のものについても同時期に建設した県営住宅等の状況からみて、住宅としての機能がまだ発揮できたと認められるのに、無断で除却したのは適切とは認められない。

　なお、公営住宅管理戸数16,226戸のなかには、既に除却済みの297戸（このほか24戸は59年4月に除却）を含めて報告しており、また、県営B団地ほか2団地の77戸については、除却を予定して空家のままとなっている状況である。

　指摘額　1億2363万円（補助金）

▶ひと口コメント

　本件は、公の組織による故意の法令違反である。

3 買い戻す予定とは別の相手方を介在させた

不当事項　過大受給　昭和60年度
指摘箇所：用地取得費

●事業概要

　この事業は、A市公共下水道事業の一環として、昭和55年度にB下水中継ポンプ場用地856.68 m² をA市土地開発公社（開発公社）から取得したもので、市では、その取得に当たって、開発公社が当該用地を54年3月に1 m² 当たり27,000円、計2313万円で借入金により取得していたとして、同価格に借入金に係る支払利子相当額として376万円、開発公社の事務費として事務費率を2.75％として算出した739,695円を加え用地価格を総額2763万円と算定し、これに補助事業に係る事務費を加えて事業費2849万円とし、これについて国庫補助金1699万円の交付を受けていた。

第3章　用地補償の分類別指摘事例

土地評価

●検査結果

　しかし、実際は、本件用地は、市が54年3月、一般会計の財源確保のため、将来公共事業を実施する場合には買い戻すことを予定して株式会社C振興公社（振興公社）に1㎡当たり17,000円、計2018万円で売却した土地1,187.61㎡の一部であり、市ではその後、公共下水道事業の実施に伴い、用地が必要となったため、開発公社にその取得を依頼し、開発公社では55年12月、1,186.61㎡を、振興公社が市から取得した際の単価1㎡当たり17,000円、計2018万円に、取得資金とした借入金に係る支払利子相当額325万円、手数料率1.5％（振興公社において市が買い戻すことを条件に取得した用地を売り渡す場合に適用する手数料率）を適用して算出した振興公社の事務費351,715円を加えた総額2379万円で取得しているものであった。

　したがって、市が55年12月に取得した用地は、市が買い戻すことを予定して振興公社に売却していたもので、補助金交付申請時（55年11月）には振興公社の所有であったのであるから、その取得に当たっては、開発公社を介在させることなく、また、開発公社が振興公社から取得した際の価格算定方式により算出される価格により取得すべきであったと認められた。

　いま、用地を振興公社から直接取得することとして用地価格を修正計算すると、その基礎となる価格1㎡当たり17,000円、計1456万円、支払利子相当額193万円、振興公社の事務費247,497円、総額1674万円となり、これに補助事業に係る事務費相当額を加えると事業費は1727万円となり、これに対する国庫補助金相当額は1036万円となるので、結局、国庫補助金662万円を過大に受給していた。

　指摘額　662万円（補助金）

▶ひと口コメント

　これは悪質である。一つの土地を巡って関係公社に儲けさせたと思われても仕方がない。

4 無償部分の面積に有償部分の単価を乗じて過大

不当事項 過大受給 昭和61年度
指摘箇所：補助単価

●事業概要

　この事業は、昭和59年度補助事業として、A中学校の教室不足の解消を図るのに必要な移転拡張を行うため、13,199.07 m² を住宅・都市整備公団（公団）から学校用地として時価の2分の1相当額22億4368万円で取得したものである。

　B区及び公団では、60年3月、一画地の学校用地を便宜的に無償部分6,600 m² と有償部分6,599.07 m²（1 m² 当たり単価340,000円、総額22億4368万円）に分けて、土地譲渡契約と土地売買契約を締結している。そして、区では、全体の取得面積13,199.07 m² から中学校の保有面積9,081 m² を差し引いた4,118 m² を補助対象面積とし、これに有償部分の1 m² 当たり単価である340,000円を乗じて補助対象事業費を14億0012万円と算定し、3億5003万円の国庫補助金の交付を受けていた。

第3章　用地補償の分類別指摘事例

●検査結果

　しかし、区は、無償部分と有償部分を学校用地として一体利用する目的で同時に公団から取得したものであるから、取得に要した経費22億4368万円を全体の取得面積13,199.07 m^2 で除して得た平均単価169,900円を1 m^2 当たりの補助単価とすべきであるのに340,000円を補助単価として事業費を算定していた。

　したがって、1 m^2 当たりの補助単価を169,900円として修正計算すると補助対象事業費は6億9964万円、これに対する国庫補助金は1億7491万円となり、1億7511万円を過大に受給していた。

　指摘額　1億7511万円（補助金）

▶ひと口コメント

　補助金の審査はどのように行ったのだろうか。特に有償と無償の対象面積と適用単価や一体利用となる補助対象事業費の確認は行ったのだろうか。

5 学校用地を公民館敷地に転用し 不足解消せず

不当事項 目的不達成 昭和 62 年度
指摘箇所：公民館敷地

●事業概要

　この事業は、昭和 57 年度補助事業として、A 小学校の教室不足の解消を図るのに必要な校舎の増築を行うため、B 市が小学校用地 6,848 m² を補助対象事業費 1 億 5887 万円で取得したものである。

●検査結果

　市では、学校用地の取得後まもない 58 年 9 月に、従前から小学校に供用していた学校用地の一部 598 m² を公民館の敷地に転用していた。

　しかし、市が既存の学校用地では不足するとして、国庫補助金の交付を受けて新たに学校用地を取得しておきながら、いまだ学校用地の不足が解消していない状況であるのに、既存の学校用地の一部を他の用途に転用しているのは、これに相当する補助対象面積を他の用途に転用したことと同様の結果となり、事業により取得した用地のうち 598 m²（国庫補助金相当額 393 万円）分は補助の目的を達していない。

　なお、同年 9 月の転用前における小学校の基準面積は 29,009 m² で、これに対し保有面積は 22,709 m² に過ぎず、6,300 m² が不足していた。その後転用が行われ、また、児童数が増加した結果、63 年 5 月 1 日現在においても、なお 10,685 m² が不足している状況である。

　指摘額　393 万円（補助金）

▶ひと口コメント

　市は何を目的に補助金を申請したのか。そして、この補助金の審査はどのように行ったのかを聞いてみたい。

6 補助対象でない土地を地下鉄用としている

不当事項 補助対象外 平成2年度
指摘箇所：土地

● **事業概要**

A地方公共団体は、地下高速鉄道と地上部の街路の建設事業に要する土地として、平成元年6月に土地334.1 m^{2}を2億9339万円（国庫補助金353万円）で買収している。

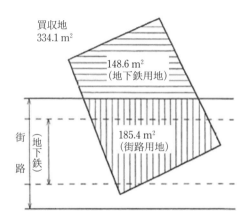

● **積　算**

このうち、街路敷185.4 m^{2}を除く、148.6 m^{2}の土地は、地下鉄事業の用地として買収価格相当額（建設利子を含む。）の取得費1億3080万円を補助対象の事業費に計上し、国庫補助金353万円の交付を受けている。

●検査結果

(1) この 148.6 m^2 の土地についてみると、
　① 地下鉄事業用地として全く使用されていない
　② 地下鉄事業として必要のない土地である
　③ 街路敷 185.4 m^2 と同筆の土地であり、地権者からの要望で買
　　収したものである
　という状況であった。

(2) 地下鉄建設費補助金
　地下鉄建設のための工事、資産の取得に要した費用を対象として
交付される。

(3) 結　論
　地下鉄建設に必要でない土地の取得費補助対象の事業費として認
められない。

●指摘内容

　補助対象外の土地 148.6 m^2 の取得費のうち、国庫補助金相当額 353
万円は不当と認められた。

　指摘額　353 万円（補助金）

▶ひと口コメント

　確かに地下鉄建設に必要でない土地であるが、買収の際には地権者の要望に
対してどのように説得するのか。

第3章　用地補償の分類別指摘事例

7　借地料に都市計画税を含めている

不当事項　支払過大　平成7年度

指摘箇所：都市計画税

●契約概要

東京湾横断道路株式会社は、横断道路の建設に伴い、コンクリート製品や発生土の仮置き、積出しなどを行う用地として、平成3年9月に賃貸借契約を締結し、土地（借地面積 46,500 m²〜198,000 m²）を賃借し、借地料として3年度〜7年度までに9億2109万円を支払っている。

●借地料の算定

(1)　3年度では、鑑定評価額が1 m² 当たり月額145円及び146円となっているため、145円を契約単価として、契約を締結し、借地面積を乗じて月額借地料を算定し、借地料4359万円を支払っている。

(2)　4年度では、鑑定評価を行わず、3年度の契約単価で、借地料1億0810万円を支払っている。

(3)　5年度では、借地料の見直しを行ったが、鑑定評価額が月額145円となっていたことから、契約単価の改定を行わずに、借地料を算定し、借地料1億9888万円を支払っている。

(4)　6年度では、固定資産税の土地評価額改定の理由から鑑定評価を依頼し、月額150円及び151円となっていたことから、契約単価を150円に改定し、借地料2億2986万円を支払っている。

(5)　7年度では、鑑定評価を行わずに、6年度の契約単価で借地料3億4065万円を支払っている。

●検査結果

(1)　鑑定評価の1m²当たりの月額単価は、平成3年度の鑑定評価では、土地の公示価格等を基にした純賃料と必要諸経費との合計額となっており、必要諸経費には、この土地に係る都市計画税相当額が含まれている。

(2)　5、6年度の鑑定評価では、都市計画税相当額が含まれた月額単価に物価変動等の指数を乗ずるなどして算定されている。

(3)　鑑定評価額に基づき契約単価を決定したため、3年度～7年度の借地料には、都市計画税相当額2106万円が含まれていた。

(4)　土地所在の市では、都市計画区域全域において都市計画税を課税していないため、借地料には都市計画税相当額を見込む必要はない。

●指摘内容

　　都市計画税相当額を控除して計算すると、過小となっていた固定資産税相当額の分を考慮しても借地料は9億0094万円となり、借地料計9億2109万円はこれに比べて2014万円が過大な支払となっている。

　　9億2109万円（借地料）→9億0094万円（修正）

　　指摘額　2014万円

▶ひと口コメント

　　鑑定評価内容の確認が甘かったのと、所在の市が都市計画税を課税しているかの確認を怠っていたものである。

第 3 章　用地補償の分類別指摘事例

8 # 土地取得費の算定が適切でない

土地評価

不当事項　支払過大　平成 10 年度
指摘箇所：支払利子額

●事業概要

A 市は、終末処理場建設のため、公社が平成 4 年 1 月〜5 年 7 月に先行取得した土地（8,492.7 m²）を、9、10 年度に、土地取得費 3 億 3860 万円（国庫補助金 1 億 6930 万円）で取得した。

土地取得費については、公社が支払った土地取得費、事務費、利子支払額を基に、1 m² 当たりの土地単価を公社からの取得日別に 3 万 9050 円、4 万 0419 円と算出し、これらに取得面積を乗じるなどして算定していた。

●検査結果

利子支払額は、公社が土地取得に要する資金を借り入れるために実際に支払った利子の額とされている。

しかし、市では、公社が土地取得に要する資金を 2 年〜2 年 8 箇月（年 5.14％〜5.82％）を下回る利率（年 1.77％〜4.82％）の資金に借り換えていたのに、誤って、当初の利率のままで借り換えていたとして算定していた。

●指摘内容

実際の利率により利子支払額を算定し、1 m² 当たりの土地単価を算出すると、これらの土地単価は 3 万 7620 円、3 万 8513 円、3 万 8669 円となる。

この単価により修正計算すると、土地取得費は 1433 万円が過大となっており、国庫補助金 716 万円が不当となっていた。

指摘額　716 万円（補助金）

▶ひと口コメント

利率が低いから借り換えるのであって、借り換え利率を当初利率で計算していることに誰も気付かなかったのであろうか。

41

9 用地取得に伴う補償費の算定が過大

不当事項 積算過大 平成12年度
指摘部分：残地補償

●事業概要

　A県は、B町C地区において、交差点を改良するため、平成10、11両年度に建物存在の土地596.52m²のうち、213.93m²の取得及びこれに伴う損失補償を事業費1億1447万円（国庫補助金5723万円）で実施した。

　このうち、土地の一部取得に伴って残地382.59m²の価格が低下する損失に対する補償費（残地補償費）は1733万円となっている。

●残地補償費の算定

　県は、公共事業に伴う損失補償については、損失補償基準を制定しており残地補償費は次式により算定する。

　売却損率は、下記の①又は②の用地取得のため、残地を早急に売却する必要がある場合のみ考慮されることになっており、残地の評価格、売却の必要性を勘案し、0%から30%の範囲内で定めている。

① 建物存在の土地取得により、所有者において建物の移転用地が必要になること
② 取得土地をその所有者が近い将来において建物敷地とするため、所有者において代替用地が必要になること

　そして、売却損率を10%とし、1m²当たりの残地補償価格を4万5300円として補償費を算定していた。

第3章　用地補償の分類別指摘事例

●検査結果

　県では、土地の取得及び損失の補償に当たり、対象土地の建物が使用されていないこと、所有者がこの土地を売却しようとしていたことなどから、移転用地は必要なく、代替用地も必要ないとしていた。

　このため、残地を早急に売却する必要はないことから、売却損率を考慮する必要はなかった。

　売却損率を考慮しないで 1 m^2 当たりの残地補償価格を算定すると 1 万 9300 円となり、残地補償費は 738 万円となる。

　したがって、事業費 994 万円が過大となっており、国庫補助金 497 万円が不当となっていた。

　指摘額　497 万円（補助金）

▶ひと口コメント

　県が対象土地の使用状況などを把握しながら売却損率を考慮したのは、どのような理由があるにせよ説明がつかない。

10 近傍事例との比較が不十分で用地費が過大

不当事項 支払過大 平成 16 年度
指摘箇所：用地費算定

●事業概要

　A 市は、市道整備事業の一環として、駅前広場を整備するため、平成 15 年度に、土地（宅地）764.49 m² を用地費 2 億 0182 万円で取得した。

　市は土地の取得に当たって、固定資産評価に係る土地の単価が、隣地とほぼ同額であるとして、鑑定評価に基づく隣地の土地単価 264,000 円/m² で土地の用地費を算定していた。

●検査結果

　固定資産評価における土地単価は、隣地を 4.0% 下回っていた。また、隣地はやや不整形な長方形地であるのに対し、土地は有効宅地部分がやや入り組んだ形状の不整形地であったり、面積は 764.49 m²（隣地の 3 倍程度）と、土地が所在する地域の標準的な規模の宅地として利用する場合に使用できない土地が生じたりすることなどから、個別的要因の比較に適用する「土地価格比準表」等によれば土地単価を減価する必要があるのに、隣地の土地単価をそのまま土地の単価として用地費を算定したのは適切ではない。そして、会計実地検査の後、市が不動産鑑定業者に依頼した鑑定評価によれば、土地の取得時における土地単価は 259,000 円/m² で、隣地の価格を下回っていた。

●指摘内容

　鑑定評価額に基づき用地費を算定すると、382 万円過大となっており、国庫補助金相当額 191 万円が不当と認められた。

　指摘額　191 万円（補助金）

▶ひと口コメント

　本件は、検査の結果、市の補償額算定に疑問があったので、検査後改めて該当の土地の不動産鑑定を実施し算定が過大であったことを立証し、それに基づいて指摘した。

第3章　用地補償の分類別指摘事例

11 私道を宅地と評価し用地費が過大

土地評価

不当事項　支払過大　平成16年度
指摘箇所：共用私道

●事業概要

　A県は、道路改築事業の一環として、道路を拡幅するため、平成15年度に、B市に所在する土地（宅地及び私道）574.79 m² を用地費4368万円で取得した。

　土地の取得に当たっては、近傍地等の取引価格を基準として、土地及びその位置、形状、その他一般の取引における価格形成上の諸要素を総合的に比較考量して算定した取引価格で補償することとされている。そして、公衆用道路として利用されている私道は、その私道の系統、幅員等の事情に応じて一定の率で土地の価格を減価することとされており、共用私道の減価率は50％から80％とされている。

　県は、土地の取得に当たり、近傍地等の取引価格を参考とするなどして、宅地の土地単価を77,000円/m² と算定し、隣接する私道は、その利用実態等からみて共用私道に該当することから、当該宅地の土地単価を50％減価して38,500円/m² と算定していた。

●検査結果

　県は宅地面積として評価した559.86 m² のうち57.91 m² の土地が利用実態等からみて共用私道であるのに、用地費を算定する際に誤ってこの土地を宅地として評価していた。

●指摘内容

　宅地及び私道の適正な面積を基に用地費を算定すると222万円過大となっており、国庫補助金相当額111万円が不当と認められた。

　指摘額　111万円（補助金）

▶ひと口コメント

　調査官は、検査前に県から取り寄せた本件補償に関する書類検査で誤りを発見し、現地検査でこれを確認した。県の審査の甘さは問題である。

12 高速道用地補償で 17 億円不当

不当事項　補償過大　平成 23 年度
指摘箇所：移転補償費

●契約概要

　中日本高速道路株式会社名古屋支社 A 工事事務所は、新東名高速道路の建設に必要な土地を取得するなどのため、B 社、C 社等との間で、土地売買契約等を締結している。

●検査結果

⑴　事務所は、B 社が所有していた土地及び B 社が採石権等の権利を有していて第三者が所有していた土地の売買契約計 14 件を契約金額計 3 億 9367 万円で締結するとともに、B 社が有していた採石権の放棄等を目的とした権利放棄補償契約 12 件を契約金額計 8 億 7249 万円で締結していた。

　しかし、これらの契約の締結後に、B 社は、契約条項に違反して、土地の掘削等を行うなど土地の形質変更を行っていた。事務所は、これを把握していたのに、B 社及び土地の所有者へ土地の形質変更の中止や是正を求めるなどの措置を講じないまま、契約金額計 12 億 6617 万円全額を支払っていた。

⑵　事務所は、取得予定の土地等に存在する物件を収去させる費用を補償する物件移転補償契約を C 社と契約金額 3 億 9381 万円で締結し、前払金を支払っていた。

　しかし、事務所は、C 社から庭石等の所有権を放棄する旨の申出を受け、これを容認したため、残金を支払っていたのに、庭石等を収去しないままとしていた（これに係る補償費相当額 3 億 0541 万円）。

　なお、実際には本線工事で庭石の運搬・撤去が必要となり、費用（4000 万円）が追加的に発生していて、今後も、多額の費用が発生するおそれがある状況となっていた。

第 3 章　用地補償の分類別指摘事例

(3)　事務所は補償する必要のなかった沈砂池等に対して補償費 1270万円を支払っていた。

⑷　事務所は、砕石製造プラント等を構内残地に再配置させる物件移転補償契約を B 社と契約金額 61 億 4950 万円で締結し、平成 20 年12 月までに契約金額全額を支払っていた。

　このうち造成工事費は、国土交通省制定の「土木工事標準積算基準書」に基づき、硬岩及び土砂の処分費 10 億 4232 万円を含む直接工事費を 28 億 0454 万円と算定した上で、これに所定の率を乗じて共通仮設費を算定し、直接工事費にこれを加えた額に所定の率を乗じて現場管理費を算定するなどして 35 億 8132 万円と算定していた。

　しかし、積算基準によると、処分費については、共通仮設費及び現場管理費の算定対象となる額は 3000 万円を上限とするとされているのに、事務所は、誤って処分費の全額を間接工事費の算定対象額としていた。

　このため、造成工事費 1 億 7977 万円が割高になっていた。

　したがって、⑴から⑷を併せて補償費計 17 億 6407 万円が不当となっていた。

　指摘額　17 億 6407 万円

▶ひと口コメント

　極めて難しい補償交渉で、担当者一人に全てを任せ会社全体で情報の共有ができていなかった。ただ、経費の過大算定は発注者側のミスである。

13 先行取得用地よりも高い時価で購入

不当事項　交付過大　平成 26 年度
指摘箇所：再取得価格

●事業概要

　山形県 A 市は、平成 22 年度に、B 総合公園区域を拡大するために、A 市土地開発公社に平成 2、3 両年度に先行取得させていた事業用地のうち 65,803.2 ㎡（本件用地）を、開発公社から 15 億 8585 万円（交付対象事業費同額、交付金 6 億 3434 万円）で再取得した。

　都市再生整備計画事業に適用される通知等によれば、先行取得時における土地の取得費、補償費、事務費等、直接管理費及びこれらの費用に有利子の資金が充てられた場合の利子支払額の合計額（再取得時までに要した費用）と再取得時の時価との低い方の額を交付対象事業費とすることとされている。

●検査結果

　開発公社の決算書の明細表等により確認したところ、用地の再取得時までに要した費用の額は再取得時の時価より低い 13 億 7117 万円となっていた。

　したがって、適正な交付対象事業費は、用地の再取得時までに要した費用 13 億 7117 万円であり、交付対象事業費は 2 億 1468 万円過大になっており、交付金 8587 万円が過大に交付されていて不当と認められた。

　指摘額　8587 万円（交付金）

▶ひと口コメント

　対象事業費の審査で、開発公社の決算書の明細表等を確認していないのは甘い。

第3章　用地補償の分類別指摘事例

14 再取得時の時価に利子支払額を含めて過大

不当事項　交付過大　平成 27 年度

指摘箇所：利子支払額

●事業概要

　奈良県 A 市は、A 市土地開発公社に平成 21、24 両年度に先行取得させていた事業用地計 809.6 m² を、23 年度から 25 年度までの間に開発公社から計 2 億 2178 万円（交付対象事業費計 2 億 1886 万円、交付金計 1 億 2037 万円）で再取得した。

　通達によれば、土地開発公社等が先行取得した土地を補助事業者が事業用地として再取得する場合の交付対象事業費は、再取得時の近傍類地の取引価額を勘案した土地の額に、その土地に存する物件の移転費用等及び事務費等を加えた額（再取得時の時価）と、土地開発公社等が負担した土地の取得費、その土地に存する物件の移転費用等、事務費等、直接管理費及びこれらの費用に有利子の資金が充てられた場合の利子支払額の合計額（再取得時までに要した費用）のいずれか低い方の額とするとされている。そして、再取得時の時価には、利子支払額を含めないとされている。

●検査結果

　市は、再取得時の時価の算定に当たり、誤って、事業用地の取得費及び物件の移転費用に充てるための借入金に係る開発公社の利子支払額を含めるなどしていた。

　したがって、利子支払額を控除するなどして適正な交付対象事業費を算定すると、計 2 億 0977 万円となることから、交付対象事業費は 909 万円過大になっており、交付金計 500 万円が過大に交付されていて不当と認められた。

　指摘額　500 万円（交付金）

●ひと口コメント

　調査官は、低い額の時価が交付対象となっていることだけで納得せず、その額の構成についても確認した結果である。

49

15 市道内の民有地を宅地等と評価

不当事項　交付過大　平成 27 年度
指摘箇所：市道内の民有地

●事業概要

　大分県 A 市は、平成 22、24、26、27 各年度に、道路を拡幅するなどのために、土地計 1,934.5 m² を用地費計 3760 万円（交付対象事業費計 3760 万円、交付金等計 1880 万円）で取得した。

　「公共用地の取得に伴う損失補償基準」等では、公共事業の実施による土地の取得に当たっては、正常な取引価格で補償するとされており、近傍地等の取引価格を基準とし、価格形成上の諸要素を総合的に比較考量して算定するとされている。そして、これらの諸要素の比較に当たって適用している「土地価格比準表」によれば、私道の取得に当たっては、道路の敷地の用に供するために生ずる価値の減少分について、一定の減価率を用いて土地の価格を減価するとされている。この考え方を参考にして、市では、市道内の民有地^(注)の取得に当たっては、道路以外の利用が考えられないことから、減価率を 100% として評価している。

　市は、土地計 1,934.5 m² の取得に当たり、1 m² 当たりの土地単価を、宅地計 1,665.1 m² については 18,200 円から 24,800 円、私道計 124.5 m² については 5,000 円又は 5,700 円、境内地 144.9 m² については 28,700 円として、それぞれの地目ごとの面積に土地単価を乗ずるなどして用地費を計 3760 万円と算定していた。

（注）　市道内の民有地：道路管理者への所有権移転登記が行われておらず、市道として使用されている民有地。

50

第3章　用地補償の分類別指摘事例

●検査結果

　市は、宅地計 1,665.1 m² 及び私道計 124.5 m² の中に、市道内の民有地が計 449.5 m² 含まれているのに、これらについて減価率を 100％ として評価することなく、誤って宅地又は私道として評価していた。

　したがって、市道内の民有地計 449.5 m² について減価率を 100％ として評価するなどして、適正な用地費を算定すると計 3451 万円となり、用地費計 3760 万円は 308 万円（交付対象事業費 308 万円）過大となっていて、交付金等 154 万円が不当と認められた。

　指摘額　154 万円（交付金等）

▶ひと口コメント

　市道内の民有地という状態も問題であり、利用実態の把握なども十分に行う必要がある。

16 崖地条件格差率は対象地総面積全体に適用

不当事項　交付過大　令和3年度
指摘箇所：崖地条件格差率等

●事業概要

　千葉県Ａ市は、令和2年度に、防災・安全交付金（道路）事業として、都市計画道路を整備するために、土地1,587.46 m² を用地費1億6441万円（交付対象事業費1億6439万円、交付金交付額9041万円）で取得した。市は、公共事業の施行に伴う損失補償を「公共用地の取得に伴う損失補償基準」等に基づいて行うこととしており、これによれば、土地の取得については、近傍地等の取引価格を基準とし、これらの土地及び取得する土地の位置、形状、その他一般の取引における価格形成上の諸要素を比較考量して算定するものとされている。諸要素の比較については、「土地価格比準表」（比準表）等を適用することとされ、比準表等によれば、土地の評価額は、価格比準の基礎となる土地（基準地）の単価に評価の対象となる土地（対象地）の画地条件等による各格差率を乗じて算出した評価単価に、用地面積を乗じて算出することとされている。そして、崖地部分を含む対象地に適用する格差率（崖地条件格差率）は、平坦地に比べて有効利用度が劣るため、この要因による崖地部分の減価率を求めた上で、対象地の総面積に占める崖地部分の面積の割合を乗ずるなどして算出することとされ、また、対象地の奥行きの長さに基づいて適用する格差率（奥行逓減格差率）は、奥行きが長くなるほど評価額が逓減することから、基準地及び対象地の奥行きの長さの比に基づいて比準表に定められた格差率を適用することとされている。

$$崖地条件格差率 = 1 - \left(崖地部分の減価率 \times \frac{崖地部分の面積}{対象地の総面積} \right)$$

第3章　用地補償の分類別指摘事例

●検査結果

　市は、次の①から④までの手順により、用地費を算定して支払っていた。

①　土地については、崖地を挟んで上下にそれぞれ平坦地があることから、価格の評価に当たっては、崖地部分に従前からある筆界を境として、それぞれ平坦地部分と崖地部分からなる二つの対象地に区分した（以下、上側の対象地を「対象地Ｂ」、下側の対象地を「対象地Ｃ」）。そして、両対象地に対応する基準地をそれぞれ選定した。

②　画地条件による格差率の算出に当たっては、崖地条件格差率については、崖地部分の減価率に両対象地それぞれの総面積に占める崖地部分の面積の割合を乗ずるなどして、対象地Ｂは 0.94、対象地Ｃは 0.81 とそれぞれ算出し、奥行逓減格差率については、各基準地及び各対象地の奥行きの長さの比に基づくものとしていずれも 1.00 を適用した。

③　評価単価の算出に当たっては、両対象地をそれぞれ平坦地部分と崖地部分とに更に区分した上で、これらのうち平坦地部分については、崖地が含まれていないとの判断により崖地条件格差率をいずれも 1.00 として、両対象地に対応する基準地の単価に各格差率（このうち奥行逓減格差率についてはいずれも 1.00）を乗じて算出した。また、崖地部分については、当該平坦地部分の評価単価に更に②で算出した崖地条件格差率（対象地Ｂ：0.94、対象地Ｃ：0.81）をそれぞれ乗じて算出した。

$$\begin{pmatrix}平坦地部分に\\係る評価単価\end{pmatrix}=\begin{pmatrix}両対象地に対応する\\基準地の単価\end{pmatrix}\times 各格差率$$

$$\begin{bmatrix}崖地条件格差率：1.00\\奥行逓減格差率：1.00\end{bmatrix}$$

$$\begin{pmatrix}崖地部分に\\係る評価単価\end{pmatrix}=\begin{pmatrix}上記の平坦地部分\\に係る評価単価\end{pmatrix}\times\begin{pmatrix}②で算出した\\崖地条件格差率\end{pmatrix}$$

$$\begin{bmatrix}対象地Ｂ：0.94\\対象地Ｃ：0.81\end{bmatrix}$$

④　土地の評価額の算定に当たっては、①から③までにより算出した

平坦地部分に係る評価単価及び崖地部分に係る評価単価に、両対象地の平坦地部分及び崖地部分の土地面積をそれぞれ乗じて両対象地の評価額を算出し、これらを合算し、1億6441万円として、同額を用地費として支払っていた。

しかし、崖地条件格差率は、対象地の総面積に占める崖地部分の面積の割合を乗ずるなどして算出され、対象地の総面積全体に対して適用すべきであることから、両対象地を平坦地部分と崖地部分とに更に区分した上で、平坦地部分を除いた両対象地の崖地部分の土地面積にのみ適用するのではなく、対象地の総面積全体に対して適用する必要があった。また、対象地Cの奥行逓減格差率1.00は、比準表の格差率の適用を誤るなどしたものであり、正しくは0.77とする必要があった。

したがって、崖地条件格差率及び奥行逓減格差率を適用するなどして適正な用地費を算定すると、1億2746万円（交付対象事業費同額）となり、用地費はこれに比べて3694万円（交付対象事業費3693万円）過大となり、交付金相当額2031万円が不当と認められた。

指摘額　2031万円（交付金）

第3章　用地補償の分類別指摘事例

土地評価

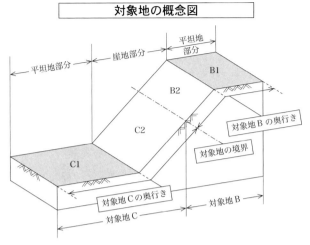

(当局の用地費の算定方法)

対象地Bの用地費 = 対象地Bの平坦地部分(B1)に係る評価単価(崖地条件格差率1.00)(奥行逓減格差率1.00) × 対象地Bの平坦地部分(B1)に係る土地面積 + 対象地Bの崖地部分(B2)に係る評価単価(崖地条件格差率0.94)(奥行逓減格差率1.00) × 対象地Bの崖地部分(B2)に係る土地面積

対象地Cの用地費 = 対象地Cの平坦地部分(C1)に係る評価単価(崖地条件格差率1.00)(奥行逓減格差率1.00) × 対象地Cの平坦地部分(C1)に係る土地面積 + 対象地Cの崖地部分(C2)に係る評価単価(崖地条件格差率0.81)(奥行逓減格差率1.00) × 対象地Cの崖地部分(C2)に係る土地面積

(適正な用地費の算定方法)

対象地Bの用地費 = 対象地Bの全体(B1+B2)に係る評価単価(崖地条件格差率0.94)(奥行逓減格差率1.00) × 〔対象地Bの全体(B1+B2)に係る土地面積〕 [対象地Bの平坦地部分(B1)に係る土地面積 + 対象地Bの崖地部分(B2)に係る土地面積]

対象地Cの用地費 = 対象地Cの全体(C1+C2)に係る評価単価(崖地条件格差率0.81)(奥行逓減格差率0.77) × 〔対象地Cの全体(C1+C2)に係る土地面積〕 [対象地Cの平坦地部分(C1)に係る土地面積 + 対象地Cの崖地部分(C2)に係る土地面積]

▶ひと口コメント

　対象地の境界に注目して崖地条件格差率の適用を取り上げた新たな着眼点による指摘である。今後の広がりに注意を要する。

17 地上権の設定幅を改善させたもの

処置済事項 権利設定過大 昭和51年度
指摘箇所：地上権

●地上権概要

　水資源開発公団北総東部用水建設所ほか5建設所が、昭和50、51両事業年度中に管水路及びトンネル等の建設に伴い地上権を設定したもの（権利設定面積 114,101.58 m²、契約総額2億8884万円）について検査したところ、次のとおり、地上権の設定幅が適切でないと認められる点が見受けられた。

　すなわち、管水路における地上権の設定幅については、構築物の保護のほか故障時の修復に必要な範囲を見込むこととし、水資源開発公団が制定した「土木工事等設計書作成基準」により、コンクリート管の場合は両側に0.8 m、鋼管の場合は両側に1 mをそれぞれ加えた幅を権利の設定幅とし、また、トンネル、暗きょ及びサイフォンの場合は管水路等の地上権設定例を参考としてトンネル及び暗きょの左右それぞれ約1 m、サイフォンの基礎幅の左右それぞれ0.75 mの余裕を見込んだ幅を設定幅としていた。

第3章　用地補償の分類別指摘事例

●検査結果

　近年管水路の漏水の原因であった接続箇所の工法が著しく改良され
てきていることなどから、地上権の設定幅は修復のための幅を見込む
必要はなく、管水路等の構築物の保護に必要な範囲内で足りると認め
られ、他団体の地上権設定例においても、管水路については構築物の
最大幅（基礎幅）で、トンネルについては構築物の外側から左右それ
ぞれ0.5mを加えた幅で設定している状況であり、暗きょ及びサイ
フォンについては、その施工方法によって管水路及びトンネルに準じ
て設定すれば十分に保護されると認められ、この設定幅によったとす
れば契約総額を約5600万円程度節減できたと認められた。

●改善処置

　水資源開発公団では、52年8月に各支社長等に対して通達を発し、
導水路の建設に伴う地上権の設定契約に当たっては、管水路について
は基礎幅とし、トンネルについては構築物の外側から左右それぞれ
0.5mを加えた幅とし、暗きょ及びサイフォンについては、その施工
方法により管水路又はトンネルに準じた幅をもって地上権の標準設定
幅とする処置を講じた。

　指摘額　5600万円

▶ひと口コメント

　現場実態の確認や技術の進歩に注意が必要である。

18 管水路等の建設に伴う地上権設定に処置要求

処置要求事項　設定過大　昭和52年度
指摘箇所：地上権

●地上権概要

　農林水産省東北農政局ほか6農政局が国の直轄事業として、また、北海道ほか13県が補助事業として、昭和51、52両年度中に、土地改良事業等の工事を施行する際に管水路等及びトンネルの設置箇所に設定した地上権（直轄事業における設定面積16万m²、支払われた対価の合計額2億1209万円、補助事業における設定面積46万m²、支払われた対価の合計額7562万円（これに対する国庫補助金相当額4023万円））の設定状況について検査したところ、次のとおり、地上権の設定の取扱いが区々となっていて適切でないと認められるものが見受けられた。

　すなわち、地上権は土地改良事業等により設置した管水路等及びトンネルの施設の保全上必要がある場合に設定するもので、その取扱いについて、省では、「一応、設定幅は施設の最大幅に両側0.5mから1mを加えたものを標準とする」と指導しているが、実際の取扱いをみると、各農政局がそれぞれに設定の基準等を定め、設定幅を施設の両側0.3mから1mとしており、また、道県においては、農政局の設定の基準等を準用したり、独自の取扱基準を設けたりなどして、設定幅を同じく0.5mから1mとしており、取扱基準を制定していない県での設定幅は同じく0mから2.55mとなっているなど、その取扱いが区々となっている。

●検査結果

　土地改良事業等における管水路等及びトンネルの設置箇所は主として農業振興地域内にあり、これらの土地は農地法（昭和27年法律第229号）等によって農地の転用が制約されているから、地上権設定の範囲（設定幅、設定深度等）は施設の保全に必要な最小限に設定すべきであると認められ、同様の地下埋設物等について地上権設定の事例

第3章　用地補償の分類別指摘事例

が多い他団体の例をみても、設定幅については、管水路等にあっては施設の最大幅、つまり基礎幅で、また、トンネルにあっては施設の外側から左右それぞれ0.5mを加えた幅で設定している状況であり、土地改良事業等の工事においてもこの程度の範囲で設定すれば施設保全の目的は確保されると認められた。

いま、管水路等及びトンネルについて、仮に施設の外側からそれぞれ0.5mを加えた幅で地上権を設定したとすると、対価支払額を直轄事業分で約4190万円、補助事業分で約1670万円（これに対する国庫補助金相当額約899万円）程度節減できたと認められた。

このような事態が生じているのは、省において地上権の設定についてその目的に対する認識が十分でなかったこと及び統一的な基準を定めることなく各農政局においてそれぞれに設定の基準等を定める取扱いとしていること、また、道県においても、設定の目的に対する認識が十分でないまま各農政局が区々に定めた基準を安易に準用したり、独自の判断で地上権を設定したりなどしていたことによると認められた。

●処置要求

省及び都道府県においては、今後も管水路等及びトンネルの建設に伴い地上権の設定が多数見込まれるのであるから、その設定の範囲を検討し統一した基準を整備するとともに、都道府県に対しても指導、監督を行い、もって工事費又は国庫補助金支出額の節減を図る要があると認められた。

指摘額　4190万円（直轄事業分）

899万円（補助金）

▶ひと口コメント

本件と類似の事例が、昭和51年度に水資源開発公団について報告されている。他機関の事例についても注意しておきたい。

19 個別計算によらず路線価を平均して徴収不足

処置済事項 徴収不足 昭和57年度
指摘箇所：標準価格

●事態概要

東京航空局で、昭和56年度から58年度（58年4月末現在）までの間、東京国際空港の土地の一部を日本空港ビルディング株式会社等に、旅客ターミナルビルディング、航空機整備工場、有料駐車場等の用地として使用許可しているが、使用許可に当たり徴収した土地使用料（総額71億2262万円）について検査したところ、次のとおり、算定方法が適切でないと認められる点が見受けられた。

すなわち、土地使用料は、運輸省が、関係省庁と協議のうえ定めた「昭和56年度、57年度及び58年度における空港の土地等使用料算定基準等について」に基づき、55年分の当該土地に係る相続税課税標準価格(標準価格)に所定の率を乗ずるなどして1㎡当たり年額848円56から4,516円65とし、56年度641,199.22㎡分24億1107万円、57年度635,926.72㎡分24億6929万円、58年度617,717.12㎡分22億4225万円、3箇年度分合計で71億2262万円を徴収していた。

土地使用料算定の基礎とした55年分の標準価格の算定についてみると、空港を一つの団地と見なし、空港内の異なった土地の価格を平均して統一価格を設定することとし、55年分の空港内の路線価図の路線価(注)が、1㎡当たり70,000円から160,000円と路線別に設定されているので、路線価を集計のうえ、これを路線価を付している路線数で除した平均値1㎡当たり90,333円を標準価格としていた。

(注) 路線価：おおむね同一価額と認められる一連の宅地が面している路線ごとに、相続税財産評価のため設定されている宅地1㎡当たりの価格。

●検査結果

空港において使用許可した土地は、主として航空機整備工場等の施設が設置されている地区（整備地区）と、主として旅客ターミナルビ

第3章　用地補償の分類別指摘事例

ルディング、有料駐車場等が設置されている地区（ターミナル地区）とに分かれており、両地区の路線価、路線価を付した路線数及び土地使用許可面積との関係をみると、路線価がすべて 1 m² 当たり 70,000 円と低価で、かつ、使用許可面積が約 27 万 m² と少ない整備地区の路線数が 11 であるのに対して、路線価が 1 m² 当たり 100,000 円から 160,000 円と高価であって、かつ、使用許可面積が約 35 万 m² と多いターミナル地区の路線数が 8 にすぎない状況となっており、このような状況の下で算定方法により算出した標準価格は、常に低価に設定されることとなるものである。

また、国税庁の相続税財産評価に関する基本通達（昭和 39 年直資 56）によれば、標準価格は、一区画の土地（画地）に面した路線の路線価を当該画地の位置や形状等による補正を行って算出すること（個別計算）となっているものであるから、路線価を平均して算出した標準価格は適切な標準価格を表示したものとは認められない。

したがって、標準価格は個別計算により、使用許可の対象となる画地ごとに設定する要があると認められた。

いま、仮に使用許可した画地ごとに 1 m² 当たりの標準価格を再計算すると、63,000 円から 180,800 円となり、この結果 56 年度から 58 年度までの間の 1 m² 当たりの土地使用料年額は 700 円から 9,040 円、これに使用許可面積を乗じて算出した場合の土地使用料は、56 年度 28 億 2242 万円、57 年度 28 億 7719 万円、58 年度 26 億 8470 万円、3 箇年度分合計 83 億 8432 万円となり、前記の徴収額 71 億 2262 万円は、これに比べて約 12 億 6000 万円程度低額となっていると認められた。

●改善処置

省では、58 年 11 月に「東京国際空港土地使用料の算定方法について」の通達を発して個別計算の方法により標準価格を算定することに改め、59 年度以降徴収する土地使用料から適用する処置を講じた。

指摘額　12 億 6000 万円（徴収不足）

▶ひと口コメント

関係会社へ便宜を図るために集計平均したと思われかねない。

20 土地先行取得費の国庫補助基本額を改善

処置済事項　交付過大　平成 11 年度

指摘箇所：利子支払額

● 土地先行取得概要

(1)　建設省では、国庫債務負担行為により公園事業等の用地とするため、先行取得された土地を取得する事業主体に国庫補助金を交付しており、土地先行取得は、土地開発公社等において行っている。

(2)　国庫補助基本額は、土地の取得費、補償費、有利子の資金が充てられた場合の利子支払額の合計額を計上する。そして、この利子支払額は、局長等が定めた利率で 6 箇月ごとの複利により計算した額を限度として算定する。この限度利率は、市場金利の動向や市場公募地方債を発行する際の額面金額と発行価額との差額及び金融機関等に支払う受託手数料、登録手数料等を勘案したものとなっている。

第3章　用地補償の分類別指摘事例

●検査結果

　平成7年度〜11年度に実施した公園事業等の土地取得384件を検査したところ、6事業主体の土地取得33件（面積180,000 m²）の土地取得費289億3127万円（国庫補助金額計128億8063万円）の国庫補助基本額に計上する利子支払額の算定が、適切とは認められない。

①　利子支払額が限度利率による算定額を超えていた（22件）

②　利子支払額を実支払額によらず、これを超える限度利率により算定していた（9件）

③　利子支払額を実際より長い計算対象期間で算定していた（2件）

●指摘内容

　土地33件の取得について修正計算すると、国庫補助基本額3億7575万円（国庫補助金計1億6271万円）が過大になっていた。

●改善処置

　12年10月に、通知をして、限度利率は、手数料をも含めたものであることなどを明確に示した。

　指摘額　1億6271万円（補助金）

▶ひと口コメント

　原因は、建設省が限度利率の内容を明確にしていなかったことや国庫補助基本額の算定方法についての指導等が不十分であったこと、また、事業主体でも理解が不十分であったことであるが、両者ともしっかりしてほしい。

土地評価

21 譲渡した住宅用地の固定資産税を改善

処置済事項　支払過大　平成 11 年度
指摘箇所：固定資産税

●住宅用地譲渡

　都市基盤整備公団では、土地区画整理事業を実施しており、造成した宅地のうち、譲受人が自ら居住する住宅用地については、

① 　土地区画整理事業の換地処分が既に行われているもの

② 　換地処分を行う前で仮換地の指定がされているもの

があり、造成工事完了の土地から順次、募集を行い譲渡している。そして、これらの土地の所有権移転登記は、換地処分前に譲渡したものは一括して換地処分に合わせて行い、換地処分後の譲渡はその都度行っている。

●固定資産税

　固定資産税及び都市計画税の納税義務者は、課税対象年度の初日の属する年の1月1日に土地登記簿に所有者として登記される。また、固定資産税等の課税対象の土地の地目、課税標準額等も1月1日現在を基準とする。

　したがって、年の途中で、所有権移転があった場合には、翌年の1月1日を基準に納税義務者や課税標準額等の決定が行われ、4月1日からの年度分の固定資産税から、その変更に基づいて課税される。

第3章　用地補償の分類別指摘事例

●検査結果

(1)　土地区画整理事業 40 地区の土地譲渡契約を締結した 1,789 画地、39 万 m^2 について契約年度以降に公団が負担した固定資産税等平成 10 年度分 8623 万円、11 年度分 7501 万円を検査したところ、公団を納税義務者として課税される固定資産税等は、年度分を単位として負担している。

①　換地処分前に土地譲渡契約を締結した場合には、契約年度の分

②　換地処分後の場合には、4 月～12 月の契約は契約年度の分
　　1 月～3 月の契約は、契約年度及び翌年度の分となっている。

(2)　しかし、換地処分の翌年度以降に譲渡する場合は、固定資産税等は、従前地に課税されず、譲渡住宅用地に課税されていることから、契約締結日以降の分を譲受人に負担させることについて、特段の問題は生じない。

●指摘内容

住宅用地のうち、換地処分の翌年度又は翌々年度以降に土地譲渡契約を締結した 15 万 m^2 について、公団が負担していた固定資産税等を月割りし、公団と譲受人とでそれぞれ負担することとすれば、公団の負担額を 10 年度分 2836 万円、11 年度分 4030 万円、計 6866 万円節減できた。

●改善処置

公団は、12 年 10 月に通知を発し、固定資産税等を契約締結日の月までの分は公団が、その翌月以降の分は譲受人が、それぞれ負担することとした。

指摘額　6866 万円

▶ひと口コメント

これは、我々の不動産取引でも当たり前のことではなかろうか。

22 取得した残地を早期に売却するよう改善

処置済事項　低価売却　平成15年度
指摘箇所：残地の処理

●土地の取得、管理及び処分

　鉄道建設・運輸施設整備支援機構は、新幹線の建設のために必要な土地を多数取得し、保有している。そして、このような土地には、土地の取得に当たり、同一の土地所有者の請求に基づき当該土地を含む一団の土地を取得したために保有している残地がある。

　残地は、①旅客鉄道会社に対し、貸し付ける土地、②道路の管理者である地方公共団体等に対し、道路とともに譲渡される土地を除いては、機構が引き続き保有する必要がなく、売却することになる。

　機構は、各新幹線の開業後に、残地の売却を図ることとしていた。

●検査結果

　北陸新幹線（高崎・長野間）及び東北新幹線（盛岡・八戸間）の開業後に売却された残地45,486m²について調査したところ、開業から入札公告までの経過年月は、北陸新幹線では3箇月から5年9箇月、東北新幹線では8箇月であった。

　そして、これらの残地の売却には、画地形状の条件等が良好であることから公告後早期に売却されているものもあった。

　そこで、公告から6箇月以内に売却された残地17,146m²（売却価格4億1334万円）についてさらに調査したところ、残地に隣接する土地での新幹線施設の工事は公告が行われる相当以前に完了していたのに、公告が行われたのは、開業後相当期間を経過した後となっていた。

　また、平成15年度末現在、東北、北陸、九州各新幹線の建設区間における売却予定の残地69,546m²のうち1,411m²については、残地に隣接する土地での新幹線施設の工事が既に完了しているのに、売却に係る事務は何ら行われていなかった。

第3章　用地補償の分類別指摘事例

今後とも、新幹線施設の工事の進捗に応じ、売却できる残地は順次発生することから、残地の売却に係る事務を、隣接する土地の新幹線施設の工事の完了後速やかに行うこととして、早期に残地の売却を図る要があった。

●指摘内容

売却した残地 17,146 m^2 について、速やかに売却に係る事務を行うこととし、仮に、実際に公告から売却に要した期間と同程度の期間で売却できたとした場合、公示価格の変動率等から推定売却価格を試算すると 4 億 4960 万円となり、現下の土地の価格の下落傾向の下では、実際の売却価格との間に約 3600 万円の開差が生ずることとなる。

●改善処置

機構は、16 年 9 月、残地売却に係る事務を速やかに行うための事務処理体制を整備することとして、残地の早期の売却を図る処置を講じた。

指摘額　3600 万円

▶ひと口コメント

新幹線建設後の残地の扱いは以前から懸案事項であった。機構が残地を保有している間は、固定資産税のほか管理費も負担する。バブル経済崩壊後、土地価格は下落傾向にあり、売却事務が遅延すれば機構の損失が発生することとなるので、迅速な事務処理を求めた。

23 先行取得用地に対する補助基本額が過大

処置済事項　過大交付　平成19年度
指摘箇所：補助基本額

●事業概要

　国土交通省は、市町村に対してまちづくり交付金を交付しており、この交付金は、道路、公園等の公共施設等の整備を行う基幹事業のほか、市町村の提案する幅広い事業を交付対象にできる。

　国庫補助事業により事業用地の取得方法には、①年度の予算をもって地方公共団体自らが土地所有者から事業用地を買い取る方法と、②土地開発公社が地方公共団体の依頼によりあらかじめ事業用地を取得して、地方公共団体において後年度に事業が予算化された時に公社等から事業用地を買い取る方法がある。

　補助事業の場合は、原則として①の方法により、その取得価額は、取得時の近傍類地の取引価格を勘案した額（時価）とされており、同額を補助基本額とすることとなっている。

●検査結果

　交付金事業で平成16年度から19年度までに公社等から再取得を行った事業用地に係る558契約を検査したところ、5県管内の6事業主体の13契約（契約金額113億7187万円）において、①再取得時の取得目的が先行取得時の取得目的と異なる事業用地、②先行取得時に都市計画決定がなされておらず、用途が確定していない事業用地及び③先行取得を行うことについて合理的な理由がない事業用地について、再取得時までに公社等が要した費用を交付対象事業費に含めている事態が見受けられた。

　①及び②の事態については、再取得時の時価のみが交付対象事業費になり、また、③の事態については、再取得時の時価に物件の移転等に要した補償費及び公社等の事務費を加えた額が交付対象事業費になる。そして、これによると、交付対象事業費は34億4449万円となり、

第3章　用地補償の分類別指摘事例

79億2733万円（交付金28億1274万円）が過大になっている。

　地方公共団体の判断で先行取得した事業用地の地価変動に伴う危険負担をすべて国が負う必要はなく、また、国が負うこととした場合、地方公共団体の自己責任による自律的な財政運営を損なったり、地方公共団体において地価高騰時に先行取得した土地の交付金事業への安易な転用使用等を招来したりするおそれも考えられる。

　また、交付金の効率的使用の観点からは、時価差額等ではなく、整備計画等の目標達成に資する他の事務・事業に交付金を充当する方がより効果的と考えられる。

●改善処置

　省は、交付金事業による事業用地の再取得に係る交付対象事業費の範囲が適切なものとなるよう、街路、公園等の個別の補助制度による事業と同様の基準等を取りまとめて、その基準等を明示した通知を発した。

　指摘額　28億1274万円（交付金）

▶ひと口コメント

　まちづくり交付金事業で、土地開発公社等が先行取得した土地の地価下落分まで国が負担していたことを是正させた。

24 用地の再取得費に係る補助交付が過大

処置要求事項　交付過大　平成 21 年度
指摘箇所：用地取得費

●事業概要

　国土交通省は、都市計画道路の改築、新設の街路事業を実施する地方公共団体に地方道路整備臨時交付金等を交付している。そして、地方公共団体はこの街路事業の実施に伴い、土地所有者から道路の拡幅等に必要な事業用地を取得している。

　その取得方法には、地方公共団体が当該年度の予算をもって土地所有者から事業用地を直接買い取る方法と、土地開発公社等があらかじめ事業用地を先行取得して、地方公共団体で後年度に事業が予算化されたときに、公社等から当該事業用地を買い取る方法（再取得）がある。

　補助事業での事業用地を国庫債務負担行為により再取得する場合は、再取得時までに公社等が要した土地の取得費のほか、先行取得した際の借入金等に係る利子支払額の合計額など（先行取得時の土地取得費等の合計額）を補助対象事業費として計上できることとなっている。

　一方、国庫債務負担行為によらず再取得する場合の補助対象事業費は、省の街路課長通知により、土地評価額に補償費及び事務費を加えた額と先行取得時の土地取得費等の合計額のいずれか低い額となっている。

　ただし、近傍類地の取引価格が下落局面にある場合でも、後年度に取得することが著しく不利又は困難であるなど先行取得することで事業主体が有利となるような合理的な理由があるときは、国庫債務負担行為により再取得する場合と同様に、先行取得時の土地取得費等の合計額を補助対象事業費に計上できることとなっている（街路通知のただし書）。

●検査結果

　10 府県管内の 29 事業主体が再取得を行った 282 契約の事業用地で、都市計画事業の認可後に先行取得した事業用地で街路通知のただし書を適用して、先行取得時の土地取得費等の合計額を補助対象事業費に

第3章　用地補償の分類別指摘事例

計上していたり、地権者からの口頭による買取りの申出や要望をもって先行取得した事業用地の再取得で街路通知のただし書を適用して、先行取得時の土地取得費等の合計額を補助対象事業費に計上していたりするなどの事態があった。

しかし、都市計画事業の認可後は、都市計画法に基づく建築制限が課せられているため、都市計画事業の施行の障害となる建築物の建築が許可されることはなく、街路通知のただし書に該当しないものであり、また、街路通知のただし書の「買取りの申出」は、都市計画法等により一定の要件の下に行われる地権者からの書面による買取申出や買取請求等とされていることから、単なる口頭による買取りの申出や要望は街路通知のただし書に該当しないものである。

さらに、省は、街路通知のただし書の適用に当たっては、特別な理由があることを示す根拠資料が必要であるとしているが、282契約は、いずれも再取得時に特別な理由があることを示す根拠資料がない状況であった。

したがって、これら282契約については、再取得時の土地評価額等の合計額を補助対象事業費に計上すべきであった。

そこで、再取得契約282件について、補助対象事業費を修正計算すると49億7505万円（交付金等計26億2191万円）過大になっていた。

● 改善要求

省は街路事業の用地の再取得に係る補助対象事業費の算定を適切に行うよう、街路通知のただし書の適用の具体的な基準や範囲等を示すことや地方公共団体に街路通知のただし書を適用する場合は特別な理由があることを示す根拠資料を保存させることなどの是正改善の処置を求めた。

指摘額　26億2191万円（交付金）

▶ ひと口コメント

地価が年々高騰する時代においては先行取得が有効な手段であったが、近年のように長期下落傾向の局面での先行取得はリスクが大きい。ただし書の厳格な適用とともに適用基準の範囲についても国がもっと明確に示さなければいけない。

25 用地業務で高速道路子会社に利益発生

処置済事項　積算過大　平成22年度
指摘箇所：子会社の利益

●業務概要

中日本高速道路株式会社（中会社）及び西日本高速道路株式会社（西会社）が、高速道路事業の一部を、連結決算の対象としている子会社に委託して実施する場合、子会社は親会社と一体のものであることから、契約に当たっては、子会社の利益を見込まないことにしている。

中会社は、用地取得等業務を、全額出資の連結子会社であるNEXCO中日本サービス株式会社に、また、西会社は、用地関係業務を、全額出資の連結子会社である西日本高速道路ビジネスサポート株式会社に委託して実施している。そして、平成22年度に、中会社はサービス社との間で用地取得等業務に係る計3件の契約を計14億6325万円で締結しており、また、西会社の4支社はサポート社との間で用地業務及び用地総合業務に係る計6件の契約を計11億6556万円で締結している。

積算要領における直接費は、2子会社の損益計算における売上原価に対応し、間接費は、販売費及び一般管理費（販管費）等に対応するものとなっている。

●検査結果

用地関係業務費の積算に当たり、中会社契約では直接費を計8億7545万円、間接費を計5億1921万円、合計13億9460万円と算定し、また、西会社契約では直接費を計7億0013万円、間接費を計4億0993万円、合計11億1007万円と算定していた。

そして、直接費及び間接費に対応する2子会社の費用を確認したところ、2会社契約に係る売上原価は、中会社契約計10億0315万円、西会社契約計7億7505万円となっていた。

一方、販管費は、用地関係業務以外の業務にも共通的に発生し業務別に区分できないことから、2子会社から提出を受けた22年度の決

第3章　用地補償の分類別指摘事例

算資料に基づき、販管費を業務別の売上高の比率で案分するなどして、次式により試算すると、中会社契約計1億6150万円、西会社契約計1億4571万円となった。

| 2会社契約に係る販管費 | ＝ | 2会社契約に係る売上原価 | × | 22年度用地関係業務に係る販管費率 |

| 22年度用地関係業務に係る販管費率 | ＝ | 22年度決算における用地関係業務に係る販管費 | ÷ | 22年度決算における用地関係業務に係る売上原価 |

　2会社契約に係る積算額と検査院が試算した2子会社の費用を比較すると、直接費はこれに対応する2子会社の売上原価を下回っている一方で、間接費はその差額以上にこれに対応する2子会社の販管費を上回っていて、2会社契約に係る積算額が2子会社の費用を大幅に上回る結果となっていた。このように、用地関係業務において2子会社に利益が生じている事態は適切ではなく、改善の必要があった。

●低減できた積算額

　2会社契約について、22年度の販管費率を用いるなどして直接費及び間接費を計算すると、中会社契約では計11億6466万円、西会社契約では計9億2077万円となり、2会社契約に係る直接費及び間接費の積算額は、控除すべき出張旅費の積算額と実費精算額との差額を考慮しても、中会社で2億1930万円、西会社で1億8090万円それぞれ低減できた。

●改善処置

　中会社及び西会社は、2子会社において発生している費用を反映させるなどした積算要領の改正等を行い、23年度に新たに締結する契約から適用することとする処置を講じた。

　　指摘額　中会社　2億1930万円
　　　　　　西会社　1億8090万円

▶ひと口コメント

　高速道路事業の民営化に当たり、高速道路会社が高速道路事業で利益を上げてはいけないという仕組みがつくられたためこうした指摘が生まれる。

26 移転補償費の見積内容を明確に

処置済事項　積算過大　平成 25 年度

指摘箇所：諸経費

●損失補償概要

(1) 建物等の移転に伴う損失補償の概要

　　事業主体は、道路用地の取得に支障となる、建物、工作物等（これらを「建物等」）を移転させるなどの際に、昭和 37 年閣議決定の「公共用地の取得に伴う損失補償基準要綱」（補償基準）等に基づき、その所有者に建物等の損失補償（移転補償）を行っている。

(2) 移転補償費の算定

　　積算要領等によれば、移転補償費は、従前の建物等と同種同等の建物等を建築するのに要する再築工事費に、標準耐用年数や経過年数等から定まる再築補償率を乗ずるなどして算定することとされている。このうち、再築工事費は、標準書等に定められた単価に数量を乗ずるなどしたものを積み上げて算定する直接工事費、共通仮設費、現場管理費、一般管理費等とされている（積算要領等に定められた共通仮設費、現場管理費、一般管理費等を合わせて「要領諸経費等」）。また、標準書等に定められた単価には、下請経費等が含まれているとされている。

(3) 見積書の徴取

　　専門業者から徴した見積書には、直接工事費と諸経費（見積書に記載されている諸経費を「見積諸経費」）の金額を区分して記載している見積書と区分をしていない見積書がある。

第3章 用地補償の分類別指摘事例

土地評価

●検査結果

　平成22年度から24年度までの間に、見積書の価格を用いて移転補償費を算定している66事業主体の258契約で、見積書の価格を参考にした工種等545件、見積書の価格計42億5364万円（国庫補助金等計25億0863万円）を検査したところ、次の事態が見受けられた。

(1) 見積書における見積諸経費の記載状況等

① 545件のうち265件では見積書に見積諸経費の記載があり、このうち34件（見積書の価格計2億5521万円（国庫補助金等計1億4420万円））について、13事業主体は、見積諸経費が要領諸経費等と同等ではなく、標準書等の直接工事費に含まれる下請経費等に当たると判断して、見積書の直接工事費に見積諸経費を加算した上で、要領諸経費等を加えるなどして移転補償費を算定していた。

② 545件のうち280件では見積書に見積諸経費の記載がなく、このうち181件（見積書の価格計9億5005万円（国庫補助金等計5億8818万円））について、27事業主体は、見積書に要領諸経費等に相当する価格の記載がなかったことから要領諸経費等に相当する価格が見積書の価格に含まれていないと判断して、見積書の価格に要領諸経費等を加えて移転補償費を算定していた。

(2) 見積書の内容の検証結果

　(1)①の34件及び②の181件の計31事業主体（重複する事業主体を除く）の215件の見積書については、事業主体において見積依頼書及び見積書の内容を検証した資料（見積検証資料）が保存されていないなどのため、見積諸経費が標準書等の直接工事費に含まれる下請経費等に当たるのか、見積書の価格に要領諸経費等に相当する価格が含まれているのかが明確ではなく、見積書の価格の内容が見積条件に適合しているのか検証できなかった。

　このように、事業主体において、移転補償費の算定に当たり、直接工事費と諸経費等に区分された見積書を徴していないことなどから要領諸経費等に相当する価格が重複して計上されているおそれを生じさせていたり、見積検証資料を作成及び保存していないことから見積書

75

の価格の内容を検証できなかったりする事態は適切ではなく、改善の
必要があった。

●改善処置

国土交通省は、26年7月に事業主体に対して事務連絡を発して、
専門業者に見積書を依頼する際には、積算要領等に準ずるなどして、
直接工事費及び諸経費等を区分させるとともに、見積検証資料を作成
して保存するなどして、見積書の価格の内容が検証可能になるように
して、移転補償費の算定に適切に反映できるよう周知する処置を講じ
た。

背景金額　7億3238万円

▶ひと口コメント

従来より、補償に限らず見積内容が明確となっていないことによる積算上の
混乱があった。

第3章　用地補償の分類別指摘事例

27 貸付料を改定せず徴収額が低額

不当事項　徴収不足　昭和50年度

指摘箇所：貸付料

●**貸付概要**

　この土地は、昭和39年以降学校法人Ａが経営するＢ高等学校の用地として貸し付けているものであるが、その貸付料については、45年1月に固定資産税課税標準価格の評価替えがあったのに伴い従前の年額116万円（学校用地であるため国有財産特別措置法（昭和27年法律第219号）第3条の規定に基づき5割を減額したもの）を45年度以降改定すべきであった。

●**検査結果**

　借受け者や歳入徴収官に対する貸付料改定に関する処置が適切でなかったため、45年度以降も毎年度引き続き従前どおりの年額116万円を徴収していた。

　いま、貸付土地について、貸付土地の近傍類似地（宅地）の45年度固定資産税課税標準価格1m^{2}当たり6,050円を基として従来どおり減額の措置を講じて貸付料額を修正計算すると、貸付料年額は45年度175万円、46年度262万円、47年度以降331万円、45年度から50年度までの貸付料合計は1764万円となり、これに比べて徴収額合計は1063万円低額となっていると認められた。

　指摘額　1063万円（徴収額）

▶**ひと口コメント**

　貸付料の改定処置を失念しないよう注意したい。

28 購入用地に建設の目途が立たず遊休化

不当事項　効果未発現　昭和52年度
指摘箇所：購入用地

●購入用地概要

　本件は、校舎を移転統合するため、A大学が土地を購入し、敷地造成工事等の一部を実施したものの、その後学内の意思不統一から、大学が移転統合関係の予算の要求を行っていないため、校舎等諸施設の建設の目途も立たないまま、購入した用地が遊休しているものである。

　大学は、B市C区内ほか2箇所に校舎が分散していることから、昭和40年11月、教授会（学校教育法（昭和22年法律第26号）第59条の規定により、大学には重要な事項を審議するため教授会を置かなければならないことになっており、大学では、予算、施設の設置等の重要事項は学長、教授、助教授、専任講師及び助手全員で組織する教授会で審議決定することとしている。）で校舎を1箇所に移転統合することを、また、47年6月、その移転先を大阪府D市E地区とすることをそれぞれ決定している。そして、51年6月には「A大学移転統合基礎計画（第一次）」を教授会で決定しており、これによると、移転は54年度から57年度までの間に行う計画となっており、大学が作成して文部省に提出した52年度の予算の要求書では51年度から58年度までの間に総事業費134億円で新施設を建設することとしていた。

●検査結果

　移転統合に係る事業の実施状況をみると、48年3月から50年3月までの3会計年度の間に予定地の地盤調査等（調査費等1213万円）を行ったうえ、50年3月には同地区の用地662,930m²を総額29億9616万円で購入し、50年度には同地区の敷地造成のための測量等（測量費等1639万円）を、また、51年度には敷地造成工事の一部として進入道路、橋りょうの工事等（工事費等3億9990万円）をそれぞれ実施している。そして、52年度には敷地造成工事等のほか校舎

第3章　用地補償の分類別指摘事例

新築工事に着手する計画であったが、51年7月に省あてに提出した予算の要求書において新築校舎の一部（理数系の校舎）の施工予定面積を省が定めている「国立学校建物必要面積基準表」によって算定した場合の面積13,530 m² より1,200 m² 上回った14,730 m² としていたため、省から校舎面積を基準表の面積の範囲内とするよう再検討の要望があったのに、教授会がこれに応じなかったことから大学としてこれに対応できないまま推移し、結局52年度には前年度に引き続き敷地造成工事の一部（工事費6303万円）を実施したにすぎない状況となっている。

そして、52年度以降における移転統合に関する学内状況をみると、52年7月、53年度予算の要求について教授会に諮ったが、校舎面積の問題が解決しないため、その決定を得るに至らず、同年度の予算の要求は移転統合に係る予算を除いた分の要求にとどめ、また、53年7月の54年度予算の要求に当たっては、新たに移転地域の交通事情など地理的条件が悪いとする反対理由も加わり、教授会で審議さえ行われていない状況であって、いまだに学内における移転統合に関する意思統一の見通しも立っていない。

このように、多額の国費を投じて用地を購入し、しかも敷地造成工事等の一部にも着手していながら、上記のような事情から、事業が全く進捗せずこのため用地等がその効用を発揮する見込みもないまま遊休しているのは適切とは認められない。

指摘額　34億8762万円

▶ひと口コメント

教授会は何を考えているのか。文部省の基準表もさることながら、国民の税金が原資であることが分かっていない。

29 大学用地が不正に売り払われ転売されるなど

不当事項　管理等不適切　昭和56年度
指摘箇所：国有財産管理等

●事態概要

　A大学では、大学職員によって、昭和48年7月以降3回にわたり、大学用地計2,409 m²（国有財産台帳価格4301万円）について、国以外の者に対して不正に所有権の移転登記が行われ、占有使用されていたのに、これを放置しており、国有財産の管理が著しく適切を欠いていると認められた。また、事実の一部が判明した後、職員が無断で長期欠勤していたのに、これに対し漫然と給与295万円を支払うとともに、国家公務員共済組合負担金46万円を負担していた。

●検査結果

(1) 国有財産の管理について

A大学において、大学職員Bが、大学用地の一部を学長印を盗用して作成した売買契約書、登記申請委任状等により不正に売り払ったうえ所有権の移転登記を行い、買受人等が長期にわたり占有使用していたのに、これを放置していて、国有財産の管理についての事務等が適切を欠いていると認められる事例が次のとおりあった。

① 昭和48年7月、C所在の土地333㎡（国有財産台帳価格464万円）が、Dに454万円で売り払われ、同年10月、買受人に対する所有権移転登記が行われているものがあった。そして、当該土地は、買受人により、同年12月、地積訂正（347㎡に訂正）及び分筆の登記が行われた後、うち343.62㎡が49年3月までの間に更に第三者（3人）に転売され、所有権移転登記も行われ、第三者に占有使用されていたのに、大学では、検査院が57年4月の会計実地検査の際下記②、③の事態を指摘したことを契機に同年5月に本件事態が判明するまでの間、長期にわたりその事実に気付かなかった。

② 49年8月、E所在の土地882㎡（国有財産台帳価格1630万円）がFに804万円で売り払われたうえ、51年12月、借受人に対する所有権移転登記が行われているものがあり、大学では52年7月に当該土地に係る所有権移転登記の事実に気付いたが、それに関するBの虚偽の説明を信じて事実確認を怠ったため、同人による国有財産不正売払いの事実を看過する結果となった。

③ 53年12月、E所在の土地1,194㎡（国有財産台帳価格2207万円）が、Gに2933万円で売り払われたうえ、54年1月、買受人に対する所有権移転登記が行われているものがあった。しかも、この所有権移転登記の事実について、大学は55年3月に発見し、それを契機に調査した結果、同年5月にBによる本件及び前記②の国有財産不正売払いの事実を確認したが、その際、大学は同人の買戻しによる国有財産の原状回復を図るよう同人に申し渡しただけで、財産保全のための適切な法的措置を講ずることなく、

57年4月の会計実地検査時まで放置していた。

なお、②の実態については、57年6月、所有権移転登記の抹消登記が完了し原状に復しているが、①、③については、依然として買受人等による占有使用の事態が続いている。

(2) 給与の支払等について

大学では、前記(1)③のとおり、55年5月にBによる国有財産不正売払いの事実が判明した後、同人は55年8月以降無断で欠勤し、H県から東京都に転居して住民登録を移し、都内某民間会社に就職し、公務に従事する意思を全く放棄していたことを知っていたにもかかわらず、これに対して適切な処置を執ることなく、有給休暇又は欠勤として取り扱っていたのは、その処置当を得ないと認められ、このため、長期間にわたり同人に対して漫然と給与(児童手当を含む。)295万円(55年8月から57年4月まで)を支払い、また、国家公務員共済組合負担金46万円(55年9月から57年5月まで)を負担していた。

指摘額　4301万円（国有財産）

　　　　342万円（給与等）

▶ひと口コメント

本件は犯罪であり、これを知りながら追銭まで与えた大学の責任は大きい。

第3章　用地補償の分類別指摘事例

30 土地が無断使用や他用途転用など されている

不当事項　管理不適切　昭和58年度

指摘箇所：国有財産の管理

●事態概要

　農林水産省の自作農創設特別措置特別会計に所属する国有財産で農地法（昭和27年法律第229号）の規定に基づき都道府県知事に管理を行わせているもののうち、東京都及び神奈川県の市街化区域内に所在する703,950 m² の土地については、従来その管理が適切を欠いている事態が多数見受けられたことから、その根本的な是正を図る要があるとして、昭和37年6月是正改善の処置を要求し、その後も再三にわたり注意を喚起してきたところである。

土地等管理・処分

●検査結果

　59年9月検査院において、急速に市街地化が進んでいる東京都及び神奈川県の市街化区域内に所在する土地703,950 m²のうち、156,430 m²について、その管理状況を実地に検査したところ、貸し付けていない土地が無断で使用されていたり、農耕目的に貸し付けている土地が他用途に転用されていたり、全く耕作されていなかったりなどしている事態が47件、17,043.6 m²見受けられた。

　これらについては、原状回復その他適切な処置を講ずるべきであるのに、その処置が執られておらず、国有財産の管理が適切を欠いていると認められた。

　いま、仮にこれらの土地について58年度の固定資産課税台帳登録価格（当該地に登録価格が設定されていない場合は、近傍類似地の登録価格）により評価額を試算すると5億7868万円となる。

態　　　　様	件数	台帳面積	評価額
貸し付けていない土地が無断で使用されているもの	件31	m²9,254.6	円334,619,106
農耕目的に貸し付けている土地が他用途に転用されているもの	7	2,379	80,846,912
農耕目的に貸し付けている土地が全く耕作されていないもの	6	4,043	107,412,487
土地の所在及び境界が不明となっているもの	3	1,367	55,807,711
計	47	17,043.6	578,686,216

　指摘額　5億7868万円

▶ひと口コメント

　20年以上前から注意を喚起してきたのに改善されなかったことから、遂に不当事項として指摘されることになったものである。

第3章　用地補償の分類別指摘事例

31 虚偽の売買契約書等により用地を不正売却

不当事項　不正行為　昭和59年度

指摘箇所：用地管理

●事態概要

　日本国有鉄道大分鉄道管理局において施設部総務課用地係職員が、用地の管理、売却等の事務に従事中、大分鉄道管理局長の公印の押なつを必要とする文書を作成する都度その押なつを任されていたことなどに乗じて、鉄道管理局で管理している6箇所所在の土地計692.22 m^2（不正売却時点の鑑定評価額848万円）について、虚偽の売買契約書、所有権移転登記嘱託書を作成し買受人を誤信させて不正に売却し、786万円を収受して領得したものである。

　なお、損害額848万円については、本件の一部について共謀したAから昭和60年10月末までに100万円が返納されており、また、不正売却価額との差額62万円を60年2月までに裁判上の和解に基づき買受人から受け入れている。

　指摘額　848万円

●ひと口コメント

　これは犯罪であり、日頃からの管理に注意が必要である。

土地等管理・処分

85

32 道路敷地を非課税扱いとしなかった

不当事項 過大納付 昭和62年度
指摘箇所：固定資産税・都市計画税

●固定資産税等概要

　日本国有鉄道清算事業団は、昭和62年4月1日、日本国有鉄道の改革の実施に伴い、東日本旅客鉄道株式会社等11の法人に承継されない国鉄の資産、債務等を処理するなどのために国鉄から移行した法人であり、事業団が引き継いだ国鉄の土地は、国鉄時代から鉄道事業の用に供されていない宿舎用地、遊休地等が多く、これらについては、法に基づいて、その所在の市町村から固定資産税等を賦課されており、事業団の関東資産管理部（管理部）では、東京都A市の区域に所在するB線廃線敷地約45,600 m^{2}等の土地約47,300 m^{2}などに係る固定資産税等を市からの納税通知書を受けて納付している。また、この固定資産税等の納付は、国鉄当時は、C鉄道管理局によって毎年行われてきていた。

　B線廃線敷地は、昭和20年の営業廃止により廃線敷地となったもので、このうち面積約30,000 m^{2}は道路敷地（延長計約3,000 m）として使用されていて、この道路敷地分に係る固定資産税等の額は、58年度から62年度までの間で計4751万円となっている。そして、このように道路敷地として使用されている現況から、局では、市との間で55年に覚書を締結し、以降、この覚書に基づき、局及び管理部は、市への売却について交渉を重ねていたところである。

第3章　用地補償の分類別指摘事例

●検査結果

　地方税法第348条第2項及び第702条の2第2項の規定によれば、道路、運河、水道などの公共の用に供している土地については固定資産税等を課すことができないとされており、一方、B線廃線敷地のうち道路敷地部分の現況について調査したところ、

(1)　幅員がおおむね6m以上であって、国道等の公道に通じている。

(2)　局及び管理部では、一般の通行者が道路として利用することについて何ら制約を設けていない。

(3)　東京都公安委員会では、市の依頼を受けて47年頃から信号機を2機、道路標識等を多数設置している。

(4)　市では、54年度から56年度にかけて延長計2,688mの舗装を行っているなど、広く不特定多数の人の交通の用に供されている状況であった。

　したがって、この道路敷地は、法で固定資産税等を課することができないとされている公共の用に供する道路に該当すると認められた。

　しかるに、局及び管理部では、市が道路敷地をも課税対象に含めて算定した固定資産税等を賦課徴収することに対し、これを非課税扱いとするよう市に申し入れをするなどの処置を講ずることなく納税通知書に従って固定資産税等を納付していたため、この道路敷地分に係る固定資産税計3913万円、都市計画税計838万円、合計4751万円が過大に納付されることになったのは処置当を得ないと認められた。

　指摘額　4751万円

▶ひと口コメント

　「公共の用に供している土地」については、他の機関でも指摘事例があり、定期的な点検が必要である。

33 土地の売却が適切でない

不当事項　不当利益　平成元年度
指摘箇所：土地価格

●土地売却概要

(1) 西日本旅客鉄道株式会社は、昭和63年4月、国鉄から事業用に承継した土地268 m^{2}を公共事業用として県に4350万円で売却した。

(2) 会社は、承継後5年以内に事業用に供しないときは、日本国有鉄道清算事業団に通知し、事業団は、承継時帳簿価額で土地を譲渡することを、会社に請求できる。

　　事業団では、土地の売却見込価額が帳簿価額と買取に要する経費との合計額を下回る場合を除き、土地の譲渡請求を行うとされている。

(3) 売却前の土地を事業用に供しなくなった旨を事業団に通知し、土地の帳簿価額は4267万円であるとしていた。そして、事業団は、売却見込価額が帳簿価額と買取経費等との合計額を下回ったため、土地の譲渡請求を行わない旨の回答をした。

第 3 章　用地補償の分類別指摘事例

●検査結果

　①土地は 4,505 m^2 の一部であり、承継時の帳簿価額は、3 億 6950 万円であったことから、土地価額は 2202 万円となる。この価額を事業団に通知すべきであったのに、4267 万円であると通知していた。②事業団から譲渡請求を行わない回答を受けなければ売却できないのに、通知 2 日後に回答を待たずに売却し、差額 2148 万円の利益を得ていた。③事業団は、帳簿価額 2202 万円を通知されていれば、売却益を生ずることから、譲渡請求を行ったと認められた。

●指摘内容

　土地価額を通知し、譲渡すべきであったのに売却したのは当を得ない。売却益から、売却費用 31 万円差し引いた 2117 万円の利益を不当に得ていた。

　指摘額　2117 万円

▶ひと口コメント

　本件は、会社の売却益を目的とした意図がうかがえる。

土地等管理・処分

34 庁舎使用料の算定を誤り低額となっている

不当事項　算定不適切　平成15年度
指摘箇所：使用料

●使用許可概要

(1)　使用許可した物件の概要

　　大阪税関では、関西国際空港旅客ターミナルビルのCIQ施設[注]（延べ面積26,972.9 m²。以下「CIQ施設」）内の関西空港税関支署庁舎の一部317.4 m²について、関西国際空港株式会社（関空会社）に旅客用手荷物カート置場等としての使用を許可している。そして、その使用料として平成14年度833万円、15年度666万円を関空会社から徴収している。

　　一方、関西空港税関支署庁舎が入居しているCIQ施設の敷地は関空会社から賃貸されているもので、税関では、その負担分として14年度2億0640万円、15年度2億0633万円の賃借料を関空会社に支払っている。

(2)　使用料の算定方法

　　国の庁舎の使用を許可する場合の使用料は、「国の庁舎等の使用又は収益を許可する場合の取扱の基準について」（昭和33年蔵管第1号大蔵省管財局長通達）に定める使用料算定基準（算定基準）に基づき、毎年度算定することとなっている。

　　そして、庁舎の使用を前年度から引き続いて許可する場合の使用料は、算定基準によると、使用許可する建物に係る使用料（建物使用料）と、この建物の敷地に係る使用料（土地使用料）の合計額とすることとなっている。

　　このうち、土地使用料は、使用許可する建物の建て面積に相当する土地の使用料（建て面積使用料）に、建物の延べ面積に占める使用許可部分の面積の割合（許可面積割合）を乗じて算出する。そして、建て面積使用料は、前年度の建て面積使用料にスライド率（消費者物価指数（変動率）と地価変動率の平均値）を乗じて算出する。ただし、

90

第3章　用地補償の分類別指摘事例

これは使用許可する建物が国有地上にある場合の算出方法であり、当該建物が民有地上にある場合には、建て面積使用料に代えて地代相当額によって算出することとなっている。

そして、建物使用料と土地使用料を合計した使用料が前年度の使用料と比較して8割に満たない場合には、前年度使用料の8割の額をもって当該年度の使用料とすることとなっている。

なお、一つの建物を複数の官庁の庁舎として使用している合同庁舎の場合には、当該建物全体の面積、建て面積使用料等に基づいて使用料を算定することになっている。

（注）　CIQ施設：出入国する旅客、貨物を対象とする税関業務（Custom）、出入国管理業務（Immigration）及び検疫業務（Quarantine）を実施するために旅客地区に設けられている合同庁舎。

●検査結果

検査したところ、14、15両年度の使用料の算定において次のような事態が見受けられた。

すなわち、税関では、14年度の使用料の算定に当たり、民有地上にある庁舎の土地使用料の算出には、地代相当額である賃借料を用いるべきであるのに、誤ってCIQ施設が国有地上にあると仮定した場合の前年度のCIQ施設に係る建て面積使用料を521万円と算出し、これにスライド率を乗じた518万円に許可面積割合（317.4 m^2/26,972.9 m^2）を乗じて、土地使用料を61,057円と算出していた。

そして、土地使用料に建物使用料を加算した金額が前年度使用料の8割に満たないことから、前年度使用料の8割である793万円に消費税等相当額を加算して、14年度の使用料を833万円と算定していた。

また、15年度においても、14年度と同様の算定方法により、14年度におけるCIQ施設の建て面積使用料518万円にスライド率を乗じて算出した593万円に許可面積割合を乗じて、土地使用料を69,901円と算出するなどして、使用料を666万円と算定していた。

しかし、CIQ施設の敷地は、関空会社から賃借している民有地であることから、土地使用料をCIQ施設が国有地上にあると仮定した場合の建て面積使用料により算出したのは誤りであり、この場合には、これに代えてCIQ施設の敷地の賃借料を用いて算出すべきであ

った。

　そこで、14、15 両年度の使用料を CIQ 施設の敷地の賃借料を用いるなどして修正計算すると、適正な使用料は 14 年度分 896 万円、15 年度分 873 万円となる。

　したがって、使用料 14 年度 833 万円、15 年度 666 万円は、これに比べて 14 年度 63 万円、15 年度 207 万円、計 270 万円が低額となっていて、不当と認められた。

　このような事態が生じていたのは、税関において算定基準の内容を十分理解していなかったことなどによると認められた。

　指摘額　270 万円

▶**ひと口コメント**

　民有地を賃借していながら、国有地上にあると仮定していたことに疑問を持たなかったのであろうか。

第3章　用地補償の分類別指摘事例

35 代替地用地の賃料が未収納となっている

不当事項　徴収不足　平成17年度

指摘箇所：賃料

●代替地用地概要

　成田国際空港株式会社は、未買収の空港用地の取得を進めている。用地を取得する際には、用地所有者が、金銭に代えて代替地を要望する場合には、代替地を提供することとしている。

　このため、会社は、代替地用地を保有していて、これらの中には、用地所有者が賃料等の収入を継続的に得られる代替地を要望した場合に備えて、あらかじめ不動産管理会社等に駐車場等として整備させ、管理、運営させている土地がある。

　会社は従来、代替地用地を整備するなどの初期費用は、不動産管理会社等が駐車場等の使用者から収受する使用料等で賄わせることとし、不動産管理会社等に対し賃料を請求していなかった。しかし、平成16年4月に民営化されたことに伴い、従来の方法では、税務上、代替地用地を無償で貸し付けたとみなされ、賃料相当額が寄附金として取り扱われることから、不動産管理会社等と協議の上、16年度から土地賃貸借契約を締結し、賃料を請求することとした。

●検査結果

　会社は、不動産管理会社等に管理させていた9件、計20,145m²の代替地用地のうち、6件については16年度から土地賃貸借契約を締結していたが、3件、計4,476.25m²については、土地賃貸契約を締結しておらず、16年度分の賃料642万円が収納されていない。

　指摘額　642万円

▶ひと口コメント

　うっかりミスによって、3件分については16年度の土地賃貸契約が締結されず、賃料が収納されていない事態が判明した。

土地等管理・処分

36 取得した用地が目的に使われていない

不当事項　目的不達　平成 20 年度
指摘箇所：用地利用

●事業概要

　A県は、B川左岸北部流域下水道事業及びB川左岸南部流域下水道事業の一環として、下水処理場から発生する下水汚泥の焼却灰を道路用の路盤材等として利用するまでの間、一時貯留する仮置場として使用するため、それぞれ、昭和52年度に土地 1,913 m² を 1913 万円（国庫補助金 1275 万円）で、また、53年度から55年度までに土地 26,133 m² を 5 億 1787 万円（国庫補助金 3 億 4524 万円）で取得した。

　県は、従前、下水汚泥の焼却灰を埋立処分していたが、処分先が定まらないなどの状況であったことから、有効利用することとし、焼却灰について物性試験等の調査等を行った結果、52年度に道路用の路盤材等に利用する事業化が可能であるとして、用地の取得を行った。

第 3 章　用地補償の分類別指摘事例

●検査結果

　県は焼却灰を路盤材等として利用することについて、試験施工したところ、水分に影響を受ける性質等が見受けられたことから、施工場所の選定等、使用が制限されるため扱いにくいことが判明した。このため、県は、平成 8 年度まで、焼却灰を用地に一時貯留することなく埋立処分していた。

　一方県は、6 年頃から焼却灰をセメント原料として利用する取組を進め、北部流域事業は 8 年度以降、南部流域事業は 11 年度以降、焼却灰発生量の全量をセメント原料として下水処理場から直接セメント工場に搬入していた。

　また、南部流域事業について、57 年 12 月に県議会は、付近住民から本件用地を含めた用地等への盛土行為の制限などを求める請願を採択したため、焼却灰の仮置場としての利用が困難となっていた。

　したがって、事業により取得した用地計 28,046 m^2（用地費等計 5 億 3700 万円）は、焼却灰の仮置場として一度も利用されておらず、今後も利用されないことから、補助事業の目的を達しておらず、国庫補助金 3 億 5799 万円が不当と認められた。

　指摘額　3 億 5799 万円（補助金）

土地等管理・処分

▶ひと口コメント

　下水処理場等の用地については全国的にいろいろ問題が多いことから、担当課では次年度以降ローラー検査を実施することとなった。

95

37 高架下の占用料が徴収不足

不当事項 徴収不足　平成 20 年度
指摘箇所：占用料

●高架下占用概要等

　日本高速道路保有・債務返済機構が保有する高速道路の上下に及ぶ範囲に、物件等を設けて継続して使用する場合は、占用許可が必要とされている。そして、機構は、首都高速道路株式会社（首都会社）、中日本高速道路株式会社（中会社）等に対して占用を許可している。

　機構は、占用許可を受けた者から占用料を徴収することができることとなっていて、占用料の額は、道路整備特別措置法施行令（施行令）等に基づき、占用面積に近傍類似の土地の時価及び所在地の区分ごとの率を乗ずるなどして算定することとされている。ただし、占用料を免除又は減額することとされている占用許可物件等が次のとおり定められている。

(1)　占用料を免除する物件等

　①　公共的団体が設ける水管及び下水道管

　②　くずかご、花壇、掲示板等で営利目的がなく公衆の利便等に著しく寄与する物件等

　③　慣行等から占用料を徴収することが不適当であると機構（民営化以前は首都公団等）が認めた物件等

(2)　占用料を減額する物件等及びその占用料の額

　①　駐車場法に規定する都市計画として決定された路外駐車場（都市計画駐車場）

　　　　　　　施行令で定める方法により算定される額の 25% の額

　②　駐車場及び自転車、原動機付自転車又は二輪自動車を駐車させるため必要な車輪止め装置その他の器具

　　　　　　　施行令で定める方法により算定される額の 50% の額

●検査結果

(1)　首都会社は、首都高速 A 線高架下に、都市計画駐車場（7,430 m²）

及び附帯施設としての食堂（183 m²）を設置して、B駐車場を運営
している。そして、首都公団は前記(1)③に該当するとして占用料を
免除しているが、首都会社は駐車場を収益事業として相応の利益を
得ていることなどから、前記(2)①により占用料を算定して徴収すべ
きであった。また、食堂は駐車場とは認められないことから、占用
料の額は施行令で定める方法により算定される額を徴収すべきであ
った。

(2)　首都会社は、首都高速C線高架下に店舗及び事務所として賃貸
している施設（2,409 m²）、駐車場（2,240 m²）並びに通路（1,474 m²）
を運営している。そして、首都公団は前記(1)③に該当するとして占
用料を免除しているが、首都会社はこれらの施設を、収益事業とし
て相応の利益を得ていること、機構はこれらの施設の敷地に係る固
定資産税等を毎年負担していることなどから、賃貸施設等について
は、施行令で定める方法により算定される額を徴収すべきであり、
駐車場については、前記(2)②により占用料を算定して徴収すべきで
あった。

(3)　中会社は、中央自動車道D線E高架橋の高架下に駐車場（960 m²）
及びコイン洗車場（996 m²）を設置し運営している。そして、機構は、
駐車場及びコイン洗車場を前記(2)②の駐車場に該当するとして、平
成18年度から21年度までに計1151万円の占用料を徴収していた。
しかし、コイン洗車場は駐車場とは認められないことから、施行令
で定める方法により算定される額を徴収すべきであった。

したがって、上記(1)、(2)及び(3)の占用許可物件等について、17年
10月の民営化以降21年度までに機構が徴収すべきであった占用料を
申請書等の占用面積に固定資産税路線価等を乗ずるなどして算定する
と、(1)5755万円、(2)9143万円及び(3)1387万円、計1億6286万円と
なり、1億5135万円が徴収不足となっていて、不当と認められた。

指摘額　1億5135万円

▶ひと口コメント

それぞれの高速道路会社が、収益事業を行っている施設の用地であるので、
占用料は徴収しなければならない。

38 代替地用地の管理が不適切

不当事項　管理不適切　平成 21 年度
指摘箇所：用地管理

●代替地用地概要

　北海道開発局 A 開発建設部は、一般国道 B 号の拡幅事業を実施するために必要な土地の所有者等の被補償者のうち、代替地を要望する被補償者に提供するための代替地用地を取得している。

●検査結果

　A 開発建設部が管理する 10,622.2 m^2 の代替地用地のうち 1,148.9 m^2、国有財産台帳価格相当額 1318 万円の用地（本件用地）は被補償者ではない第三者が業務用の倉庫の敷地等として使用していた。このような状況となっていた経緯は以下のとおりであった。

　建設部は、この拡幅事業の実施に当たり、被補償者 C の所有する倉庫が事業用地とこれに隣接した海浜地を埋め立てるなどして造成するとしていた代替地用地にまたがって建てられていたため、事業用地の取得及び代替地用地の造成に支障となることから、倉庫を移転させる必要が生じたが、被補償者 C が倉庫の移転先として要望したのが造成が完了していない代替地用地であったため、倉庫を仮移転することになった。この仮移転の際、仮移転先の土地の確保が困難であったことなどから、建設部は、平成 8 年に、被補償者 C に当時造成が完了していた本件用地を仮移転先として倉庫を建築することを容認した。その後、被補償者 C は、10 年に、本移転先の代替地用地の造成が完了したことから、その用地に新たに倉庫を建築して移転したが、その際、本件用地上の倉庫を被補償者ではない第三者 D に譲渡し、それ以降、本件用地は第三者 D が使用していた。

　しかし、代替地用地は建設部が被補償者の生活再建のために提供することを目的として取得したものであるため、建設部は、被補償者 C が倉庫を本移転先の用地に移転させた後は本件用地を被補償者ではな

い第三者が使用することのないよう適切に管理する必要があった。

したがって、本件用地（国有財産台帳価格相当額 1318 万円）は、代替地用地の取得の目的に沿った管理が適切に行われておらず被補償者ではない第三者により長期間にわたり使用される事態となっていた。

指摘額　1318 万円

▶ひと口コメント

会計検査院が代替地用地の管理について一斉に検査する中で判明した事態と思われる。Ａ開建もこうした事実を全く把握していなかったのだろう。

39 承認を受けずに下水道用地を貸し付けている

不当事項　国庫未納付　平成 21 年度
指摘箇所：下水道用地

●事業概要

　補助事業者は、補助事業により取得した財産を補助金の交付の目的に反して使用したり、貸し付けたりなどするときは、補助金等に係る予算の執行の適正化に関する法律の規定により、補助事業を所掌する各省各庁の長の承認を受けなければならないこととされている。

　終末処理場等の下水道用地は、流入下水量に応じて施設の整備を段階的に行うなどのため、取得後相当期間未利用となったり、地下構造物の地上部を下水道以外の施設に使用することができたりなどすることから、国土交通省は地域の活性化等に資するため、一定の条件に該当する場合は、下水道事業に利用するまでの間等、本来の目的を妨げない範囲でそれらの用地（未利用地等）を下水道事業以外の用途に使用することを認めることとしている。そして、有償貸付等により収益が見込まれる場合は貸付料等のうち国庫補助金相当額の国庫納付を行うことを条件とすることとしている。

●検査結果

　Ａ地方公共団体及びＢ市は、補助事業により取得した下水道用地の未利用地等（事業費計 9 億 6391 万円）を国土交通大臣の承認を受けずに有償貸付等しており、収納した貸付料等のうち国庫補助金相当額を国庫納付していなかった。

　したがって、これらの事業費に係る国庫補助金交付額計 5 億 2232 万円及び有償貸付等により収納した貸付料等のうち国庫補助金相当額計 1 億 3477 万円、計 6 億 5709 万円が適切ではなかった。

　指摘額　6 億 5709 万円（補助金）

第 3 章　用地補償の分類別指摘事例

部局等	補助事業者等（事業主体）	補助事業等	年度	（上段）事業費に係る国庫補助金（下段）貸付料等のうち国庫補助金相当額	（上段）不当となっていた国庫補助金（下段）不当となっていた国庫補助金相当額
共同団地方公	Ａ〈事例参照〉Ａ地方公共団体	下水道	昭和 48、56昭和 62〜平成 21	円106 億 8725 万8349 万	円4 億 6547 万8349 万
Ｃ県	Ｂ市	下水道	昭和 34、52〜54昭和 63〜平成 21	6602 万5128 万	5685 万5128 万
計	2 事業主体			108 億 8805 万	6 億 5709 万

〈事例〉

　Ａ地方公共団体は、補助事業により昭和 48 年度に D 水再生センター用地の一部として土地 85,995.8 m² を、また、56 年度に E 水再生センター用地の一部として土地 17,755.0 m² をそれぞれ取得していた。Ａは D 水再生センターの未利用地等において、62 年 4 月から時期により 993.3 m² から 2,963.4 m² を民間会社に駐車場用地として、さらに平成 20 年 9 月から時期により 1,060.0 m² から 1,604.1 m² を A の福祉保健局に路上生活者緊急一時保護センター等用地として、また、E 水再生センターの未利用地等において、10 年 7 月から 761.7 m² を民間会社に駐車場用地として、それぞれ有償貸付等していた。そして、21 年度までに D 水再生センターで 1 億 1826 万円、E 水再生センターで 6031 万円、計 1 億 7858 万円の貸付料等を収納していた。

　しかし、Ａはこれらの未利用地等計 5,329.3 m²（事業費計 8 億 6851 万円、国庫補助対象事業費計 8 億 6851 万円、国庫補助金計 4 億 6547 万円）を国土交通大臣の承認を受けずに有償貸付等しており、また、これにより収納した貸付料等のうち国庫補助金相当額（計 8349 万円）を国庫納付していなかった。

▶ひと口コメント

　会計検査院は、全国の下水処理場等の用地をローラー検査し膨大な未利用地の存在を明らかにしたが、この 2 件の事態はその中で不当事項とし補助金返還となった。

101

40 基準貸付料ではなく決定貸付料で算定

不当事項　算定不適切　平成 25 年度
指摘箇所：決定貸付料

●貸付概要

　近畿財務局 A 財務事務所（財務事務所）は、港湾法（昭和 25 年法律第 218 号）に基づき、B 港に所在する国有港湾施設のうち国土交通省（平成 13 年 1 月 5 日以前は運輸省）から引き継いだ普通財産である土地について、地区ごとに区分するなどして国有港湾施設有償貸付契約（賃貸借契約）を港湾管理者の C 市とそれぞれ締結し、原則として 3 年ごとにこれらの契約を更新している（このように貸し付けられる土地を「港湾貸付地」）。財務事務所は、同市 D 区に所在する E・F 地区の港湾貸付地（25 年度末の国有財産台帳面積計 111,859.08 m²）に係る期間 3 年の賃貸借契約を市と締結し、18 年度、21 年度及び 24 年度に契約を更新している（18 年度から 26 年度までの契約金額計 17 億 2049 万円。以下「本件契約」）。そして、市は、本件契約で借り受けている土地を原則として民間事業者等に事務所、倉庫等の用地として転貸している。

　港湾貸付地の貸付料については、「国有港湾施設のうち国土交通省から引き継がれた普通財産の取扱いについて」（昭和 33 年蔵管第 3444 号。以下「通達」）によれば、普通財産貸付事務処理要領（平成 13 年財理第 1308 号）の算定基準を準用して、3 年分の貸付料年額を一括して算定することとされている（算定基準により算定した貸付料年額を「基準貸付料」）。そして、継続して貸し付ける土地の貸付料については、3 年ごとの契約更新時に、契約更新前の直近年度分の基準貸付料に所定の調整を行って 3 年分の基準貸付料を算定することとされている。

　また、港湾工事の費用の一部を地方公共団体が負担した港湾貸付地の貸付料については、通達によれば、基準貸付料から地方公共団体が港湾工事の費用を負担した割合を基準貸付料に乗ずるなどした額（負担割合相当額）を控除した額とすることができることとされ、その際は、次の算式により算定することとされている（この算式により算定した貸付料

を「決定貸付料」)。

　そして、財務事務所は、転貸先等ごとに決定貸付料を算定し、地区ごとにそれらの3年度分を合計した額を港湾貸付地の賃貸借契約の契約額としている。

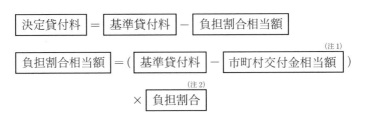

(注1)　市町村交付金相当額：国有資産等所在市町村交付金法（昭和31年法律第82号）に基づき国が貸付財産の所在する市町村等に対して交付する国有資産等所在市町村交付金相当額。
(注2)　負担割合：地方公共団体が港湾工事の費用を負担した割合。

●検査結果

　検査院は、合規性等の観点から、港湾貸付地の賃貸借契約における決定貸付料は適切に算定されているかなどに着眼して、本件契約を対象として、財務事務所において、貸付料計算調書等の書類により会計実地検査を行った。

　検査したところ、次のとおり適切でない事態が見受けられた。

　財務事務所は、本件契約のうちC市が転貸するなどしていた13か所の土地（25年度末の国有財産台帳面積計20,123.69㎡、価格計7億7669万円）について、18年度から26年度までの本件契約における決定貸付料を計1億9131万円としていた。

　しかし、財務事務所は、13か所の土地について、契約更新時に直近年度分の基準貸付料を用いて新たな基準貸付料を算定すべきであったのに、基準貸付料から負担割合相当額を控除した直近年度分の決定貸付料を誤って用いるなどしたため、新たな基準貸付料が過小に算定されていた。その結果、新たな決定貸付料が過小に算定されていた（18年度10か所、21年度1か所、24年度2か所）。さらに、財務事務所は、その後の契約更新時にも誤った基準貸付料を用いて新たな基準貸付料を算定した結果、新たな決定貸付料が過小に算定されているものがあった（21年度8か所、24年度7か所）。

　したがって、13か所の土地について、適正に算定した基準貸付料を用いるなどして本件契約における決定貸付料を修正計算すると、計2億2753万円となる。これに基づき本件契約の適正な契約額を算定すると、計17億5671万円となり、契約額計17億2049万円は、これに比べて計3622万円低額となっていて、不当と認められた。

　このような事態が生じていたのは、財務事務所において、港湾貸付地の賃貸借契約における貸付料の算定方法についての理解が十分でなかったことなどによると認められた。

　指摘額　3622万円

▶ひと口コメント

　日頃からの点検が必要で前例踏襲は危険である。

第3章　用地補償の分類別指摘事例

41 減耗分や処分利益の区分経理を行っていない

不当事項　区分経理不適切　令和4年度
指摘箇所：区分経理

●補償概要等

　国は、空港整備事業等に関する政府の経理を明確にすることを目的として、自動車安全特別会計（空港整備勘定）（以下「特別会計」）を設置して、一般会計と区分して経理している。

　「公共事業の施行に伴う公共補償基準要綱」、「公共補償基準要綱の運用申し合せ」（これらを「公共補償基準」）によれば、既存公共施設等の機能回復が代替の公共施設等を建設することにより行われる場合においては、当該公共施設等を建設するために必要な費用から、既存公共施設等の処分利益（処分利益）及び既存公共施設等の機能廃止の時までの財産価値の減耗分（減耗分）を控除した額を補償することとされている。

　国土交通省航空局は、空港整備事業等において現物補償により公共補償を行う場合は、減耗分については、原則として立て替えることとし、被補償者との間であらかじめ精算等に関する協定等を締結して、後日、被補償者から還付を受けることとしている。また、処分利益については、補償工事の費用から当該処分利益を控除するなどして精算を行うこととしている。

　大阪航空局（大阪局）は、福岡空港の滑走路の増設整備事業に伴い支障となる空港所在の海上保安庁第七管区海上保安本部（海上保安本部）の庁舎、格納庫等（これらを「既存庁舎等」）について、その機能を北九州空港に移転させる公共補償を行っている（本件公共補償）。本件公共補償の実施に当たっては、同省航空局と海上保安庁本庁との間で協定が締結され、同省航空局が講ずる公共補償に係る予算措置を要綱に基づき行うことなどが取り決められている。

　大阪局は、現物補償として、平成30、令和元両年度に北九州空港において海上保安庁庁舎・格納庫新築工事（工事費23億5220万円）を、元、2両年度に福岡空港において海上保安庁福岡航空基地庁舎・格納庫

土地等管理・処分

105

撤去工事（工事費1億6572万円。以下「撤去工事」）を、それぞれ実施している。

●検査結果

　既存庁舎等は、2年3月にその機能が廃止されていた。しかし、大阪局は、海上保安本部に対して減耗分を負担する必要があることを伝えておらず、減耗分の取扱いについて協議していなかった。このため、大阪局は海上保安本部から減耗分の還付を受けていなかったことから、本来、海上保安本部が一般会計において負担すべき減耗分相当額を、大阪局が特別会計において負担している状況となっていた。減耗分相当額を経過年数等により算定すると、9億5563万円となる。

　撤去工事では、鉄くずなどの有価物332.15 tが発生していた（撤去工事で発生した有価物を「工事発生有価物」）。しかし、大阪局は、工事発生有価物を自ら処分せず、海上保安本部に無償で引き渡していた。そして、海上保安本部は、大阪局に工事発生有価物の処分方法について確認を行い、引き渡された工事発生有価物を売り払い、処分利益の額747万円を一般会計の歳入として処理していた。このため、本来、大阪局が特別会計において支出する撤去工事の費用から控除するなどすべき処分利益の額747万円が、海上保安本部において一般会計の歳入として処理されている状況となっていた。

　したがって、本件公共補償に当たり、減耗分相当額9億5563万円について、一般会計において負担すべきであるのに特別会計において負担しており、また、処分利益の額747万円について、特別会計において支出する撤去工事の費用から控除するなどすべきであるのに一般会計の歳入として処理されていて、計9億6311万円が不当と認められた。

　指摘額　9億6311万円

▶ひと口コメント

　協定も区分経理も全く忘れられている。

第3章　用地補償の分類別指摘事例

42 補助事業で取得した道路用地を無断処分

不当事項　無断処分　令和4年度
指摘箇所：道路用地

●事業概要

　茨城県Ａ市は、令和3年度に、都市構造再編集中支援事業において、都市計画道路Ｂ線を新設するための道路用地として、土地1,995.59 m²（うち国庫補助対象面積1,473.3 m²）を事業費1億9561万円（国庫補助対象事業費1億4608万円、国庫補助金交付額6950万円）で取得した。

　補助金等に係る予算の執行の適正化に関する法律（補助金適正化法）第22条の規定等によれば、補助事業者は、補助事業により取得した財産を補助金の交付の目的に反して貸し付けるなどするときは、当該補助事業を所掌する各省各庁の長の承認を受けなければならないことなどとされている。そして、「都市局所管補助事業等に係る財産処分承認基準について」によれば、補助事業により取得した財産を有償で貸し付けるなどの財産処分の承認に当たり、必要な場合には、貸付けにより生ずる収益額のうち国庫補助金相当額（貸付けにより生ずる収益額に用地取得時の補助率を乗ずるなどして算出される額）について国庫納付を行うことなどの条件を付すこととされている。

107

●検査結果

市は、補助事業で取得した道路用地について、国土交通省の承認を受けずに、4年3月から5年3月までの間、民間会社に対して駐車場用地として使用を許可していて、補助金適正化法第22条の貸付けに当たる財産処分を行っていた。そして、市は、これにより使用料282万円（国庫補助対象面積分に係る使用料217万円）を収納していたため、本来はこのうち国庫補助金相当額103万円について国庫納付の条件が付される場合に該当するのに、国庫納付を行っていなかった。

したがって、道路用地に係る国庫補助金交付額6950万円及び収納した使用料のうち国庫補助金相当額103万円は財産処分に係る手続が適正でなく不当と認められた。

指摘額　103万円（補助金）

▶ひと口コメント

言語道断である。補助金適正化法の趣旨と各条文を再度勉強してほしい。

第3章　用地補償の分類別指摘事例

43 廃川敷地の管理に処置を要求

処置要求事項　管理不適切　昭和 51 年度
指摘箇所：廃川敷地

●**廃川敷地概要**

　昭和 39 年 7 月の河川法（昭和 39 年法律第 167 号）の全面改正（昭和 40 年 4 月施行）に伴い、河川区域に該当しないこととなった敷地は、同法施行法（昭和 39 年法律第 168 号）第 3 条の規定に基づき、当初 45 年 3 月 31 日までは河川区域とみなされることとなり、この間に実態調査等を行い、河川区域、河川予定地として存置する必要のある敷地についてはその指定をし、残余については廃川公示を行い廃川敷地としたうえ、旧所有者への下付、新たに河川区域となる土地との交換、普通財産として大蔵省への引継ぎ等の処理を行うこととなっていた。しかし、この処理が完了しなかったため、期限は 50 年 3 月 31 日まで延長され、更に 51 年 3 月 31 日（北海道は 53 年 3 月 31 日）まで再延長された。

●**検査結果**

　検査院において、建設省東北ほか 7 地方建設局管内の一級河川について建設大臣が管理する区間（大臣管理区間）及び山形ほか 8 県知事が管理する指定区間の廃川敷地の処理状況を検査したところ、廃川の公示をした面積 9,739,659 m^2（大臣管理区間 7,988,953 m^2、指定区間 1,750,706 m^2）のうち、52 年 3 月 31 日までに下付、交換、引継ぎ等の処理を終えたものは 4,180,828 m^2（大臣管理区間 3,482,605 m^2、指定区間 698,223 m^2）に過ぎず、残余の 5,558,831 m^2（大臣管理区間 4,506,348 m^2、指定区間 1,052,483 m^2）については、処理されないままとなっている。

　これら未処理となっている廃川敷地は、普通財産として大蔵大臣に引き継がれていないなどのため、有効な利活用が図られない結果となっており、また、既往の経緯から第三者に宅地、農地等として使用を認めざるを得なくなっている約 165 万 m^2（大臣管理区間 158 万 m^2、

指定区間約7万m²）については、河川法第91条第1項の規定に基づき河川区域廃止後も従前の管理者が管理しなければならない期間（河川区域廃止後10箇月、以下「法定管理期間」）経過後は、その使用の対価の徴収が行われておらず、この未徴収となっている額は、仮に河川敷地の占用料の額で計算しても、52年3月末までに、約2200万円に上っている状況で、廃川敷地の管理が適切を欠いていると認められた。また、廃川公示さえしていないものが、検査院の検査で現在判明しているものだけでも約42万m²（大臣管理区間約3万m²、指定区間約39万m²）見受けられた。

このような事態を生じたのは、河川法の改正に伴い暫定的に河川区域とみなされた区域は、法改正当時において所在地、面積等の現況の把握、台帳、図面の整備等に不備があったり、長年月の間に複雑な占使用関係を生じたりしていて、その処理に日時を要した事情があったとしても、法改正後12年を経過しているのに、その間の現況の把握や境界の確定、使用者の確認等の措置が十分でなかったばかりでなく大蔵省への引継ぎについての当事者の努力が十分でなかったこと、また、廃川敷地の使用の対価については、法定管理期間経過後は管理権限の有無に疑義があるとし徴収を行わないこととしたことによると認められた。

●**処置要求**

廃川敷地の現況の把握、境界の確定、関係書類の整備等に努め、大蔵省への引継ぎについても、連絡、調整を密にするなどして処理の促進を図るとともに、使用の対価の徴収についても、省とその取扱いについて協議のうえ決定する要があると認められた。

指摘額　2200万円（未徴収額）

▶**ひと口コメント**

現況の把握など、管理は時間の経過とともに足元が見えなくなるので、日頃からの注意が必要である。

第 3 章　用地補償の分類別指摘事例

44 道路占用料を道路価格を基準とするよう改善

処置済事項　徴収不足　昭和 51 年度

指摘箇所：道路占用料

●道路占用料概要

　建設省が直轄管理する一般国道及び北海道の区域内の開発道路延長 19,065 km の間で、道路の占用許可を受けた者から昭和 51 年度中に徴収した占用料（収納済歳入額 6 億 9468 万円）は、道路法（昭和 27 年法律第 180 号）の規定に基づいて、道路管理者から許可を受けて、道路に一定の施設を設置し、継続して使用する者から道路の使用に対する対価として徴収している。その額は、道路法施行令（昭和 27 年政令第 479 号）等の別表で、電柱、看板等占用物件ごとに定められた単価に占用物件の数量を乗じて算定されるもの（定額のもの）と、地下街、地下室等占用期間更新時における占用物件の近傍類似の土地の時価に所定の率を乗じて得た額に更に占用物件の数量を乗じて算定されるもの（定率のもの）とに区分して定められている。そして、定率のものに係る道路占用料については土地価格の変動状況を反映した額となっている。

土地等管理・処分

111

●検査結果

　定額のものに係る道路占用料（収納済歳入額5億9090万円）についてみると、占用物件ごとのそれぞれの単価は42年10月、41年度当時の道路価格（土地価格及び道路造成費）を基準として設定したものであるが、その間、経済情勢の変動によって占用料単価の基礎となっている土地価格については固定資産評価額が48年度を例にとっても設定当時に比べて全国平均で2.5倍以上、また、道路造成費についても1.7倍以上と大幅に上昇しており、現行の単価は既に道路使用に対する適正な対価とは認められない結果となっているのに、実情に即した所要の改定を行わなかったため、その単価が著しく低額となっていた。したがって、各地方建設局等における定額のものに係る道路占用料の単価を土地価格等の上昇に見合った適正と認められる道路価格を基準として改定したとすれば、その占用料は、約7億5000万円程度増額徴収できたと認められた。

●改善処置

　省では、関係省庁と協議した結果、52年9月に道路法施行令等の一部を改正して、現状に適合した占用料の単価に改定する処置を講じた。

　指摘額　7億5000万円（徴収不足）

▶ひと口コメント

　夕方から出てくる看板等もあるかもしれないが、占用物件の確認は、定期的に行う必要がある。

第3章　用地補償の分類別指摘事例

45 不用鉄道施設用地の処理に処置を要求

処置要求事項　管理不適切　昭和 51 年度

指摘箇所：不用鉄道施設用地

●不用地概要

　日本鉄道建設公団が日本国有鉄道に対して、日本鉄道建設公団法（昭和 39 年法律第 3 号）第 19 条第 1 項第 2 号の規定により貸し付けている営業線のうち国鉄が有償で借り受けている A、B 両線の鉄道用地の管理状況についてみると、公団が線路残地又はトンネル建設用地等として購入した土地であって、国鉄において現在直接に事業の用に供しておらず、かつ、利用計画のない土地（不用地）を、このうちには払下げ希望者から申請が行われているものも相当数ある状況であるのに、未処理のまま長期間にわたり保有しているものが A 線で 57,361 m²、B 線で 3,069 m² 計 60,430 m²（取得価格 15 億 2191 万円）ある。そして、国鉄においては、このような不用地を借り受けていることにより不必要な借料及び管理費等の負担を余儀なくされ、また、公団においては、このような不用地を所有していることにより借入金の金利負担の軽減が図られない結果になっている。

土地等管理・処分

113

●検査結果

国鉄が公団から借り受けている財産の管理については、昭和40年6月に両者間で締結した財産管理に関する協定書によれば、①「国鉄は、借受財産について、一切の維持管理を行うものとする。」、②「国鉄は、業務運営又は対外関連工事施行の結果借受財産に不用分を生じた場合は、その不用財産の処分を行うものとする。」となっている。

しかし、この協定に基づく実行上の取扱いについて、公団では、鉄道施設としていったん貸し付けた以上、不用地の処分は、これらの規定に従い当然国鉄が行うべきであるとしているのに対して、国鉄では、不用地は引継ぎ時点において既に不用となっていたものであって、国鉄の業務運営上不用になったものではないから②にいう不用分には該当せず、この処分は当然公団が行うべきであるとしていて、両者の見解の調整が行われないまま推移したため、多額の不用地が未処理のまま長期間放置されてきたものと認められた。

●処置要求

国鉄と公団の間で早急に協議し、協定内容を整備するか又は実施主体を明確に定めるなどして現有不用地の処分の促進を図る要があり、更に今後両者の間で貸借する鉄道施設についても、国鉄が公団からこれを借り受ける際に国鉄における使用見込みを検討のうえ、公団における用地取得上又は建設工事実施上の事情から生じた不用地があるときは貸借の対象から除外できるようにし、公団においても除外された不用地はこれを適切に処理する要があると認められた。

背景金額　15億2191万円

▶ひと口コメント

両者の言い分のために放置されていた土地があることに、国民はどう思うか考えてもらいたい。

第3章　用地補償の分類別指摘事例

46 固定資産税等が賦課されないのに負担

処置済事項　負担不適切　昭和52年度
指摘箇所：固定資産税等

●固定資産税等概要

　日本住宅公団が住宅団地の建設に伴い団地内に確保した学校、保育所等の施設の用地を、この学校等を運営する地方公共団体に対して無償で貸し付け又は使用させた場合には、その用地に係る固定資産税及び都市計画税（固定資産税等）の課税については、地方税法（昭和25年法律第226号）第348条第2項[注1]及び第702条の2第2項[注2]の規定により、固定資産税等が賦課されないことになっている。

　東京支社ほか4支社においては、A団地ほか38団地の学校、保育所等61施設の用地97,536 m²についてB県C市ほか26市町、特別区から固定資産税等が賦課（昭和51年度1528万円、52年度2918万円、53年度3240万円）され、これを納付し又は納付を予定していたが、これらについて検査したところ、次のとおり、固定資産税等の負担が適切でないと認められる点が見受けられた。

（注1）　地方税法
　　　（固定資産税の非課税の範囲）
　　　第348条（略）
　　　2　固定資産税は、次の各号に掲げる固定資産に対しては課することができない。ただし、固定資産を有料で借り受けた者がこれを次の各号に掲げる固定資産として使用する場合においては、国有資産等所在市町村交付金及び納付金に関する法律（昭和31年法律第82号）第2条第7項の規定の適用がある場合を除き、当該固定資産の所有者に課することができる。
　　　　（1）　国並びに都道府県、市町村、特別区、これらの組合及び財産区が公用又は公共の用に供する固定資産
　　　　（2）～（32）（略）
　　　3～4（略）
（注2）　地方税法
　　　（都市計画税の非課税の範囲）
　　　第702条の2（略）
　　　2　（前略）……、市町村は、第348条第2項から第4項まで又は第351条の規

115

定により固定資産税を課することができない土地又は家屋に対しては、都市計画税を課することができない。

●検査結果

上記の用地は、昭和38年12月から52年11月までの間に、保育所等の建設工事に当たり工事期間中から地方公共団体に用地を貸し付けるものについて、使用貸借契約に基づき用地を無償で貸し付け又は学校の建設工事に当たり工事終了後地方公共団体に用地を譲渡するものについて工事期間中に用地を無償で使用させているものであり、地方公共団体においては貸付契約締結の時点又は使用承認をした時点からこれら用地を公用のため使用しているのであるから、これら時点の翌年度以降は固定資産税等の非課税の範囲に該当するものであるのに、5支社では、地方公共団体から賦課された固定資産税等をそのまま納付し又は納付を予定していた。いま、賦課された固定資産税等のうち非課税の範囲に該当する額は51年度から53年度までの間についてみても、5581万円（うち53年度3240万円）となっている。

上記については、貸付契約等の時点で地方公共団体に対し申請等を行い、非課税の適用を受けるよう処置する要があったと認められた。

また、賦課された固定資産税等のうち非課税の適用を受けない当該年度分については全額を公団で負担しているが、用地は、貸付契約等の時点から地方公共団体が無償で使用しているのであるから、貸付契約等の時点で既に賦課されている当該年度分については、その時点以降に係る分を月割計算により算出し、地方公共団体の負担とするよう処置するのが妥当であると認められ、負担区分を明確にするなど適切な措置を講じていたとすれば51、52両年度だけについてみても、22施設の用地51,579㎡に対する固定資産税等1494万円は負担を軽減できたと認められた。

●改善処置

公団では、今後このような事態が生じないよう53年11月に「学校等の用地に係る固定資産税及び都市計画税の負担に関する取扱いについて」の通達等を発して、地方公共団体に無償で貸し付け又は使用させる場合、貸付契約締結又は使用承認前に当該年度の翌年度以降に係る

第3章　用地補償の分類別指摘事例

る固定資産税等が非課税となることを明確にし、また、当該年度分の固定資産税等を月割負担とすることについて地方公共団体に確認したうえ、契約書又は使用承認書にその負担区分の条項を付けることとするとともに、新たに非課税等調書を作成のうえ納税額について照合、確認を行うことを指示した。また、上記の事態については、賦課及び負担の是正を求める措置を講じた。

　指摘額　1494万円

▶ひと口コメント

　無償で貸し付けたり使用させたりしている相手方から、固定資産税等を賦課されていることに疑問を持たなかったのであろうか。

47 貸付けに関する基準について
是正改善要求

処置要求事項 収入不足 昭和 57 年度
指摘箇所：使用料等

●**事態概要**

　日本国有鉄道の固定資産の貸付け等に当たり、使用料が低額となっていたり、ほとんど管理に手数を要しない簡易自動車駐車場を部外者に管理させて経費を要していたり、業務に関連があるため無償で貸し付けた施設が目的外に使用されていたりなどしていて、使用料が 7 億 0208 万円低額となっていた。

　国鉄では、保有する土地、建物の一部を事業の目的を妨げない限度において部外に貸し付けるなどしているが、貸付けに関する基準の適用方が明確でなかったなどのため、使用料の増収を図ることができるものについて上記の事態を生じていた。したがって、今後固定資産の利活用による関連事業の推進が重要な施策となることから、早期に基準の適用方を明確にするなどして固定資産の効率的な利活用を図るよう改善の要がある。

●**貸付け等概要**

　国鉄では、昭和 57 年度末現在、土地 6 億 6137 万 m^2（資産価額 5328 億 0661 万円）、建物 2377 万 m^2（資産価額 1 兆 1075 億 9375 万円）等の固定資産を保有し、その大半を鉄道事業の用に供しているが、土地、建物等の一部については、事業の目的を妨げない限度において、部外に貸し付けたり、簡易自動車駐車場として利用したりなどして関連事業に活用（57 年度関連事業収入 735 億 3129 万円）しているほか、業務を部外に委託するなどの際に委託業務等の円滑な遂行に資するため無償で受託者等に使用させている。

　10 鉄道管理局について、これら固定資産の貸付け等の状況を検査したところ、使用料の算定が適切でないため低額となっていたり、直営で管理できる簡易自動車駐車場を部外者に管理させて経費を要していたり、業務に関連があるため無償で貸し付けた施設が目的外に使用されていた

りなどしていて適切でないと認められる点が次のとおり見受けられた。

(1) 使用承認の概要

　国鉄では、事業の用に供している資産又は将来、事業の用に供する計画のある資産を、その用途又は目的を妨げない限度において第三者に使用承認という方式で貸し付けることとしている。そして、使用承認を行うに当たっては、国鉄が事業の用に供するなどの必要が生じた場合には、撤去、立退きを義務づけるとともに、建築階層の規制をしたり、貸付期間の限定をしたりするなど利用上の制限を課することとしている。

　そして、使用承認による場合は権利金等を徴収しておらず、その使用料も利用上の制限を考慮して算定することとしている。すなわち、使用料は、「土地建物等貸付基準規程」（昭和41年施達第12号）等に基づき、土地評価額に使用承認の特殊性による修正率として0.9（56年度以前に使用承認を開始したものは0.8）を乗じ、これに建築階層の規制による修正率（使用者の建築物を撤去、立退きさせる場合に容易と認められる2階建てまでに建築階層を規制することによる減額修正率）を乗じて使用料算定上の評価額とし、この評価額に基づいて資本利子額（評定額の7％）を算出し、この資本利子額に管理費（資本利子額の5％）、公租公課相当額等を加算して決定することとしている。

●検査結果

　10鉄道管理局が、57年度に使用承認により貸し付けている土地19,920件、1,881千m²、使用料41億1583万円のうち、使用料が年額1件100万円以上のもの654件、682千m²、使用料29億5148万円について調査したところ、建築階層の規制による修正率の適用方が規定上明確でなかったことなどから、特に1階層としての建築階層の規制をしていないものについてまで、使用者が実際に利用している建築物が1階層であることとして、1階層規制による修正率を適用していたり、例外的に3階層以上の建築物の設置を承認する場合は、建築物が構造上堅固なものとなり事実上撤去、立退きが困難となるので、建築階層の規制を行わない取扱いが相当と認められるのに、使用者の

建築階層に応じた修正率を適用していたりなどしているため、使用料が低額となっているものが138件、119千m²、使用料5億8663万円見受けられた。

いま、上記土地について建築階層の規制による修正率を適正に適用して使用料を再計算すると8億0715万円となり、これに比べて使用料は約2億2051万円低額となっていると認められた。

(2) 暫定利用制度の概要

国鉄では、貨物駅の集約、宿舎の統合等によって相当数の土地が未利用状態となっていることから、使用承認制度の特例として「未利用地の暫定利用について」（昭和52年施用第261号）を定め、将来、鉄道事業又は関連事業用として利用する計画等又は処分する計画等のある未利用地を、その計画等に基づいて利用又は処分するまでの間、商品の展示場等用として暫定的に使用させて、収入の確保に努めることとしている。

そして、暫定利用を承認するに当たっては、その期間を6箇月以内の短期間としているため、その使用料は、土地坪価額に暫定利用承認の特殊性による修正率として0.6から0.8を乗じ、これに建築階層の規制による修正として1階層制限の修正率を乗じて使用料算定上の評価額とし、この評価額に基づいて資本利子額（評価額の7％）を算出し、この資本利子額に管理費（資本利子額の2％）、公租公課相当額等を加算して決定することとしていて、使用承認による貸付けに比べて使用料が低額となっている。

●検査結果

10鉄道管理局のうち広島鉄道管理局を除いた9局が、57年度中にテニス場、住宅展示場等用として暫定利用を承認している土地39件、84千m²、使用料3億6973万円のうち、使用料が年額1件100万円以上のもの29件、82千m²、使用料3億6356万円について調査したところ、暫定利用は、当該対象地の利用計画等が実施されるまでの間の短期間に限って承認することとなっているのに、この趣旨の周知徹底が図られていなかったことなどから、当該対象地の具体的な利用計

画等がなく、しかも、当初から長期間にわたる使用が予想されるもの、例えば、テニス場のように建設費等に多額の投資を要し、短期間ではその回収が困難と認められるものなどについて暫定利用を承認しているため、使用承認による貸付けに比べて使用料が低額となっているものが25件、67千m²（うち、3年以上継続して承認しているもの14件、41千m²）、使用料2億4054万円見受けられた。

いま、上記土地について、使用承認による貸付けを行ったとして使用料を再計算すると4億4254万円となり、これに比べて使用料は約2億0200万円低額となっていると認められた。

(3) 簡易自動車駐車場の概要

国鉄では、暫定利用制度の一形態として、駅構内等の利用価値が高いと見込まれる未利用地について、将来、事業の用に供したり処分したりするまでの間、駐車場として活用することとし、「未利用地を簡易自動車駐車場として利用する場合の取扱方について」（昭和55年施用第14号）を定め、直営又は部外者に管理させることによって暫定的に簡易自動車駐車場として利用することとしている。

そして、直営で管理する場合は、駐車料金総額がすべて公社の収入となるが、部外者に管理させる場合においては、原則として、駐車料金総額から駐車場の管理運営に必要な人件費、管理費等の経費（管理費等）を控除した残額を使用料として収受している。

●検査結果

10鉄道管理局が、57年度中に簡易自動車駐車場を部外者に管理させている土地239件、262千m²、使用料7億6754万円について調査したところ、部外者に管理させる場合の取扱方が明確でなかったことなどから、簡易自動車駐車場のなかには、駅舎に隣接しているうえ、月極駐車場で駐車料金は前金で直接納付することになっているなど、ほとんど管理に手数を要しない場合であっても、部外者に管理させているものが134件、111千m²、使用料2億7970万円見受けられた。

いま、簡易自動車駐車場について、直営で管理することを考慮するなどすれば、部外者に管理させるための管理費等が不要となるので駐

車場に係る収入は 4 億 3569 万円となり、使用料に比べて約 1 億 5598 万円の開差を生じることとなるものと認められた。

(4) 使用承認等の概要

　　国鉄では、業務上必要と認められる場合には、特例として、「固定財産管理事務基準規程」（昭和 41 年経達第 23 号）等に基づき、無償の使用承認等により固定資産等を貸し付けたり、使用させたりすることができることとしている。

●検査結果

　10 鉄道管理局が、57 年度中に無償の使用承認等により貸し付けるなどしている土地及び建物 12,017 件、土地 939 千 m^2 及び建物 141 千 m^2 のうち、業務委託等に伴う作業員詰所、受託事務所等に係るもの 1,774 件、土地 127 千 m^2 及び建物 81 千 m^2 について調査したところ、国鉄の業務量の減少等に伴い、貸し付けた施設に余裕を生じたりしたことから、その施設の全部又は一部を受託会社等が自社営業のための支店又は宅配便取扱所等として目的外に使用していたり、貸し付けた施設以外の施設を受託会社等が駐車場として未承認のまま使用していたりしているのに、使用実態を把握すべき駅、保線区等の現場業務機関と貸付担当部局相互の連絡調整が緊密に行われていないなどのため、無償の使用承認等を継続したりなどしていて適切でないと認められるものが 166 件、土地 17,440m^2 及び建物 489 m^2 見受けられた。

　いま、土地及び建物について、目的外に使用されている部分を有償とし、また、未承認のまま使用されている部分を承認のうえ有償として使用料等を徴収することとすれば、57 年度において約 1 億 2357 万円の増収を図ることができたと認められた。

●発生原因

　このような事態を生じているのは、関連部局間の連絡調整が十分でなく用地等の管理に関する体制が整っていなかったり、使用承認等の制度を運用する際に必要な基準等が明確に定められていなかったり、各鉄道管理局において使用承認等に関する制度の趣旨が十分理解されていなかったり、これに対する本社の指導が適切に行われていなかっ

たりしていたことなどによるものと認められた。

●処置要求

　国鉄では、56年5月に策定した経営改善計画において、固定資産の利活用による関連事業の推進を重要な増収施策としていることにかんがみ、

① 関連部局間の連絡調整を十分行い、用地等の管理体制を整備すること

② 使用承認を行う場合の使用料算定の基礎となる建築階層の規制に関する基準の適用方を明確にすること

③ 暫定利用制度と一般の使用承認制度との区別を明確にすること

④ 簡易自動車駐車場を部外者に管理させる場合の取扱方を定めること

⑤ 無償の使用承認等により貸し付けるなどした施設の目的外使用や、用地の無断使用を防止するほか、一部有償化を要する場合にその取扱方を定めること

などの措置を講じるとともに、各鉄道管理局等に対する指導の徹底を図り、もって固定資産の効率的な利活用を図る要があると認められた。

　指摘額　7億0208万円（収入不足）

▶ひと口コメント

　日本国有鉄道の財産であるという意識が薄く、管理のやり方も適当に過ぎていた。

48 移管すべき公共施設を長期間保有

処置済事項　管理不適切　昭和58年度
指摘箇所：移管予定施設

●移管予定施設概要

　住宅・都市整備公団では、住宅事情の改善を特に必要とする大都市地域等において集団住宅及び宅地の供給を行うため住宅建設事業等を施行しているが、これらの事業の施行に伴い建設される道路、水路及び公園については、それらが公共の用に供される施設であることから、施設の存する地方公共団体に無償で、又は事業施行地区内の旧道路、水路等と交換する方法により移管することとしている。そして、これら移管予定施設については、住宅団地の建設又は宅地の造成に先立って、住宅団地等の存する地方公共団体等と当該住宅団地の建設又は宅地の造成計画について協議する際にその移管時期、範囲等についても協議することとしている。この場合、新住宅市街地開発法（昭和38年法律第134号。以下「新住法」）に基づく開発事業地区内のものについては、工事完了公告の日の翌日においてその施設の存する市町村の管理に属することとなっているが、工事完了に先立ってこれら市町村と行う移管予定施設の処分計画についての協議において、移管時期を別途公団が通知する日と定めたときは、その定めた日としている。

●検査結果

　検査院が昭和59年中に、4支社等において保有している移管予定施設のうち、最終住棟を管理開始した住宅団地内及び新住法の規定により工事完了公告がなされた造成地区内の移管予定施設の移管状況について調査したところ、住宅団地建設前に行うこととされている地方公共団体等との移管時期、範囲等についての協議が十分でないばかりか、これら施設の完成後においても交換に供する移管予定施設に係る図書類の整備が遅延していることや、移管予定施設の面積が旧施設の面積に比べ不足していたりしているため交換手続が遅延していたり、

124

第 3 章　用地補償の分類別指摘事例

移管の実施についての意見調整に日時を要している間に地方公共団体から新たな移管条件が提示されることとなって更に意見の調整がつかなかったり、新住法に基づく地区について処分計画の協議の際移管時期を別途公団が通知する日と定めたものの地方公共団体の受入体制が整わないため、この通知を行わなかったりなどしていて移管が遅延したまま 1 年から 25 年の長期間にわたって保有しているものが、A 住宅団地ほか 16 住宅団地及び B 造成地区ほか 1 造成地区において道路 445,883 m^2、水路 29,937 m^2、公園 111,620 m^2、計 587,440 m^2 見受けられた。そして、この間にこれらの施設についての固定資産税、維持管理費等の管理経費を負担しており、その額は 58 事業年度でみても固定資産税及び都市計画税 1192 万円、維持管理費 1 億 6061 万円、計 1 億 7253 万円となっている。しかし、これら施設は公共の用に供する施設として既に機能を発揮しているものであるから、公団においてこれを長期間にわたって保有し、管理経費を負担していることは適切とは認められない。

●改善処置

　公団では、59 年 11 月、移管予定施設の円滑な移管を図るための協議指針として「住宅建設に関連する道路等の整備に係る協議について」及び「都市開発事業における公共施設の引継ぎについて」の通達を発し、同種事態の再発防止を図る処置を講じるとともに、現在未移管となっている施設については、各支社等に対して指導を強化し、移管業務を促進するなどの処置を講じた。

　指摘額　1 億 7253 万円

▶ひと口コメント

やはり、地元とのしっかりした事前の協議がその後を大きく左右する。

49 造成宅地に投下した事業費の効果未発現

処置要求事項　効果未発現　昭和 59 年度
指摘箇所：未処分地

●未処分地概要

　住宅・都市整備公団では、住宅事情の改善を特に必要とする大都市地域等において宅地の大規模な供給を行うことなどを目的に土地区画整理事業及び新住宅市街地開発事業を実施しており、公団がこれらの事業により昭和 59 年度末までに供給した造成宅地は 5776 万 m² に上っている。

　そして、公団では、造成宅地について、土地区画整理事業の場合、住宅・都市整備公団法（昭和 56 年法律第 48 号）等の規定に基づき、あらかじめ造成宅地の存する地方公共団体等の意見を聴取のうえ、住宅用地、教育施設用地、公共施設用地等の用途に区分して、全体処分計画及び年間処分計画を作成し、一般分譲等の方法によって処分を行っており、また、新住宅市街地開発事業の場合、新住宅市街地開発法（昭和 38 年法律第 134 号、以下「新住法」）の規定に基づき、公共施設の管理者等に協議のうえ、集合住宅用地、独立住宅用地、業務施設用地等の用途に区分してそれぞれの処分方法、処分価額等を定めた処分計画を作成し、一般分譲等の方法によって処分を行っている。

第3章　用地補償の分類別指摘事例

●検査結果

　事業が完了した地区における造成宅地の状況を検査院が調査したところ、5年以上（59年度末現在）の長期にわたり保有していて、募集方法及び用途の変更を検討するなどすれば処分の促進が図れると認められるもの（未処分地）が、A地区ほか20地区において、166,181 m²見受けられ、これに係る造成原価は73億3587万円、在庫利息(注)は36億8887万円の多額に上っているほか、管理経費も59年度分だけで7242万円となっている。

　しかし、多額の事業費を投下した造成宅地を長期にわたり保有しているこれらの事態は、良質で低廉な宅地を供給するという公団の目的が達成されないばかりか、在庫利息及び管理経費が累増することとなり、適切とは認められない。

　上記の事態を態様別に示すと次のとおりである。

(1) 公共事業関連の代替用地として長期間保有しているもの

　　　地区数　　10地区

　　　面積　　　18,087 m²

　　　造成原価　3億7626万円

　　　在庫利息　2億5432万円

　　　管理経費　1788万円（59年度分。以下同じ。）

　未処分地は、地方公共団体から公共事業関連の代替用地として要請を受けているもののその必要画地数や処分時期が明確でなかったなどのため、処分に至らずそのまま保有しているもの、又は一般公募後に未契約となった宅地、買戻した宅地等を適切な募集方法を検討することもなく公共事業関連の代替用地として保有しているものである。

(2) 旧地権者に対する特別分譲用地であるため他用途に処分できないとしてそのまま保有しているもの

　　　地区数　　3地区

　　　面積　　　27,213 m²

　　　造成原価　18億3246万円

　　　在庫利息　8億4932万円

　　　管理経費　774万円

127

未処分地は、新住法等の規定に基づき、用地買収に応じた者に特別分譲することを予定しているものであるが、特別分譲を要請する者と価額等の譲渡条件について協議が整わないなどにより、用途の変更ができないまま保有しているものである。

⑶　個人分譲宅地としては不適当な画地であるなどとしてそのまま保有しているもの

　　　地区数　　1 地区
　　　面積　　　57,192 m^2
　　　造成原価　17 億 9612 万円
　　　在庫利息　9 億 4506 万円
　　　管理経費　2930 万円

　未処分地は、現場条件からみて個人分譲宅地としては不適当な画地であるのにその用途の検討を十分に行わないまま保有しているもの、又は一画地の面積が個人分譲宅地としては大きい（386 m^2 から468 m^2）ため譲渡価額が高額となり、一般公募には不適当であるとして公募から除外したまま保有しているものである。

⑷　そのほか施設用地等で現行の用途のままでは処分が困難なものをそのまま保有しているもの

　　　地区数　　12 地区
　　　面積　　　63,688 m^2
　　　造成原価　33 億 3102 万円
　　　在庫利息　16 億 4016 万円
　　　管理経費　1749 万円

　未処分地は、店舗、幼稚園等の用地として計画されたが、同種の施設がすでに近隣に設置されていることにより経営が困難となることが予想されるなど、施設の立地条件等の変化により用途の変更を余儀なくされているのに、需要調査が十分でなかったり、地方公共団体等との協議に日時を要したりして、用途が定まらないまま保有しているものである。

　上記のような事態を生じているのは、地方公共団体から公共事業関連の代替用地について要請を受けた場合に、文書等によりその必要画地数、処分予定時期等を明確にしていなかったり、特別分譲が予定さ

第3章　用地補償の分類別指摘事例

れるものについてあらかじめ旧地権者との譲渡条件が明確にされていなかったり、各地区の現場条件や地区周辺の状況等についての調査検討が十分でなかったりしていることにもよるが、基本的には、公団において、保有している未処分地についての認識が十分でなく、その処分について適切な対策が講じられていなかったことによると認められた。

● 処置要求

　公団では、上記の事態についての検査院の指摘に基づき、60年10月末までにB地区ほか1地区で6,351 m² の未処分地を処分し又は譲渡決定しているものの、なおC地区ほか20地区において計159,829 m² を未処分のまま保有している状況であるから、本社において未処分地についての適切な対策を講じ各支社等に対する指導を強化するなどして未処分地の速やかな処分を図り、もって投下した多額の事業費がその効果を発現するよう措置を講じる要があると認められた。

　よって、会計検査院法第34条の規定により、上記の処置を要求する。

（注）　在庫利息：造成原価に60年3月末現在の借入金残高の平均年利率及び事業
　　　完了後から60年3月末までの期間を乗じ試算したもの。

　背景金額　73億3587万円（造成原価）
　　　　　　36億8887万円（在庫利息）
　　　　　　7242万円（昭和59年度管理経費）

▶ ひと口コメント

　そもそも事業の目的を忘れ、未処分地の認識がなくなってしまっていたようである。

50 市街化区域内にある国有農地等の処分の促進

意見表示事項　未活用　平成2年度
指摘箇所：国有農地等

●国有農地等概要

　農林水産省では、昭和21年度以降、自作農創設のために土地の買収、管理、処分を行っており、農業経営基盤強化措置特別会計において行われている。

　この土地は、国有農地（不在地主から買収した小作地）と、開拓財産（開拓事業のため買収した山林、原野等）に区分され、平成2年度末の国有農地は1,175万m²、開拓財産は5,866万m²、計7,042万m²となっている。

●国有農地等管理

(1) 国有農地等については、処分が行われるまでの間、農耕以外の目的で貸付けている開拓財産（農耕貸付地、未貸付地、転用貸付地）は国が、他は都道府県が、関係市町村の協力を得て管理している。

(2) 国有農地等は、自作農の創設などのために、買収後、直ちに売渡すのが原則であるが、自作農創設の目的に供しないことを相当と認めた場合には、不要地認定を行ったうえ、売払うこととなっている。

●検査結果

　19都道府県の市街化区域内にある国有農地156万 m^2、開拓財産266万 m^2、計422万 m^{2}について検査したところ、宅地等としての有効利活用を図るなどの観点からみて、不適切な事態が、1,123件、面積87万 m^{2}あった。その評価額は350億0404万円となる。

●改善を必要とする事態

　市街化区域内に所在する国有農地等については、自作農創設等の目的に供しないことを相当と認めた土地であり、保全すべき緑地としての農地を除き、農地として残す意義が薄れており、これらの処分を促進し、宅地等として有効利活用を図る必要がある。

　背景金額　350億0404万円

▶ひと口コメント

　宅地の供給状況などを注視し、農地として残す意義を点検しなければならない。

51 団地内の施設用地の利用

意見表示事項　効果未発現　平成2年度
指摘箇所：施設用地

●事業概要

　住宅・都市整備公団では、団地建設の場合に、居住者のための購買、医療、教育等の利便施設の用地を、地方公共団体と協議策定した建設計画に基づき、団地の敷地内に確保している。

　また、団地建設には、土地取得から事業完了まで相当の期間が必要であるため、建設計画が団地の立地状況、住宅及び施設の需要の変化に対応できなくなる場合には、協議のうえ、建設計画を変更する。

第3章　用地補償の分類別指摘事例

●**検査結果**

　31団地の施設用地を調査したところ、利便施設が建設されていない施設用地で、建設完了後3年以上経過し、建設計画の変更を行えば利用促進が図れると認められるものが、8団地23,118 m²あった。

　この未建設地は、住宅建設完了後において平均8年、最長17年経過しているのに、そのほとんどが更地のままとなっていた。これは、住宅建設が長期に及んでいるうちに、施設建設の必要がなくなっていた。

(1)　購買、医療、業務の施設の用地20,118 m²（土地購入費26億2628万円）が未建設地となっており、周辺に大型店舗、総合病院等が建設された。

(2)　幼稚園の建設用地3,000 m²（土地購入費5億2291万円）が未建設地となっており、児童数減少などがあり、団地周辺の施設で十分対応できる。

●**改善意見**

　未建設地について、施設需要及び周辺環境等を調査のうえ、住宅、駐車場等への利用を検討して、事業費の効果の発現を図る要がある。

　背景金額　31億4919万円

▶**ひと口コメント**

　今となれば必要のない土地となってしまった訳だが、取得当時の見通しに甘さはなかったか。

52 空港用地の使用料を改善

処置済事項　徴収不足　平成6年度
指摘箇所：使用許可

● **用地管理概要**
(1) 運輸省では、22空港において、滑走路等の基本施設と管制施設等の航空保安施設を設置し運営している。一方、貨客取扱施設は、空港ビル会社が設置し運営している。
(2) 2局では、空港用地の一部を航空輸送上支障のない範囲で、26空港ビル会社に対し、貨客取扱施設の敷地として使用許可（許可区域）しており、平成6年度に許可区域100万m^2の使用料として57億0272万円を徴収している。
(3) 空港用地等の財産の管理は用地管理部門が、滑走路等の立入り制限区域の保安管理は保安部門が担当している。

● **貨物の取扱**
　空港ビル会社は、貨物及び旅客の手荷物を取り扱う航空会社等へ貨客取扱施設の貸付けを行っており、航空会社等は、保安部門から制限区域内での使用の承認を受けたコンテナドーリー、フォークリフト等の支援車両を用いて貨物取扱作業を行っている。

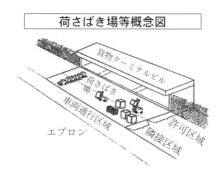
荷さばき場等概念図

第3章　用地補償の分類別指摘事例

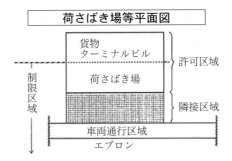

●検査結果
(1)　貨物取扱量が、年間10万tを超える6空港（許可区域643,051 m²、使用料54億3599万円）を調査したところ、航空会社は、許可区域と車両通行区域の間の区域（隣接区域）のうち19,940 m²を許可区域と一体として使用して貨物取扱作業を行っている。
(2)　隣接区域にコンテナやパレットを積み上げたり、貨物を積載したコンテナドーリー等を駐車したりして、荷さばき場として占用している。
(3)　この区域は、用地管理部門が使用許可していない場所であるが、必要に応じて用地管理部門において使用許可を行うなど空港用地の適切な管理を図るべきである。

●指摘内容
　この隣接区域について使用許可したとすれば、6年度において、1億8210万円の使用料が徴収できた。

●処置内容
　7年11月に通達を発し、用地管理部門と保安部門との連絡を密にして、空港用地の管理体制を整備することとした。
　指摘額　1億8210万円

▶ひと口コメント
　当たり前に見ていた日常の荷さばき風景の土地が実は占用されていたもので、慣れに疑問を持つことも必要である。

53 駐車場用地の使用料を改善

処置済事項 徴収不足 平成6年度
指摘箇所：駐車場

●用地貸付概要

(1) 日本国有鉄道清算事業団では、売却予定の土地で売却までに期間的な余裕があるものを、簡易駐車場用地として一時使用承認により貸付けている。

(2) 土地の使用料は、本社制定の「簡易駐車場事務取扱要領」に基づき、駐車場収入から駐車場の管理運営費を控除するなどしている。

(3) 使用料の徴収手続については、契約期間の当初又は中間の日までに概算で全額を徴収し、貸付先から各契約期間終了後に提出される簡易駐車場収入実績報告書により実績額を確定し、精算することになっている。

●検査結果

5支社が簡易駐車場用地として貸付けている13箇所の土地について調査したところ、2支社が貸付けている2箇所の土地の使用料が徴収不足になっていた。

(1) A駅前の駐車場

① A駅前の駐車場では、貸付先の、デパート等との駐車場利用契約に基づき、駐車サービス券（2時間、3時間、5時間）を持参した利用客に対して無料扱いとしている。その駐車料金は、駐車サービス券の利用時間に基づいて、デパート等から収受している。

② 利用客の実際の駐車時間が、駐車サービス券の利用時間よりも短い場合があるが、収入実績報告書では、実際の駐車時間に基づいて駐車料金を記載している。

③ したがって、収入実績報告書と実際との収入額の間に平成5年度1470万円、6年度1662万円、計3132万円の開差が生じている。

第3章　用地補償の分類別指摘事例

(2)　B駅前の駐車場

①　B駅前の駐車場では、貸付先のホテルとの駐車場利用契約に基づき、駐車券（1泊分）を持参した利用客に対して無料扱いとしている。その駐車料金はホテルから収受している。

②　収入実績報告書には、ホテルの利用客の駐車料金について、5年度は全額を計上せず、6年度はその一部しか計上していなかった。

③　したがって、収入実績報告書と実際との収入額の間に5年度1060万円、6年度798万円、計1858万円の開差が生じている。

●指摘内容

　実際の駐車場の収入額により、土地の使用料を計算すると、3370万円が徴収不足になっている。

●処置内容

　7年11月に、要領で駐車場収入の調査、確認を行えるように収入実績報告書の様式等を定めるなどした。

　指摘額　3370万円

▶ひと口コメント

　収入実績報告書と実際の収入額に開差を生じていることに疑問はなかったのであろうか。

54 漁港施設用地の利用及び管理の改善

処置要求事項 目的不達成 平成7年度
指摘箇所：漁港施設用地

● **事業概要**

(1) 水産庁が行う漁港の整備については、県等が事業主体となって、漁港の修築、改修を補助事業等により実施している。平成5年度までの漁港整備事業は、4兆9430億円となっている。

(2) 漁港管理者（漁港所在地の地方公共団体）は、漁港施設用地の利用計画を策定し、事業実施の事業主体は、計画の目的に沿って利用しなければならない。

(3) 漁港施設用地は、公の施設で占用許可を受ける者は、国、地方公共団体、漁港等に限られている。

● **検査結果**

(1) 漁港施設用地が長期間、計画に沿って利用されていなかったり、占有許可を受けられない者に占有されている185漁港の漁港施設用地32万m^2（国庫補助金11億0828万円）が見受けられた。

(2) 漁港管理者に無断でプレジャーボート等が係留されている事態が、18漁港で1,459隻見受けられた。

(3) これらの事態は、漁港法等の趣旨から適切でないばかりか、国費投入の漁港施設用地が利活用されておらず、補助の目的が達成されておらず、改善の要がある。

● **改善処置**

用地が適正に利活用され、事業効果が図られる要がある。
背景金額 11億0828万円（補助金）

▶ **ひと口コメント**

補助金の申請を行った時には、どのように説明したのか忘れないでほしい。

第3章　用地補償の分類別指摘事例

55 未利用国有地の活用の改善

処置済事項　未利用　平成9年度

指摘箇所：未利用等国有地

●国有財産概要

(1)　社会保険庁では、庁舎等を、また、被健康保険保養所、社会保険病院、年金会館等を設置している。そして、この施設や土地は、保険特別会計に属するものであり、国有財産として管理されている。

(2)　国有財産は、国の事務、事業又は職員の住居の用に供するなどの財産である行政財産と、行政財産以外の普通財産とに分類される。

　　保険特別会計に属するものなどは、各省各庁の長が、これを管理し、処分することとなっており、その所管に属する国有財産に関する事務の一部を、部長等の長に分掌させることができる。

(3)　保険特別会計の行政財産で、庁舎等及び保健福祉施設の移転・廃止等に伴い、当初目的の用途に使用しなくなった国有地については、利用を検討し、行政財産として利用計画がない場合は、用途廃止することとなっている。

●国有地活用

　厚生省では、普通財産で現に未利用となっている土地や行政財産で近く用途廃止が予定されているなどの土地（未利用等国有地）の管理処分については、適正な管理に努めるものとされている。

●検査結果

　検査したところ、庁及び25県等の部局長が平成9年度末で管理している国有地1,121口座、5,624,639㎡（国有財産台帳価格5283億0003万円）のうち、122口座、58,151㎡（国有財産台帳価格32億1212万円）については、未利用となっている事態が見受けられた。

　未利用国有地のほとんどが行政目的に使用されていない財産であるにもかかわらず、行政財産のままで用途廃止の申請の手続が執られていない。

139

未利用の期間	口座数	面積	国有財産台帳価格
		m²	円
20 年以上	10	16,336	7 億 4364 万
15 年〜19 年	13	4,419	4 億 3949 万
10 年〜14 年	22	11,447	8 億 3840 万
5 年〜 9 年	43	12,833	7 億 5002 万
1 年〜 4 年	34	13,116	4 億 4055 万

● 指摘内容

(1) 取得した土地が当初から利用目的の用途に供されておらず、更地のまま未利用となっている。

(2) 当初の利用目的の用途に供されなくなった土地について、利用方針の策定を行わないまま未利用となっている。

(3) 処分等の相手方として考えていた地方公共団体等には利用要望がないのに、処理計画の見直しなどを行わないまま未利用となっている。

(4) 部局において当初と同様の目的又は当初以外の目的の用途に利用を検討中であるとしているが、具体化されないまま未利用となっている。

これら未利用国有地については、早急に利用方針、処理計画を策定させるなどして、有効な利活用を促進する必要があると認められた。

● 改善処置

10 年 11 月に、通知を発し、有効な利活用を図ることとした。

背景金額　32 億 1212 万円

▶ ひと口コメント

行政財産の意味も分からずに管理していたのだろうか。

第3章　用地補償の分類別指摘事例

56 公益施設用地の処分を促進

処置済事項　未処分　平成 10 年度

指摘箇所：土地利用計画

●事業概要

(1)　住宅・都市整備公団では、都市地域において、集団住宅及び宅地の供給などを目的として、土地区画整理事業並びに住宅建設事業を実施している。

(2)　土地区画整理事業では、住宅用地のほか教育施設等のための用地（公益施設用地）を確保している。また、住宅建設事業では、公益施設を配置する場合、団地内にその用地を確保する。

●検査対象

土地区画整理事業については、公益施設用地 59 箇所、376,724 m²、支出済額 410 億 2184 万円を、住宅建設事業については、公益施設用地 26 箇所、146,467 m²、支出済額 60 億 4596 万円を検査した。

●検査結果

5支社において、公益施設用地として確保する必要がなくなっているものが、10地区・団地内の15箇所、90,856 m²、支出済額70億9280万円見受けられた。この用地は、小中学校等の用地として確保されたものであるが、児童数の減少により、又は計画施設を建設しなくても対応できたりしていた。この用地の平成10年度の経費は、利息1億1126万円、固定資産税等3117万円、計1億4245万円となっており、この経費は未処分のまま保有すれば今後も引き続き発生する。

●改善処置

公団は、11年10月に土地利用計画の見直しを図るよう通知を発し、これを受けて各支社等は地方公共団体との協議に入り、地方公共団体が利用の意思がないものについて用地の用途変更を行いその処分を図ることとした。

背景金額　70億9280万円

▶ひと口コメント

情勢分析等を常に行うなどして必要性の点検及び処分の判断を行ってほしい。

第3章　用地補償の分類別指摘事例

57 鉄道用地等の第三者占有について 改善意見

意見表示事項　処分促進　平成 12 年度

指摘箇所：第三者占有

● **占有地処理**

　西日本旅客鉄道株式会社では、昭和 62 年 4 月に、旧国鉄から鉄道事業用地等を承継しているが、この用地等の一部には、第三者が正規の手続を経ずに住居用敷地、材料置場、耕作地等として占有しているものがある。

　この第三者占有地については、旧国鉄では、事業上占有により支障がある土地は建物等の撤去及び土地の明渡し（撤去）を求め、支障はないが所有することが必要な土地は有償の貸付承認を行い、事業上不必要な土地は売却することとしていた。

　しかし、処理が進展しないことから、平成 12 年 3 月に通達を発し、事業上不必要な土地は撤去に加えて売却による処理を、資産価値の高いものから順次行う。ただし、従前同様、貸付けは、第三者占有地の処理としては行わないとしている。

● **検査結果**

(1)　第三者占有地の状況

　占有期間をみると、全件数の 95% が 10 年以上の長期にわたり、特に建物敷地として使用されているものは、38% が 20 年以上占有されていた。

占有形態	件数	占有面積	帳簿価額
	件	m²	円
住居・事務所店舗	467	11,477	1801 万
庭先・軒先	1,148	34,614	6725 万
材料置場	1,229	47,121	5 億 4147 万
耕作敷	3,899	254,992	4 億 4033 万
通路	285	21,148	3715 万
合計	7,028	369,355	11 億 0424 万

143

(2) 処理の状況

① 第三者占有地 7,028 件のうち、道路として使用されている箇所を除く 1,760 件（348,206 m²、帳簿価額 10 億 6708 万円）は占有者が特定されておらず、占有者が特定されている 4,983 件のうち、調整がつかず 10 年以上交渉が中断しているものが 67% に上っていた。

② 12 年度末の処理方針で、88% の 5,927 件については撤去としていたが、その方途を売却・賃貸借、使用賃借も検討する要がある。

●改善意見

(1) 占有地が今後の事業に必要か否かの判断についての具体的な基準及び処理計画の作成基準を策定すること。

(2) 見直しの結果、不必要な土地は売却を、事業上支障がある土地は撤去するとともに、使用賃借又は賃貸借の方途を検討し、法的措置を執る方策も検討すること。

背景金額　10 億 6708 万円

▶ひと口コメント

そもそも自分の土地であれば、このような状況を許していたであろうか。当事者意識がない。

第3章 用地補償の分類別指摘事例

58 史跡の保存及び活用について改善

処置済事項 利用不足 平成 13 年度
指摘箇所：史跡管理

●史跡指定

(1) 文化庁では、文化財保護法に基づき、文化財を保存し、活用を図り、国民の文化的向上及び世界文化の進歩を目的として諸施策を講じている。

　　そして、大臣は、貝塚等の遺跡で歴史上又は学術上価値の高いもののうち重要なものを史跡、名勝又は天然記念物に指定している。

(2) 史跡に指定されると、所有者は、史跡の管理及び復旧に当たるものとされ、その現状を変更し、保存に影響を及ぼす行為をしようとするときは、庁の許可を受けなければならない。

(3) 史跡の所有者は、史跡が貴重な国民的財産であることを自覚し、これを公共のために大切に保存しなければならないこととされており、当該史跡を保存するため、管理に必要な標識、境界標、囲さく等の施設（標識等）の設置、清掃、見回り、応急的復旧等を行うこととされている。

●史跡の土地の買取経費の補助

　　庁では、史跡保存を目的として史跡の土地の買取り（公有化）の事業を実施する地方公共団体に対し、経費の一部として史跡等購入費補助金（公有化に要する経費の 4/5）を交付している。

●検査結果

　　24 道府県の 285 事業主体において、昭和 32 年度から平成 13 年度末までに史跡等購入費補助金の交付を受けて土地の公有化を行った史跡 273 箇所、土地 13,606,027 m^2（補助対象事業費 1247 億 2829 万円、国庫補助金 961 億 5546 万円）を対象として検査した。

　　その結果、保存のための管理が適切に行われていなかったり、活用を図るための取組みが十分でなかったりしていた史跡が、14 道府県

土地等管理・処分

の34事業主体で34箇所682,297 m² (補助対象事業費116億3266万円、国庫補助金91億9603万円) 見受けられた。

(1) 保存のための管理が適切でないもの

① 公有化した土地において、無断で、金網製フェンスの設置工事を行ったり、遊具の移設工事を行ったりなどしていて、土地の地下にある遺構そのものをき損するおそれが生じていたもの　4箇所

② 公有化した土地について、清掃、見回り等を行っていないため、近隣住民により畑として使用されていたり、廃棄車両が不法に投棄されていたりなどしていたもの　18箇所

③ 標識等を全く設置していなかったり、公有化した土地の範囲を明確に示していなかったりなどしていて、史跡の保存が適切になされないおそれがあるもの　6箇所

(2) 公有化した土地について、史跡の活用を図るための取組みが十分でないもの　10箇所

●改善処置

14年10月に、教育委員会に対して通知を発して、史跡の管理、活用を行うことについて周知徹底を図るとともに、史跡の活用事例を示した資料を都道府県及び市町村に配布した。

背景金額　91億9603万円 (補助金)

▶ひと口コメント

そもそも史跡が国民的財産であるという認識が不足しているのと、文化庁等の関係機関の予算などを含めたバックアップ体制が十分なものかといった検討も必要である。

第3章　用地補償の分類別指摘事例

59 代替地用地の保有について改善

処置済事項　目的不達　平成 14 年度

指摘箇所：代替地

●代替地用地概要

　新東京国際空港公団は、空港用地の取得の際に用地所有者が金銭に代えて代替地の提供を要望する場合には、必要に応じ取得に係る空港用地の価格の範囲内で代替地を提供することとしている。このため、公団は、代替地用地を取得し、保有している。平成 5 年度以降の空港用地取得は計 23.67 ha であるが、この間代替地を提供した実績は 12.19 ha となっている。一方、公団は、この間に新たに代替地用地を取得しているため、代替地用地の保有面積は増加傾向にある。

●検査結果

　平成14年度末現在で公団が保有する代替地用地26.05 ha、財産原簿価格78億4881万円について検査したところ、次のとおりとなっていた。

(1)　代替地用地の保有期間

　代替地用地の保有期間についてみると、取得後15年以上の長期にわたり保有されているものの面積が全体の71.2%を占めていた。

(2)　代替地用地の状況等

　取得の経緯等の相違により分類すると、次表のとおりである。

面積	財産原簿価格	代替地用地の取得の経緯及び保有の目的
個別要望用地 13.70 ha	54億8250万 円	個々の用地所有者の要望に基づいて特定の土地を取得した上、用地所有者に提供
集団移転用地 12.35	23億6631万	あらかじめ空港周辺における適当な土地を取得し、一団の土地として造成した上、宅地・農地として整備し、用地所有者に代替地として提供

(3)　代替地用地の提供の可能性ないし保有の必要性

　①　個別要望用地

　個々の用地所有者の要望に基づいて特定の土地を取得した用地のうち、14年度末現在の用地交渉の経過を考慮すると今後代替地として提供する可能性のある土地を除く7.15 ha（財産原簿価格6億7943万円）は、次のような経緯等により保有されていたものである。

　a.　公団が取得した後、個別要望用地を要望した用地所有者が転居先を変更するなどし、その個別要望用地を必要としなくなったため、代替地として提供されることのないまま現在に至ったもの

　b.　用地所有者にその一部を代替地として提供した後の残地をそのまま保有しているもの

　②　集団移転用地

　集団移転用地12.35 ha（財産原簿価格23億6631万円）は、代替地として提供されないまま、取得から相当期間が経過していた

第3章　用地補償の分類別指摘事例

ものである。

　そして、これら 19.50 ha（財産原簿価格 30 億 4574 万円）については、現在までの用地取得交渉の経過等を考慮すれば、代替地としての具体的な提供の可能性は確認できなかった。

　したがって、公団においては、用地所有者の要望等を的確に把握し、用地交渉の進捗状況、今後の代替地の需要等に留意するとともに、代替地の保有に伴う固定資産税、維持管理費及び金利についても十分考慮しつつ、今後の代替地としての提供の可能性及び保有の必要性について速やかに検討する要があった。

●改善処置

　公団は、15 年 4 月、具体的な提供の可能性が確認できず、今後とも代替地として提供する見込みのないことが明らかな 2 地区の土地 5.92 ha については処分する方針を決定した。また、同年 10 月に代替地用地に関する事務処理要領を定め、代替地用地の保有と処分が適切なものとなるよう、処置を講じた。

　背景金額　30 億 4574 万円

▶ひと口コメント

　用地交渉の進捗に伴う未買収用地の減少と代替地用地の保有規模等の必要性について検討していなかったもので、現況についての定期的な点検・見直しが必要だった。

60 普通財産となった土地の管理が不適切

処置済事項　管理不適切　平成 18 年度
指摘箇所：土地管理

●国有財産概要

行政財産の用途を廃止した場合等は、財務大臣に引き継がなければならず、引き継ぐまでの普通財産などは、各省各庁が当該財産を管理することになる。

国土交通省が普通財産として管理等を行っている土地は、河川改修の実施に伴い河川区域の一部が廃止され普通財産となったもの又は宿舎用地の用途が廃止され普通財産となったものなどであり、①省が自ら直接管理を行っているものと、②都道府県が管理を行っているものとがある。

●検査結果

検査したところ、次のような事態が見受けられた。

(1)　所要の手続を経ることなく土地が使用されているもの（国の管理 1 件、府県管理 11 件）

12 件　総面積 29,183 m²、台帳価格の総額 5 億 4243 万円

これらの土地は、国有財産法等に基づく貸付けや譲与などの所要の手続を経ることなく、管理を行っている府県等に無断で市道等の道路敷や市の施設用地として使用されていたり、個人により車の保管場所として使用されていた（事例 1 参照）。

――〈事例 1〉――

A 府が管理している B 市所在の土地 69 m² は、昭和 45 年 3 月の廃川告示により河川区域が廃止され普通財産となったが、国有財産法による貸付け等の手続を経ないまま近隣の住民等によって私的に車の保管場所として使用されていた。

(2)　土地の実態が国有財産台帳に反映されていないもの（県管理 15 件）　15 件　総面積 41,953 m²、台帳価格の総額 9866 万円

これらの土地は、地方公共団体に譲与されるなどしていて、国有

150

第3章　用地補償の分類別指摘事例

財産ではなくなっているのに、国有財産台帳に登録され、毎年、財務大臣に対し、当該土地に係る現在額等の報告が行われていたり（事例2参照）、行政財産として管理すべきものが普通財産として管理されていた。

〈事例2〉

　C県が管理しているD市所在の土地は、昭和51年3月の廃川告示により河川区域が廃止され普通財産となり、国有財産台帳上の面積は900 m^{2}となっているが、当該土地の一部379 m^{2}は55年1月に引継不適当財産とされ、同年2月に、国有財産法に基づいてC県へ譲与されていたのに、それ以降も国有財産として国有財産台帳に登録されていた。

●改善処置

　省は、次のような処置を講じた。

(1)　所要の手続を経ることなく土地が使用されるなどしているものについては、関係法令等に基づいて速やかに所要の手続を執るなどの処置を講ずる。

(2)　土地の増減等の異動があった場合には、府県は局に対し速やかに報告等を行うよう周知徹底を図るとともに、土地の実態が国有財産台帳に反映されていないものについては、国有財産台帳の訂正等を行う。

(3)　法定受託事務を執り行う府県に対し、必要な資料及び報告を求め、土地の実態を適宜確認するよう指導するとともに、府県においても、土地の実態を十分に把握しておくよう求めた。

　なお、国有財産台帳の訂正等が必要な土地41,953 m^2（台帳価格の総額9866万円）のうち7,597 m^2（台帳価格の総額7823万円）については、平成19年3月に国有財産台帳の訂正が行われ、その結果は18年度の国有財産増減及び現在額報告書等に反映されている。

　背景金額　6億4110万円

▶ひと口コメント

　用地の無断占有については国、地方自治体とも有効な策がなく頭を悩ませている。法に基づき処置することが必要なのだが。

151

61 土地及び建物に係る貸付料の算定が不適切

処置済事項 徴収不足 平成18年度
指摘箇所：貸付料

●貸付け概要

　国立大学法人東京大学は、店舗、鉄塔等を設置する者と不動産賃貸借契約を締結し、所有する土地又は建物を有償で貸し付けている。大学は、平成16年12月に、不動産貸付取扱要領を定め、固定資産台帳価格を基に貸付料を算定することとした貸付料算定基準を整備し、16事業年度下期の貸付契約から適用している。

　算定基準によれば、土地に係る貸付料は、固定資産台帳価格に期待利回りを乗ずるなどして算定し、建物に係る貸付料は、建物及び建物附帯工作物の固定資産台帳価格に期待利回りを乗じた額に地代相当額を加えるなどして算定することとなっている。

　また、貸付契約を更新する場合の貸付料は、固定資産台帳価格を基に算定した額が、更新前の貸付料の1.05倍を超えるときは、更新前の貸付料の1.05倍の額を更新後の貸付料とし、逆に、0.95倍に満たないときは、0.95倍の額を更新後の貸付料とする措置（調整措置）を講ずることとしている。

　16事業年度下期以降は、継続貸付けも、法人化後の新たな貸付け（新規貸付け）と同様に、固定資産台帳価格を基に貸付料を算定することとなっているが、固定資産台帳価格が鑑定評価による時価評価額を基にしていることから、継続貸付けの16事業年度下期の契約に当たり、その貸付料が15年度の固有財産使用料と比べて急騰する場合があることが見込まれた。そこで、大学は、①継続貸付けの借主の資金計画を考慮する、②貸付料の急騰により店舗等が撤退した場合の学生や教職員に対する不便を避けるなどとして、15年度の固有財産使用料を更新前の貸付料として調整措置を講ずることとし、貸付料が急騰することを防止している（一時的な緩和措置）。

152

●検査結果

　16事業年度下期の貸付契約456件のうち、18事業年度まで貸付期間を延長したものが435件あり、このうち継続貸付けは349件で、さらにこのうち一時的な緩和措置を講じたものが145件あった。

　この145件のうち、46件は、主に鉄塔、地中管路等の設置のために電気事業者、ガス供給事業者等に土地を貸し付けたものであり、99件は、主に店舗等の設置を目的として建物を貸し付けたものであった。また、この145件のうちの64件については、固定資産台帳価格を基に算定した額が15年度の国有財産使用料を上回っている場合に一時的な緩和措置を講じたものであった。

　そして、64件の16事業年度下期の貸付料は1017万円であり、これらを新規貸付けとした場合に算定基準により算定した貸付料1931万円の52%となっていて、著しい差が生じていた。

　このように、継続貸付けについて一時的な緩和措置を講じていたが、このために、適切な貸付料が徴収されていないものがあり、継続貸付けと新規貸付けとの公平性が損なわれている事態は適切でなく、改善の必要があった。

●一時的な緩和措置を講じなかった場合の貸付料

　一時的な緩和措置を講じた継続貸付けについて、一時的な緩和措置を講じなかったとして各事業年度の貸付料を算定すると、貸付料の額が下回るものを含めて1億4467万円となり、2590万円を徴収することができた。

●改善処置

　大学は、継続貸付けに係る契約更新後の貸付料を、一時的な緩和措置を講じた額である18事業年度の貸付料に対して調整措置を講じずに固定資産台帳価格に基づいて算定した額とし、継続貸付けの貸付料を新規貸付けの貸付料と同一の取扱いとする処置を講じた。

　指摘額　2590万円

▶ひと口コメント

　東京大学ともなると全国に相当な資産を有している。今回、土地及び建物の貸付料のうち継続貸付けの貸付料について公平性の観点から検査し是正を求めた。

62 貸付用地を有償化へ向け協議を

処置要求事項　徴収不足　平成19年度

指摘箇所：無償貸付

●成田空港会社概要

　成田空港会社は、新東京国際空港公団の一切の権利及び義務を承継して、全額政府出資の特殊会社として設立された。

　会社は、空港周辺における航空機の騒音等により生ずる障害を防止するために取得した土地等を所有しており、これらの土地を国、地方公共団体等に貸し付けている。

　空港公団は、公共施設の用に供する財産等を、国、地方公共団体等が、当該施設の目的に従って管理しようとする場合には、無償で貸し付けることができる旨を規定していた。また、空港公団の騒音対策用地貸付規程等においては、騒音対策用地を地方公共団体等に対して貸し付ける場合で、その貸付けが当該用地について空港公団が負担する費用の軽減となる場合等には、無償で貸し付けることができる旨を規定していた。

　上記に対して、会社は、固定資産管理事務細則を定めて、固定資産の貸付けなどについては、適正な対価によることとする一方で、公団規程のような国、地方公共団体等に対して、無償で貸し付けることができる旨の規定は設けていない。ただし、騒音対策用地を地方公共団体等に貸し付ける場合は、騒音対策用地貸付要領等を定めて、無償で貸し付けることができるとする例外的な規定を設けている。

　また、会社は、騒音対策用地以外の用地であっても、空港警備等の必要性に基づき地方公共団体に貸し付けている土地等については、成田空港建設の歴史的経緯等の特殊事情及び空港の安全確保の点から、経営上の判断により、空港公団当時の場合と同様に無償で貸し付けることができるとしている。

第3章　用地補償の分類別指摘事例

●検査結果

　18件の貸付契約のうち16件（貸付土地面積計57,205.3 m²）は、空港公団が公団規程における公共施設の用に供する土地を当該施設の目的に従って管理しようとする場合に該当するとして、国の官署と無償の貸付契約を締結していたものを、会社が引き続き無償で貸し付けているものであった。また、残りの2件（貸付土地面積計108.0 m²）は、会社が、16事業年度以降に新規に国の官署と無償の貸付契約を締結しているものであった。

　しかし、管理事務細則によると、土地の貸付けは、適正な対価によるものとされていることから、貸付料を有償とすべきであった。18件の貸付契約について、土地の19事業年度の貸付料を、土地の不動産鑑定評価額を基にするなどして算定すると9966万円となる。

　このように、土地の貸付けについて、会社が、空港公団から承継した土地の貸付契約を継続するなどして無償で貸し付けていて、管理事務細則に適合したものとはなっていない事態は適切でなく、是正を図る要がある。

●改善要求

　会社は、株式上場による完全民営化の早期実現を目標として掲げており、貸付契約の有償化に向けて、借受者である国の官署と速やかに協議を行うなどして、貸付契約を管理事務細則に適合したものとするよう是正の処置を要求した。

　指摘額　9966万円

▶ひと口コメント

　公団時代はこうした用地を、国や地方公共団体に無償で貸し付けることができる根拠規定があったが、民営化後はこうした規定がなくなり、適正対価を徴することとなった。地方公共団体には例外規定があるものの国に対してはそれもないことから合規性の観点から本件を問題としたのだが、あまりに形式的過ぎないか。

63 宿舎、庁舎分室等が有効利用されていない

処置要求事項　利活用不足　平成 19 年度
指摘箇所：資産活用

●資産等概要

　造幣局は、独立行政法人への移行時に、国の造幣局特別会計で保有していたすべての資産 963 億 7532 万円を承継しており、このうち、建物が 203 億 8717 万円、土地が 459 億 5410 万円となっている。

　そして、平成 18 年 3 月 31 日現在では、これらのうち、宿舎、庁舎分室、集会所、分室（宿舎以外を「庁舎分室等」）の建物は 20 か所（延べ床面積 55,554 m²、帳簿価額 46 億 2607 万円）、これらに係る用地は 22 か所（敷地面積 85,897 m²、帳簿価額 129 億 2177 万円）となっている。

●検査結果

(1)　宿舎等の利用状況

①　局が保有する宿舎用地の法定容積率は 200% から 400% となっているが、宿舎の実際の容積率は 35.3% から 174.9% となっていて、高度利用など土地の有効な利用が十分に図られていなかった。これらの用地の中には、用途地域の変更により建築物の建設が困難になったりするなどして、宿舎用地として有効な利用が困難になっている土地や、宿舎を老朽化等のため用途廃止したことに伴い、更地にした後、宿舎用地と異なる用途に使用する予定の土地等が見受けられた。

　なお、宿舎用地が更地になるなどして売却されているものは 3 件（敷地面積 1,197 m²、帳簿価額 3 億 5461 万円、売却価額 5 億 4380 万円）あり、これらの土地の売却収入のうち、帳簿価額相当額については、局が資金として保有している。

②　役職員に貸与する宿舎の数は 20 年 3 月 1 日現在、31 棟、761 戸となっている。このうち、耐用年数 40 年を経過しているものは、8 棟 156 戸ある。そして、宿舎の利用状況をみると、15 年度

156

には入居率が78.9％であったが、19年度には設置戸数761戸に対して入居戸数は528戸（入居率69.3％）となっていて、入居率は低下傾向にある。入居率が50％を切っている宿舎は、4宿舎となっている。

(2) 庁舎分室等の利用状況

局は、庁舎分室の宿泊利用について、18年7月より、利用できる者の範囲、利用できる目的を制限したことから、利用者数が大幅に減少している。また、庁舎分室のほかに3か所の分室を保有しているが、これらはいわゆる保養所で、役職員等の福利厚生の一環として、宿泊、休憩等の用に供することを目的としているものであるが、利用者数が減少している。

●改善要求

資産の有効活用の趣旨から次のとおり改善の処置を要求した。

(1) 老朽化が進んでいたり、入居率が低くなっていたりしている宿舎の建物及びこれらに係る用地については、具体的な廃止・集約化計画を早急に作成すること

(2) 宿泊利用者数が大幅に減少しているなど利用状況が著しく低迷している庁舎分室等の建物及びこれらに係る用地については、具体的な廃止・処分計画を早急に作成すること

(3) (1)、(2)により保有の必要のなくなった用地等の資産、事業規模の縮小や整理合理化計画等の実現に伴い不要となる資産等については、既に資産を売却して得た資金と合わせて、確実に国庫への返納を行えるよう備えること

指摘額　12億4397万円　　背景金額　175億4784万円

▶ひと口コメント

独立行政法人の管理運営を巡って厳しい世論の目が注がれていることを踏まえての指摘といえよう。背景には、独法移行後、職員数が180名（14％）も減員となったこと、また、庁舎分室の宿泊は、これまで役職員の家族も含めて幅広く利用できたが、出張、研修でしか利用できなくなったことがある。3か所の分室はいわゆる保養所であるが、利用者数も年々減少してきているとして、廃止・処分を求めている。

64 農地使用料が長期滞納

処置要求事項 徴収遅延　平成 20 年度
指摘箇所：農地使用料

●管理概要

　農林水産省が自作農創設等のために買収、管理等を行っている土地の
うち事情があって小作人等に売り渡されていないものが、平成 20 年度
末現在で 43,802,717 m^2 ある。

　省は、国有農地等の管理を所在する都道府県知事に委託し、都道府県
知事は国有農地等の貸付事務を行っており、20 年度末現在の貸付面積
は 1,996,393 m^2 となっている。

　国有農地等の貸付けは、耕作等の事業のために貸し付ける農耕貸付け
とそれ以外の事業のために貸し付ける転用貸付けに区分して行うものと
されており、転用貸付けの場合借受人は、毎年 1 回使用料を支払うこと
や都道府県知事の同意を得ないで、借受けに係る土地及び物件の用途を
変更し、若しくは転貸し、又は使用する権利を譲渡してはならないこと
となっている。

　そして、省は 20 年度に 45 都道府県から 3 億 3774 万円の使用料を収
受している一方、収納未済歳入額も 22 都道府県で 1 億 9285 万円に上っ
ている。

第3章　用地補償の分類別指摘事例

●検査結果

(1)　7都道県のうち、20年度末現在で納入期限から1年以上使用料を納付していない長期滞納者は、東京都、北海道、茨城、栃木、千葉各県の27名で、滞納している使用料は1億7492万円、延滞金は1億5422万円、元本と延滞金を合計した滞納額は3億2915万円となっている。

そして、長期滞納者27名の滞納期間は、10年以上の者が15名、このうち15年以上の者が5名おり、また、滞納額を金額別にみると、1000万円以上の者は8名、その合計は2億8523万円で、滞納額全体の86.6%を占めている。しかし、5都道県の知事は、これらの事態に対して、貸付条件違反を理由とした国有財産貸付契約解除通知書による解除を実施していなかった。

(2)　長期滞納者27名のうち、東京都知事が貸し付けている①2名は貸付地の一部を無断で駐車場等に用途変更し、②5名は貸付地を無断で第三者に転貸し、③3名は貸付地に建設した建物を第三者に売却するなどしていて、これらの10名は貸付条件に違反して貸付地を使用しており、東京都知事はこれらの事態を把握しているのに、貸付条件違反を理由とした国有財産貸付契約解除通知書による解除を実施していなかった。

●改善要求

省は国有財産貸付契約解除通知書による解除を行う場合の基準、手続等を明確に定め、借受人が使用料を納付していない事態を解消するとともに借受人が貸付条件に違反して国有農地等を使用している場合は厳正に対処することなどの処置を求める。

指摘額　3億2915万円

▶ひと口コメント

農水省においても対応に苦慮していた事態ではないか。本件指摘を契機に毅然とした処置が執られれば良いが。

65 河川改修予定地の管理が不適切

処置要求事項・意見表示事項　管理不適切　平成20年度
指摘箇所：用地管理

●事業概要

　河川改修事業は、事業用地の取得が難航することや、近年の財政状況の変化等により事業期間が長期に及ぶとともに、事業用地取得時に予定されたとおりに工事着手が行えないことがある。

　また、国土交通省は、河川改修事業については長期間を要する場合が多いため、事業効果の発現状況が分かりにくいことなどから、事業の重点化により治水効果の早期発現を図る必要があるとして、平成18年度から、河川改修が必要な区間を、一定期間で事業効果が発現できる一連区間とそれ以外の区間（一連区間外）に区分して、一連区間の事業が完了するまでの間は原則として一連区間外の事業に着手しないこととしている。

●検査結果

　5年以上工事に未着手となっている事業用地のうち、直轄事業として3河川事務所が取得した96,542 m²（取得金額36億9823万円）及び補助事業として33府県市が取得した2,147,650 m²（取得金額799億1243万円、国庫補助金372億5507万円）の管理等の状況を検査したところ、次のような事態が見受けられた。

(1)　未着手用地の無断使用について

　　未着手用地が、旧地権者等により無断で田畑、車両や資材等の置き場所等として使用されていて、適切な管理が行われていない事態が、19県市において取得した113,392 m²（取得金額49億9906万円、国庫補助金23億3022万円）で見受けられた。これらの事態は、事業主体が無断使用等を把握していなかったり、現地の用地境界が不明確となっていたりしていて、その排除等に長期間を要するなど、工事着手の支障となるおそれがあるものとなっている。

160

そして、無断使用されている未着手用地の中には、一定期間内の工事着手等が予定されていることから、より適切な管理が求められる一連区間に存するものが、16県市が取得した57,902 m²（取得金額35億2943万円、国庫補助金17億2696万円）含まれていた。

(2) 未着手用地の活用について

未着手用地2,244,192 m²の一部には、事業主体が、地元市町村等からの要望により、使用許可等を与えて、広場、運動場等として使用させ、公共の目的等のために活用されているもの（5府県市において、11件、59,514 m²）が見受けられたが、大部分は、工事着手までの間の活用に対する認識、理解等が十分でなく、活用が図られていない事態が見受けられた。したがって、事業主体の認識、理解等の向上に資する基準等を設けることが必要と認められた。

そして、一連区間外に存する未着手用地については、多額の国費を投入した事業の効果が発現するまでに相当の期間を要することから、設けられた基準等に基づいて、将来実施する河川改修事業に支障のない範囲で、公共の目的等のために活用させ、適切な維持管理を行わせつつ活用を図るべきである。

以上のように、未着手用地の適切な管理が行われておらず、旧地権者等により無断使用されている事態及び工事着手まで有効に活用されていない事態は適切でない。

●改善要求並びに改善意見

省及び事業主体は、河川改修の実施という事業本来の目的が早期に達成されるよう引き続き努力する必要があるが、河川改修事業の工事に未着手となっているすべての事業用地に関して適切な管理及び工事着手までの間の活用が行われるよう、改善の処置並びに意見を表示する。

指摘額　23億3022万円　　背景金額　372億5507万円（補助金）

▶ひと口コメント

広大な河川用地の管理は難しい。改修工事が早期に実施されれば良いが予算の制約がある。

66 下水道用地の適切な管理を要求

処置要求事項・意見表示事項　交付過大　平成 21 年度
指摘箇所：未利用地

●事業概要

　都道府県、市町村等は、下水道事業を実施しており、国土交通省はこれらの下水道事業に多額の国庫補助金を交付している。

　事業主体は、下水道事業の実施に当たり下水道の全体計画を策定しているが、人口、汚水量等の予測値は、社会情勢の変化等によって全体計画と大きくかけ離れることがあるため、おおむね 5 年から 7 年の間に整備可能な区域及び施設の事業計画を策定して、国土交通大臣又は都道府県知事の認可を受けて事業を実施している。

　終末処理場等の用地の国庫補助対象となる範囲は、原則として下水の処理又は排水に直接必要な構造物面積の 4.5 倍以内（終末処理場用地の場合）又は 3 倍以内（ポンプ場用地の場合）の面積等とされている。

●検査結果

　24 都道府県管内の 2,276 終末処理場等の用地計 52,678,650 m² を検査したところ、次のような事態があった。

(1)　平成 21 年度末現在、下水道事業に利用されていない未利用地は、393 事業主体の 952 終末処理場等で計 17,014,926 m²（国庫補助金交付額計 3235 億 3304 万円）となっていた。

(2)　今後とも利用が見込まれなかったり、見込まれないこととなる可能性があったりしているなどの未利用地が次のとおりであった。

　①　全体計画の見直しによる施設規模の縮小等に伴い、全体計画上、下水道用地としての利用見込みがなくなっているもの（145 事業主体の 225 終末処理場等、計 2,457,880 m²）

　②　全体計画を適切に見直すこととすれば、施設の規模が縮小するなどして、下水道用地として利用が見込まれない用地が生じ、又は見込まれないこととなる可能性があるもの（406 事業主体の 615

162

終末処理場等、計 7,607,448 m^2）

　　そのうち、用地取得費の国庫補助対象の範囲の原則である下水の処理又は排水に直接必要な構造物面積の 4.5 倍又は 3 倍を超えて取得しているもの（68 事業主体の 149 終末処理場等、計 133,754 m^2、国庫補助金交付額計 13 億 5409 万円（ⅰ））

　　事業計画の認可を受けた用地面積を上回る面積を国庫補助対象として取得しているもの（54 事業主体の 87 終末処理場等、計 46,927 m^2、国庫補助金交付額計 5 億 4154 万円（ⅱ））

(3)①　承認を受けて目的外使用を行っているもののうち、下水道事業者以外の者に管理を行わせているが管理協定等を締結していないもの（48 事業主体の 80 終末処理場等、計 1,114,514 m^2）

　②　承認を受けずに目的外使用を行っているもの（37 事業主体の 46 終末処理場等、計 182,017 m^2、国庫補助金交付額計 21 億 0038 万円（ⅲ））、このうち、有償で貸し付けるなどしているが当該貸付料等のうち国庫補助金相当額の国庫納付を行っていないもの（2 事業主体の 4 終末処理場等、計 7,123 m^2、貸付料等に係る国庫補助金相当額計 1 億 3477 万円（ⅳ））

　　（ⅰ～ⅳには重複があり、重複分を除いた国庫補助金交付額等計は 40 億 7311 万円となる。）

● 改善意見及び改善要求

　　省は未利用となっている下水道用地について、下水道事業の必要性の見直しが適時適切に行われ、その活用が図られるよう、また、今後の下水道用地の取得が適時適切に行われるよう、さらに、財産処分に当たって適正な手続がとられるよう、意見を表示し並びに是正改善の処置を求めた。

　　指摘額　40 億 7311 万円　　背景金額　3235 億 3304 万円（補助金）

▶ ひと口コメント

　　下水道施設の用地取得はどこでも困難を極める。将来の処理人口増加を見込んで買えるときにできるだけ買っておきたいという自治体も少なくなかった。それにしても 4.5 倍や 3 倍を超えて取得していたり、承認を得ずに目的外に有償で貸し付けていたりするケースは補助金返還になった。

67 代替地用地の取得、管理が不適切

処置要求事項　管理不適切　平成 21 年度
指摘箇所：代替地の管理

●事態概要

　国土交通省は、道路整備事業の実施に伴う道路用地の取得に当たり、被補償者が金銭に代えて代替地の提供を要望する場合は必要に応じて代替地のあっせん及び提供に努めることとしている。また、代替地の要望が多く、個々の被補償者の要望に対する適宜のあっせん及び提供では代替地の確保が困難な場合等は、将来、代替地として提供するための土地をあらかじめ取得して保有し、これを提供することとしている。

　省は、平成 21 年度末現在で、あらかじめ取得した代替地用地を北海道開発局釧路開発建設部及び関東地方整備局首都国道事務所で保有している。

●検査結果

　釧路開発建設部及び首都国道事務所が 21 年度末現在保有する代替地用地計 35,054.1 m^2（国有財産台帳価格計 24 億 2461 万円）を検査したところ、次のような事態があった。

(1)　建設部は、7 年度から 12 年度までの間に、19,186.8 m^2 の代替地用地を取得している。そして、21 年度末現在で保有している代替地用地 10,622.2 m^2 のうち、1,148.9 m^2（国有財産台帳価格相当額 1318 万円）が、10 年以降、被補償者ではない第三者により業務用の倉庫の敷地等として長期間にわたり使用されているほか、近隣の漁業者等により資材置場等に使用されている代替地用地もあった。また、代替地として被補償者に提供した代替地用地のうち、計 5,763.1 m^2（国有財産台帳価格相当額計 8380 万円）を売買契約等を締結しないまま長期間にわたり使用させている状況となっていた。さらに、代替地用地の取得に当たり実施した意向調査の結果を代替地用地の取得面積に十分に反映させることなく代替地用地を取得していたこと

164

などから、計 4,860.0 m^2（国有財産台帳価格相当額計 6065 万円）は未提供のまま長期間保有している状況となっていて、今後も代替地として提供する見込みのないものとなっていた。

(2) 事務所は、昭和 55 年度から平成 10 年度までの間に、39,505.5 m^{2}の代替地用地を取得している。そして、21 年度末現在の代替地用地計 24,431.8 m^2（国有財産台帳価格計 22 億 8216 万円）は、今後、代替地として提供する具体的な可能性が確認できない状況となっていた。

なお、この代替地用地は、除草作業等を毎年度実施しており、20、21 両年度の除草費用として計 440 万円を要していた。

したがって、このまま推移すると、取得した代替地用地の多くが提供されないまま長期間にわたって遊休するだけでなく、今後も除草費用が発生するなどの事態が生ずるおそれがあると認められた。

● 改善要求

省は第三者等に使用されていたり、売買契約等を締結しないまま被補償者に使用させていたりしている代替地用地は、早急に被補償者等に売買契約等の締結を求めるなどの措置を執るよう是正の処置を要求するとともに、代替地用地の取得、管理及び処分が適切に行われるよう、改善の処置を要求した。

指摘額　9699 万円　　背景金額　23 億 4281 万円

▶ひと口コメント

用地の取得をスムーズに進めるためあらかじめ代替地を用意することが行われたが、代替地として提供されることなく長期保有となっているものも多くその管理が大きな負担になっている。

68 国立大学の保有している土地・建物の有効活用を要求

処置要求事項 資産未活用 平成21年度
指摘箇所：大学の土地・建物

●保有資産概要

　90国立大学法人は資産として土地(キャンパス、演習林等。平成21年3月31日現在の帳簿価額計4兆8926億円）及び建物（教育・研究施設等。同帳簿価額計2兆4152億円）を保有しており、その大宗は、16年4月に国立大学法人が教育研究等の業務を確実に実施するために必要なものとして国から承継したものである。

●検査結果

　90国立大学法人のうち31国立大学法人が保有している土地及び建物を検査したところ、22年10月までに検査を完了した東北大学、東京学芸大学、東京芸術大学、琉球大学の4国立大学法人で教育研究等の業務を確実に実施するために必要であるとして土地や建物を国から承継してから5年を超えているのに、具体的な処分計画又は利用計画を策定しないまま有効に利用していない土地があるなどの適切ではない事態があった。

(1)　国から承継して保有している土地を利用していないものが、4国立大学法人で計19件（敷地面積計346,859.0㎡、帳簿価額計100億5181万円）あった。

　　これらの事態を態様別にみると、①国から校舎用地等を承継して保有しているがこれらの用地を売却するなどして処分したり、施設等を整備して有効に活用したりすることなく、雑木林地等のまま保有しているもの、②国から承継した職員宿舎等を取り壊して更地としたがこれらの更地を売却するなどして処分したり、施設等を整備して有効に活用したりすることなく保有しているものとなっていた。

　　また、態様①の事態のうち1件は、利用していない職員宿舎用地

166

が第三者によって駐車スペースとして不法に使用されていた。

(2)　国から承継して保有している職員宿舎を20事業年度までの3か年度以上にわたり全く利用していないものが、1国立大学法人で計2件（（建物）延べ面積計103.0 m²、帳簿価額計265万円、（土地）敷地面積計1,451.0 m²、帳簿価額計5994万円）あった。また、国から承継して保有している宿泊施設の利用が低調なものが、3国立大学法人で計3件（（同）同1,609.8 m²、同6060万円、（同）同18,551.8 m²、同3億4367万円）あった。

●改善要求

　　東北大学、東京学芸大学、東京芸術大学、琉球大学の4国立大学法人は、これらの資産の有効活用を図るよう改善の処置を要求した。

　　指摘額　　国立大学法人東北大学（土地45億2029万円、建物689万円）、同東京学芸大学（土地23億7332万円）、同東京芸術大学（土地33億1297万円、建物3939万円）、同琉球大学（土地2億4883万円、建物1697万円）

▶ひと口コメント

　　21、22年度と国立大学を検査。21年度で未利用の土地や建物の価格が一番大きかったのは東北大学で約45億円になる。

69 麻薬探知犬の訓練施設が有効利用されていない

処置済事項　施設未活用　平成23年度
指摘箇所：土地借上げ

●訓練センター概要

　財務省A税関は、麻薬探知犬訓練センターで麻薬探知犬を育成し、各税関に配備している。センターの敷地内にある訓練場には、Bフィールド（面積5,689.0㎡）、Cフィールド（面積5,648.0㎡）及びDフィールド（面積1,892.0㎡）があり、平成8年度からは、E会社と賃貸借契約を締結して、センターの近隣の土地を第2訓練場（面積10,899.8㎡）として借り上げている。

　税関は、毎年度、育成が必要となる麻薬探知犬の春季及び秋季の頭数について財務省関税局から通知を受け、これに基づき、各季に麻薬探知候補犬となる犬を調達している。

　センターでは、これらの犬に環境に慣れさせるためのじゅん致訓練を行い、この期間内に資質審査に合格した麻薬探知候補犬に、毎季作成する育成訓練計画表に基づき育成訓練を約4か月間行い、最終評価に合格した犬を麻薬探知犬に認定している。

　麻薬探知犬については、6年6月、5年度末に45頭であった配備頭数を15年度末までに200頭とする方針が定められたが、その後、テロ対策の重要性が高まり、麻薬探知犬の導入に必要な職員の増員が困難になったことなどにより、15年度末の配備頭数は104頭にとどまっていた。そして、17年3月に、麻薬探知犬の配備頭数が見直され、140頭体制を目途として、その時々の各税関の取締需要等を踏まえつつ、着実な増配備を図ることとされた。

●検査結果

　センターの勤務日誌によると、23年度の第2訓練場の使用実績は計54日であり、同じ日時に使用されていなかったBフィールド、Cフィールド等を使用したり、訓練の日時を変更したりなどすれば、23

年度は第2訓練場を使用することなく必要な訓練を実施することができた。

　また、20年度から22年度までの間の各季のじゅん致訓練頭数は24頭から42頭まで、育成訓練頭数は18頭から25頭までであり、23年度のじゅん致訓練頭数（春季39頭、秋季32頭）及び育成訓練頭数（春季24頭、秋季18頭）とおおむね同程度となっていた。そして、その間のじゅん致訓練及び育成訓練の内容は23年度と同様であったため、20年度から22年度までの間についても第2訓練場を使用することなく必要な訓練を実施することができたことになる。

　更に、税関が23年度の勤務日誌等により訓練の実施方法を検討したところ、第2訓練場を使用しなくてもじゅん致訓練は50頭まで、育成訓練は30頭までそれぞれ対応できるとしていることから、当面、第2訓練場を使用しなくても、必要な訓練を実施できる。

　このように、税関が、借り上げる必要がない第2訓練場の土地を引き続き借り上げている事態は適切ではなく、改善の必要があった。

● **節減できた土地賃借料等**

　訓練の場所や日時を変更してセンターの施設を有効に利用することにより、第2訓練場の土地を借り上げないこととすれば、20年度から23年度までの間の第2訓練場の土地賃借料計1872万円及び草刈等の維持費用計213万円、合計2085万円が節減できた。

● **改善処置**

　税関は、24年4月から第2訓練場の土地を借り上げないこととするとともに、今後は、センターの訓練場等の施設を有効に利用することを図ることを十分検討した上で、使用する訓練場等の施設を記載した育成訓練計画表を作成して訓練を実施することとする処置を講じた。

　指摘額　2085万円

▶ **ひと口コメント**

　重要な訓練業務ではあるが、施設の有効利用など経済性についても十分配慮しなければならない。

169

70 利用が低調な土地について改善の処置

処置済事項 利用低調等 平成 23 年度
指摘箇所：長期間更地等

●土地等概要

(1) 日本銀行が保有する土地及びその処分

銀行は、資産として敷地面積計 635,565.3 m^2、帳簿価額計 828 億 7914 万円（平成 24 年 3 月 31 日現在。以下同じ。）の土地を保有しており、これらの土地は、その用途に応じて、本店、支店等の用に供する営業所用、従業員等を居住させるための家屋等（行舎）の用に供する行舎用等に区分されている。

銀行は、日本銀行法（平成 9 年法律第 89 号）第 5 条の規定により、その業務及び財産の公共性に鑑み、適正かつ効率的に業務を運営するよう努めなければならないとされている。また、不動産の売却等の処分については、同法第 15 条第 2 項第 11 号の規定により、銀行の最高意思決定機関である政策委員会の議決を経なければならないとされている。そして、不動産の取得、管理、処分等に係る事務は、「不動産事務規程、同取扱要項」（昭和 35 年管総第 75 号）において、文書局長の所管とされている。

なお、土地の処分により生じた売却益については、他の損益と合算されて各事業年度の損益計算が行われ、この結果剰余金が生じたときには、同法第 53 条第 5 項の規定により、剰余金の額から法定準備金として積み立てた金額と配当の金額との合計額を控除した残額を国庫に納付しなければならないとされている。

(2) 保有資産の見直しの状況

銀行は、11 年 1 月以降、遊休化した不動産を処分するなど保有資産の見直しを実施してきたが、その後の従業員数の減少等を背景に、行舎について更なる効率化を図るため、20 年度以降、必要戸数を勘案して集約するなど行舎の再配置を開始し、これにより遊休化することとなる行舎の敷地等の処分を進めることとした。そして、23 年 6

月には、本店文書局において「行舎再配置の点検と今後の方針（中間報告）」を作成して政策委員会に報告した上で、これに基づいて行舎の再配置の点検を進めることとしている。

この方針によると、支店行舎用の資産については、第1次点検として早急に見直しを行い、不要と判断された資産の売却を27年3月末までに完了することとされている。また、本店行舎用の資産については、今後、本支店の人員構成が変化して本店行舎の需要が増加する可能性があることから、将来の本店従業員の人員体制を見通すために必要な事務処理体制の在り方に係る方針が固まった段階で、第2次点検として見直しを図ることとされている。

●検査結果

(1) 検査の観点、着眼点、対象及び方法

検査院は、24年3月末現在で銀行が保有している土地計635,565.3 m² を対象として、経済性、効率性、有効性等の観点から、保有資産の見直しが適切に実施されているか、保有資産が有効に活用されているかなどに着眼して、本店において、資産台帳等の関係書類により検査するとともに、本店及び7支店^(注1) において、土地の利用状況等を確認するなどして会計実地検査を行った。

(2) 検査結果

検査したところ、次のような事態が見受けられた。

① 長期間更地となっている3件の行舎用地について

銀行が保有する本店行舎に係る土地の中には、従前は本店行舎の敷地として使用していたが、建物が老朽化したためこれを取り壊して、長期間にわたり敷地全てが更地となっている行舎用の土地3件が含まれており、これら3件の土地（敷地面積計6,528.1 m²。以下「3件の行舎用地」）の帳簿価額は計218万円、23年度の固定資産税評価額は計17億3633万円となっている^(注2)。

銀行は、3件の行舎用地を維持管理する費用として、毎年度、固定資産税、都市計画税、除草作業、樹木せん定及び巡回管理に要する費用（これらの費用を「維持管理費用」）を支払っており、23年度の実績は計1985万円となっている。

3件の行舎用地の状況

名称	敷地面積	取得年月	帳簿価額	平成23年度固定資産税評価額	平成23年度維持管理費用	行舎の最終取壊し年月
A舎宅跡地	m² 2,204.7	昭和29年4月	円 163万	円 6億8771万	円 781万	平成3年5月
B舎宅跡地	2,247.9	昭和28年5月	48万	6億9698万	796万	昭和52年9月
C舎宅跡地及びA舎宅跡地	2,075.4	昭和33年7月	6万	3億5162万	407万	昭和53年9月
計	6,528.1		218万	17億3633万	1985万	

(注)　敷地面積欄の数値は、小数点第2位以下を切り捨てているため、各項目を集計しても計の数値と一致しない。

　　3件の行舎用地は、本店行舎用の資産であることから第2次点検の対象とされており、第2次点検の際に、売却等の処分の可能性を含めた必要性の検討を行うこととされていた。

　　しかし、銀行は、第2次点検を行う契機としている事務処理体制の在り方に係る方針について、その方針が固まる時期は未定であり、早くとも28年度以降になると見込まれるとしていた。

　　そして、㋐3件の行舎用地は、更地となってから24年3月末までに短いものでも20年10か月が経過しているが、その間、具体的な利用計画は検討されていないこと、㋑本店行舎は、23年度末の入居率が84.2%と需給がひっ迫しているとはいえないこと、㋒3件の行舎用地は、維持管理費用が発生しており、今後もその発生が見込まれることなどに鑑みれば、3件の行舎用地の必要性の検討を第2次点検の実施時期まで先送りする合理的な理由はないと認められた。

　　したがって、長期間更地となっている3件の行舎用地について

は、第2次点検の対象とするのではなく速やかに必要性の検討を行い、その結果、保有する必要性が乏しいと判断された場合は処分の検討を行う必要があると認められた。

② 利用が低調となっている資材置場用地について

銀行は、本店の敷地に隣接した営業所用の土地（敷地面積617.1 m²、昭和13年4月取得）を保有しており、その帳簿価額は6万円、平成23年度の固定資産税評価額は4億9035万円となっている。

銀行は、本店の大規模な営繕工事等の際に必要となる資材置場、仮設事務所等の用地として、土地（資材置場用地）を利用していて、毎年度、資材置場用地に係る固定資産税及び都市計画税を支払っており、23年度の実績は計541万円となっている。そして、資材置場用地は、営業所用であることから、銀行が20年度以降行っている行舎再配置による見直しの対象には含まれていない。

しかし、資材置場用地は、直近の本店工事が終了した21年2月以降更地となっており、具体的な利用計画もない状況となっていた。

また、資材置場用地について、資材置場等として利用を開始した昭和41年10月から平成24年3月までの45年6か月の間における利用状況を検査したところ、資材置場用地を利用して実施された本店の営繕工事等は4件で、その工事期間は計16年11か月であり、45年6か月に対する割合は37.1%と、資材置場等としての利用は低調となっていた。

したがって、利用が低調となっている資材置場用地については、資材置場等として利用することの要否を検討するなど利用方法の見直しを行い、その結果、保有する必要性が乏しいと判断された場合は処分の検討を行う必要があると認められた。

①及び②のとおり、長期間更地となっている3件の行舎用地について速やかに必要性の検討を行っていなかったり、利用が低調となっている資材置場用地について利用方法の見直しを行っていなかったりする事態は適切とは認められず、改善の必要があると認められ

た。

(3)　発生原因

このような事態が生じていたのは、銀行において、保有する土地の中に、長期間更地となっていたり、利用が低調となっていたりしているものがあるのに、これらの土地の状況を踏まえて必要性の検討や利用方法の見直しを行うことの認識が十分でなかったことなどによると認められた。

(注1)　7支店：青森、秋田、前橋、横浜、静岡、神戸、高知各支店。
(注2)　3件の行舎用地の帳簿価額が平成23年度の固定資産税評価額に比べて著しく低くなっているのは、取得時の価額により資産計上されていることによる。(2)②の土地についても同じ。

●改善処置

銀行は、(2)①及び②の土地について、次のような処置を講じた。

ア　長期間更地となっている件の行舎用地については、必要性の検討を行った結果、保有する必要性が乏しいと判断して、24年6月に政策委員会において処分の決定を行い、これらを処分することとした。

イ　利用が低調となっている資材置場用地については、資材置場等として利用することの要否を検討するなどの利用方法の見直しを行った結果、保有する必要性が乏しいと判断して、同月に政策委員会において処分の決定を行い、これを処分することとした。

指摘額　22億2668万円

▶ひと口コメント

起動性や弾力性が見えない。早々の判断と実行をお願いしたい。

第3章　用地補償の分類別指摘事例

71 有効利用されていない土地の処分を要求

処置済事項　利活用不足　平成24年度
指摘箇所：土地利用

●保有資産概要

　国立青少年教育振興機構、国立印刷局及び日本原子力研究開発機構の3独立行政法人は、それぞれ、帳簿価額（平成25年3月31日現在）が、369億6292万円（国立青少年教育振興機構）、1678億9175万円（国立印刷局）、851億5127万円（日本原子力研究開発機構）の土地を保有していて、そのほとんどは、3独立行政法人が設立された際に、それぞれの業務を確実に実施するために必要な資産として、国等から承継した資産である。

　独立行政法人は、22年の独立行政法人通則法の改正により、中期目標期間の途中であっても、その保有する重要な財産が将来にわたり必要がなくなった場合には、当該財産（不要財産）を処分しなければならないこととされ、不要財産であって政府からの出資又は支出に係るものは、遅滞なく、これを国庫に納付することとされている。

●検査結果

(1)　国立青少年教育振興機構

　機構は、18年4月に、野外活動中継センター予定地968.62㎡（帳簿価額4872万円）を解散した独立行政法人国立青年の家から承継していたが、25年4月時点においてもこの土地は更地のままとなっていて有効に利用されておらず、具体的な処分計画又は利用計画は策定されていなかった。

(2)　国立印刷局

　局は、15年4月に敷地722.44㎡（帳簿価額1億4600万円）を国から承継していたが、21年度末において、現に利用しておらず、将来の利用計画を想定していないことなどから次年度以降に売却又は国庫納付を予定しているとして、帳簿価額を正味売却価額まで減

175

額する減損処理を行い、22 年度から 24 年度までの各年度末において
ても同様の理由から減損処理を行っていた。

　このように局は、21 年度末以降、この土地の処分の必要性を認
識していたにもかかわらず、25 年 2 月時点においても、具体的な
処分計画は策定されていなかった。

(3)　日本原子力研究開発機構

　機構は、17 年 10 月に、土地計 12,000 m^2（帳簿価額計 2 億 8232 万
円）を政府、民間企業等からの出資に見合う資産として、日本原子
力研究所及び核燃料サイクル開発機構から承継していたが、24 年
12 月時点においてもこれらの土地は更地のままとなっていて有効
に利用されておらず、具体的な処分計画又は利用計画は策定されて
いなかった。

●改善処置

　3 独立行政法人は、次の処置を講じた。

(1)　国立青少年教育振興機構は、25 年 6 月に、土地について、文部科
学大臣に対して、不要財産の国庫納付に係る認可申請書を提出した。

(2)　国立印刷局は、25 年 3 月に、土地について、第 3 期中期計画（25〜
29 年度）において適切な処分を行うこととした上で、具体的な処
分計画を策定して、同年 4 月から、測量等の国庫納付に向けた具体
的な手続を開始した。

(3)　日本原子力研究開発機構は、25 年 4 月及び 5 月に、土地につい
て、具体的な処分計画を策定して、測量等の国庫納付に向けた具体
的な手続を開始した。

　指摘額　国立青少年教育振興機構本部、国立江田島青少年交流の家
　　　　　4872 万円、国立印刷局本局 1 億 4600 万円、日本原子力研
　　　　　究開発機構本部、東海、大洗両研究開発センター 2 億
　　　　　8232 万円

▶ひと口コメント

　独立行政法人は、基本方針において、保有する幅広い資産を対象に、自主的
な見直しを不断に行って検証することが求められているが、各法人ともそうし
た体制が執られていなかった。

第3章　用地補償の分類別指摘事例

72 法制局分室の有効活用を図るよう意見表示

意見表示事項　未活用　平成30年度
指摘箇所：法制局分室等

●**国有財産の管理、処分等概要**

　国有財産法（昭和23年法律第73号。以下「法」）によれば、国有財産は、国の事務、事業又はその職員の住居の用に供し、又は供するものと決定したものなどである行政財産と、行政財産以外の一切の国有財産である普通財産とに分類されている。そして、法に規定されている管理及び処分の原則によれば、衆議院議長、参議院議長、内閣総理大臣、各省大臣、最高裁判所長官及び会計検査院長（各省各庁の長）は、その所管に属する国有財産について、良好な状態での維持及び保存、用途又は目的に応じた効率的な運用その他の適正な方法による管理及び処分を行わなければならないこととされている。また、各省各庁の長は、行政財産の用途を廃止した場合はこれを財務大臣に引き継がなければならないこととされ、各省各庁の長は、その所管に属する国有財産に関する事務の一部を、部局等の長に分掌させることができることとされている。

　衆議院は、国有財産の事務の一部について、議院事務局法（昭和22年法律第83号）に基づき院に附置されている同院事務局（事務局）に分掌させていて、院の行う業務の目的を遂行するために、その所管に属する同院庁舎、議員会館、公邸、議員宿舎、職員宿舎等の土地、建物等の国有財産を行政財産として管理させている（平成30年度末の国有財産台帳価格計6725億5084万円）。また、院が、行政財産の用途を廃止して財務大臣に引き継いだり、用途を変更したりするなどの場合には、国会法（昭和22年法律第79号）に基づき院に設置されている同院議院運営委員会（議院運営委員会）の協議を要することになっている。このため、事務局は、必要に応じて、議院運営委員会に対して、国有財産の管理等に関する事項について説明を行うなどしている。

177

●検査結果

(1) 検査の観点、着眼点、対象及び方法

　国有財産は、法に規定されている管理及び処分の原則によれば、良好な状態での維持及び保存、用途又は目的に応じた効率的な運用その他の適正な方法による管理及び処分が行われなければならないこととされている。そこで、検査院は、有効性等の観点から、法に規定されている原則を踏まえて国有財産が有効に活用されているか、国有財産が衆議院の業務の目的を遂行するための役割を果たしているかなどに着眼して、院が管理する行政財産を対象として、院において、国有財産台帳等の関係書類を検査するとともに、行政財産の現況を確認するなどして会計実地検査を行った。

(2) 検査結果

　検査したところ、次のような事態が見受けられた。

　院が管理する行政財産のうち、法制局分室（東京都渋谷区所在。30年度末現在の国有財産台帳価格9億4448万円）は、国会法に基づき院に附置されている同院法制局（法制局）の職員の会議、宿泊等に使用するとしている会議等施設である。その内訳は、土地（1,243㎡）、建物2棟、立木竹等となっており、これらの土地等は、院が昭和23年8月に購入するなどして取得したものである。

　この法制局分室の使用状況についてみたところ、院は、建物等の管理のために管理人の人件費や樹木のせん定等の費用として、平成25年度から30年度までの間に計1400万円を支払っていたものの、法制局は、24年8月に会議のため1日使用したのを最後に、法制局分室の建物が購入から70年以上経過し老朽化していて使用に適さないなどの理由から、24年9月以降、法制局分室を全く使用していない。そして、事務局は、法制局から法制局分室の使用状況について報告を受けていなかったことなどから、議院運営委員会に対して法制局分室の現状についての説明を行っていない。

　このように、法制局分室については、24年9月以降、全く使用されておらず、行政財産として院の業務の目的を遂行するための役割を果たしていないと認められた。

第3章　用地補償の分類別指摘事例

⑶　改善を必要とする事態

　　院において、24年9月以降、全く使用されていない法制局分室について、行政財産として院の業務の目的を遂行するための役割を果たしていない事態は、国有財産の有効活用の面から適切ではなく、改善の要があると認められた。

⑷　発生原因

　　このような事態が生じているのは、法制局及び事務局において、法制局分室について、法に規定されている原則を踏まえた有効活用を図らなければならないことについての理解が十分でないこと、事務局において、法制局分室の現状を把握しておらず、そのため議院運営委員会に対して説明を行っていないことなどによると認められた。

●意見表示

　　院が管理する法制局分室については、24年9月以降、全く使用されていない状況となっているが、国有財産は、用途又は目的に応じた効率的な運用その他の適正な方法による管理及び処分を行うことが求められている。

　　ついては、院において、事務局が法制局分室の現状を的確に把握するなどした上で、議院運営委員会に対して院が管理する法制局分室の現状についてより一層の説明を行うことなどにより、国有財産の有効活用が図られていくよう意見を表示した。

　　指摘額　9億4448万円

▶ひと口コメント

　　国権の最高の機関として自らの襟を正す必要がある。

73 不要な土地の処分及び活用について要求

処置要求事項　未利用、未処分　令和元年度
指摘箇所：未利用地

●保有資産等概要

(1)　研究所における保有資産等の概要

　　国立研究開発法人産業技術総合研究所は、平成13年4月に旧工業技術院の15研究所と計量教習所が統合されて設立された独立行政法人であり、東京、つくば両本部のほか、国内に11研究拠点[注1]を設置するなどして研究を実施している。

　　研究所は、実物資産として、土地（帳簿価額（令和元年度末現在。以下同じ。）計1086億8777万円）及び研究施設等の建物（帳簿価額計1148億4717万円）を保有しており、そのほとんどは、研究所が設立された際に、研究開発活動に必要な資産を国からの現物出資として承継したものである。また、研究所では、必要に応じて、承継した建物の敷地となっている土地を賃借している。

(2)　施設整備計画等の概要

　　研究所では、「第4期中長期計画」において、施設及び設備の効率的、効果的な維持・整備を行い、老朽化によって不要となった施設等について、計画的に閉鎖して解体することとしている。また、研究所の建物等の老朽化が進んでいる一方で、国から措置される予算は減少傾向にあり、限られた予算の中で効率的、効果的に施設の維持・整備及び老朽化対策を実施するために、研究施設等を集約化するなどして老朽化した研究施設等を計画的に閉鎖して解体し、総延べ床面積の縮減を図るとしている。

(3)　保有資産の見直しと不要財産の処分

　　独立行政法人は、独立行政法人通則法の規定により、その保有する重要な財産であって主務省令で定めるものが将来にわたり業務を確実に実施する上で必要がなくなったと認められる場合には、財産を処分しなければならないことなどとなっている。

180

第 3 章　用地補償の分類別指摘事例

　　そして、政府は、「独立行政法人の事務・事業の見直しの基本方針」
において、独立行政法人の保有する施設等について、保有する必要性
があるかなどについて厳しく検証して、不要と認められるものについ
ては速やかに国庫に納付することなどを掲げている。

　（注1）　11 研究拠点：北海道、東北、つくば、柏、臨海副都心、中部、関西、中
　　　　国、四国、九州各センター及び福島再生可能エネルギー研究所。

●検査結果

　　北海道、九州両センターにおいて、その土地及び建物を対象に検査
したところ、土地の利用状況について、次のような事態が見受けられ
た。

⑴　賃借している土地の一部が有効に利用されていない事態

　　九州センターに係る研究施設等は、研究所の前身である旧工業技
術院の九州工業技術試験所の施設等を研究所が国からの現物出資と
して承継したものであり、その敷地については、試験所が A 県か
ら賃借していた県有地を研究所が引き続き県と賃貸借契約を締結し
て賃借しており、元年度において、71,923.42 m^2 の土地を賃借して
いる。

　　そして、平成 27 年 1 月から 3 月までに研究施設等 3 棟の解体を
行うなどした結果、解体後の跡地等約 18,816 m^2 については、更地
のままとなっているなどしていて、有効に利用されておらず、ま
た、今後の新規の研究施設等の建設予定もないなどとしていて、賃
借している土地全体における位置関係、形状等を考慮しても、跡地
等を賃借しないこととすることが可能な状況となっていた。したが
って、研究施設等の解体後、27 年度当初に速やかに賃貸借契約を
見直していれば、27 年度から令和元年度までの間の賃借料計 1 億
1408 万円のうち、跡地等の面積に相当する賃借料計 2984 万円が節
減できたと認められた。

⑵　保有する土地の一部が有効に利用されていない事態

　　研究所は、その設立時に研究開発活動に必要な資産を国からの現
物出資として承継し、元年度末現在、北海道センターに係る敷地面
積 58,546.56 m^2 の土地（帳簿価額 17 億 8000 万円）及び研究施設

等16棟（建築面積$^{(注2)}$ 計10,337.71㎡）を保有している。土地のうち、約15,896㎡は、旧工業技術院において職員宿舎用地として使用されていたが、研究所に承継されて以降、平成14年12月までに宿舎は解体され、その跡地のうち約4,917㎡には研究施設等が建設されたことは一度もなく、更地のままとなっているなどしていて、有効に利用されていなかった。また、土地に通路を挟んで対向する土地約1,798㎡についても、28年12月に研究交流支援施設が解体されて以降、更地のままとなっているなどしていて、有効に利用されていなかった。

そして、これらの有効に利用されていなかった土地計約6,715㎡（帳簿価額計2億0415万円）については、具体的な処分計画又は利用計画が策定されていない。

このように、九州センターにおいて、Ａ県から賃借している土地の一部が有効に利用されていないのに賃貸借契約を見直さず、土地に係る賃借料を支払い続けている事態は適切ではなく、是正改善を図る要があると認められた。また、北海道センターにおいて、職員宿舎等を解体した跡地の一部が有効に利用されておらず、具体的な処分計画又は利用計画が策定されないまま保有されている事態は適切ではなく、改善を図る要があると認められた。

(注2)　建築面積：建築物の外壁等で囲まれた部分の水平投影面積。

●是正改善処置及び改善処置要求

研究所において、有効に利用されていない土地の処分又は利用が図られるよう、次のとおり是正改善の処置を求め及び改善の処置を要求した。

(1) 九州センターにおいてＡ県から賃借している土地について、敷地内の研究施設等に係る取壊し予定を踏まえ、約18,816㎡を含めた賃借しないこととする土地を確定するとともに、速やかに県と協議するなどして賃貸借契約の見直しに向けた計画を策定すること（会計検査院法第34条の規定により是正改善の処置を求めるもの）

(2) 北海道センターにおいて有効に利用されていない土地について、将来にわたり業務を確実に実施する上で必要がないと認められる場合には、国庫納付等の具体的な処分計画を策定し、必要があると認

第 3 章　用地補償の分類別指摘事例

められる場合には、施設整備等の具体的な利用計画を策定すること
（同法第 36 条の規定により改善の処置を要求するもの）

(3)　各地域センターにおける土地の利用状況を的確に把握して、有効
に利用されていない土地がある場合には、具体的な処分計画又は利
用計画を策定するなどの体制を整備すること（同法第 36 条の規定
により改善の処置を要求するもの）

指摘額　2 億 3399 万円

▶ひと口コメント

　保有財産については、定期的に保有理由や根拠を確認して処分等を進める必
要がある。

74 不要財産は国庫納付の手続を

処置済事項 未利用 令和元年度
指摘箇所：不要財産

●保有資産概要等

(1) 保有資産の概要

　独立行政法人海技教育機構は、独立行政法人海技教育機構法に基づき、船員となろうとする者等に対し、船舶の運航に関する学術及び技能を教授するなどの業務を行っている。

　機構は、平成13年4月に、国の有する権利及び義務を承継して独立行政法人海員学校として設立された。独立行政法人海員学校は、18年4月に、法人の名称を「独立行政法人海技教育機構」に変更するとともに、同月に解散した独立行政法人海技大学校の権利及び義務を承継し、28年4月には、同月に解散した独立行政法人航海訓練所（航海訓練所）の権利及び義務を承継している。そして、独立行政法人海技大学校及び航海訓練所は、いずれも国の有する権利及び義務を承継して設立された独立行政法人であり、それぞれ、機構への承継に際し、機構が承継する資産の価額から負債の金額を差し引いた額は、政府から機構に出資されたものとするとされている。

　機構は、土地（帳簿価額（令和2年3月31日現在。以下同じ。）計54億4401万円）及び建物（帳簿価額計30億6952万円）を保有しており、そのほとんどは、機構の業務を確実に実施するために必要な資産であるとして、国、解散した航海訓練所等から承継した政府出資に係る資産である。

(2) 保有資産の見直しと不要財産の処分

　独立行政法人は、平成22年の独立行政法人通則法の改正により、中期目標期間の途中であっても、業務の見直し、社会経済情勢の変化その他の事由により、その保有する重要な財産であって主務省令で定めるものが将来にわたり業務を確実に実施する上で必要がなくなったと認められる場合には、財産（不要財産）を処分しなければならない

第3章　用地補償の分類別指摘事例

こととなっているほか、不要財産であって、政府からの出資又は支出
（金銭の出資に該当するものを除く。）に係るものについては、遅滞な
く、主務大臣の認可を受けて、国庫に納付することとなっている。

　そして、政府は、「独立行政法人の事務・事業の見直しの基本方針」
において、各独立行政法人の保有する施設等について、保有する必要
性があるかなどについて厳しく検証して、不要と認められるものにつ
いては速やかに国庫に納付することや、各独立行政法人が、幅広い資
産を対象に、自主的な見直しを不断に行うことなどを掲げている。

●検査結果

　機構が保有する政府出資に係る土地及び建物を対象として検査した
ところ、機構は、28年4月に、航海訓練所から政府出資に係る資産
として、東京都中央区に所在する乗船事務室（土地516.25 m²、建物
延べ396.36 m²）を承継していた。この乗船事務室は、乗船実習にお
いて乗組員や実習生が港と沖合に停泊した練習船の間を同室の近隣に
係留した交通艇により往復する際の集合場所や、1階の一部分を交通
艇に係る消耗品等の倉庫として利用するなどのために保有してきたも
のである。しかし、港の整備が進み、練習船が岸壁に直接着岸できる
ようになってきたことなどから交通艇による往復の必要がなくなるな
どしたため、機構は、29年4月に、同年9月末をもって交通艇を用
途廃止することとする事務連絡を関係部署に発していた。

　そこで、乗船事務室の利用状況をみたところ、関係資料により確認
できた27年度以降では実習生等の集合場所としては利用されていな
かった。また、倉庫としての利用については保管している消耗品等が
少量であることから他の場所で代替可能であること、他の業務も含め
て新たに利用する見込みはないことなどから、乗船事務室は、有効に
利用されていない状況になっていると認められた。

　しかし、機構は、乗船事務室に係る土地及び建物（土地帳簿価額4
億5100万円、建物帳簿価額231万円、計4億5331万円）について、
国庫納付に向けた手続を行わないまま保有していた。

　このように、乗船事務室に係る土地及び建物が有効に利用されない
まま、機構が保有していた事態は適切ではなく、改善の必要があると

土地等管理・処分

185

認められた。

●改善処置

　機構は、乗船事務室に係る土地及び建物について、令和2年6月に国土交通大臣に対して不要財産の国庫納付に係る認可申請書を提出し、国庫納付することとなるよう処置を講じた。

　指摘額　4億5331万円

乗船事務室の全景

▶ひと口コメント

　施設の整備に伴う統廃合など、現状変更が伴う際には十分な注意が必要である。

第3章　用地補償の分類別指摘事例

75 用地の使用等ができず金利負担等が増大

特記事項　未利用　昭和50年度

指摘箇所：用地等

●用地等概要

　日本住宅公団が住宅等建設用地又は宅地造成用地として取得した土地のうち、昭和51事業年度以降に住宅建設等の事業に着手することとして保有している土地は、50事業年度末現在、住宅等建設用地として1474万 m^2（取得価額3355億7946万円）、宅地造成用地として2476万 m^2（取得価額1944億7160万円）である。

●検査結果

　これらの土地のうちには、長期間使用できないと見込まれるものが1586万 m^2（取得価額971億7976万円）ある。また、公団が住宅として建設した建物のうちには、住宅の用に供することができないまま保守管理されているものが50事業年度末において13団地9,870戸（建設費524億5587万円）ある。

●所　　見

　このような事態となっているのは、関連する公共施設の整備が遅延していることなどによると認められるが、今後も上記のような状態で推移すると建設工事費の金利負担や保守管理費が増大することになる。

　背景金額　971億7976万円（取得価額）

　　　　　　524億5587万円（建設費）

▶ひと口コメント

　住宅需要への対応と同時に交通網や生活環境施設などの整備も一体的に行う必要があったのではないか。

土地等管理・処分

187

76 法定外公共物の管理状況について

特記事項　管理不適切　昭和51年度
指摘箇所：法定外公共物

●法定外公共物概要

建設省所管国有財産のうち、道路法（昭和27年法律第180号）、河川法（昭和39年法律第167号）等の適用されないいわゆる法定外公共物は、古来より農耕用の道路、水路等として一般に広く利用されていたもので、明治7年の太政官布告第120号「改正地所名称区別」により官有地と定められたものである。そしてこの法定外公共物は地番もなく、土地登記簿にも登載されていないので、その所在は登記所に備えられている地図を調査しなければ判明しないものである。

その管理については、建設省所管国有財産取扱規則の規定により都道府県知事が処理することとされているが、管理費用について格別の措置も講ぜられていないこともあって責任の所在が明確でなく、市町村がその行政区域内のものを事実上管理している。そして、これら法定外公共物は、小規模なものであること、全国に散在していること、永い歴史的経緯があることなどからその所在確認及び境界確定等が著しく困難であって、その現状の正確な把握と処理には多大の人手とぼう大な経費を必要とすると認められた。

このような現状から、実際に管理に当たっている地方公共団体においても管理を徹底しようという意欲が乏しく、そのため形状が変更されたり、無断で使用されたりしているなどの事態があってもそのまま見過ごされることとなるおそれがあり、また、公共の用に供していない現状を把握したものについても、用途廃止のうえ普通財産として大蔵省に引き継ぐ事務処理が円滑を欠いているなど管理体制が整備されているとは認められない状況である。

第3章　用地補償の分類別指摘事例

●検査結果

　　法定外公共物は、小規模のしかも多くは里道、水路という不整形の土地であるので、一般には、財産価値の比較的高くないものが大部分であり、また、住民の通行等公共の用に供されている限りは受益者によって維持されている場合が多いのであるが、検査院において都市化の進展が著しい東京都ほか1府3県下の3区59市11町を選んでその一部（1,313件、約665千m²）について現況を調査したところ、里道で292件約139千m²、水路で448件237千m²、その他8件約8千m²、計748件約385千m²が無断で原状を変更されて使用されていた。

●所　　見

　　このような状況からみて、全国的に同種の事態が多数存在していることが推定されるが、更に、近年では都市化の進展に伴う住宅、工場の進出やゴルフ場等の造成によって、これら法定外公共物の原状が変更されることが見込まれ、相当の財産価値のあるものが特定の者に無断で使用されることになると認められた。

　　指摘額　　なし

▶ひと口コメント

　　長年、当たり前のような存在としておきながら適切な管理が行われてこなかったが、国の財産であり、しっかりと管理されなくてはならない。

77 協定を締結できず投下資金等の回収が皆無

特記事項 用地管理不適切　昭和56年度
指摘箇所：併設道路用地取得費用等

●併設道路用地概要

　日本鉄道建設公団では、上越新幹線建設用地取得の際、本線沿いの工事用道路用地のほか、沿線のA市ほか27市町村の要望により将来市町村が幅員4mの工事用道路用地と併せて道路幅を広くして利用するための併設道路用地を、工事用道路用地の外側に沿って昭和47年度から56年度までの間に取得しているが、その取得面積は合計約212,800 m²（幅員は主として2m、延長約100 km）、取得費用等は約55億3600万円となっている。

　これらの併設道路用地は、新幹線の建設工事に直接関係のある用地ではないから本来関係市町村が独自に取得すべきものであるが、市町村の財政事情や工事の円滑な進捗等を配慮して、取りあえず公団は、これらに要した費用は将来関係市町村が負担することを前提とするなどの覚書等を取り交わし、詳細については引き続き協議することとして買収したものである。そして、工事用道路用地については、新幹線開業以降は日本国有鉄道（国鉄）に対して、鉄道施設と一体のものとして貸付料の対象となるが、併設道路用地については、国鉄への貸付対象とならないので、関係市町村に有償譲渡されない限り、公団において保有せざるを得ないこととなる。

●検査結果

　国鉄においては、上越新幹線と同時施行の東北新幹線建設に伴い、関係市町村の要望によりこの種併設道路用地を取得している事例があり、費用の負担額、精算時期、物件の引渡し条件等の詳細な協定を当該市町村との間に締結していて、これに係る資金の回収は順調に行われているが、これに比べ、公団においては、用地の取得に当たって、このような具体的な協定を取り交わしていなかったため、長期間資金の回収は皆無の状況となっていたので、検査院において56年2月に、早急な解決を図る要がある旨の指摘をしたところ、公団では、同年10月に至り、ようやく譲渡価額は原則として財産原簿価額（取得価額、築造費及び利子等）とすることのほか、協定の締結は開業までを目途とすることなどの具体的な処理方針を定め、関係市町村に対し、当該併設道路用地についての概算の譲渡価額及び面積を示し、問題の解決を図ることとした。

　しかるに、その後も事態はほとんど進展をみせておらず、協定締結の目途とした上越新幹線の開業時点においても関係市町村は、有償譲渡に対して財政事情等の理由から協定の締結に応じていない状況であり、このため取得に要した投下資金約55億3600万円が長期間未回収のままとなっており、その建設利息も56年度末までに約16億6000万円（うち56年度分約3億3000万円）と多額に上っている状況である。このような事態となったのは、公団において、当初、工事の進捗を図るあまり関係市町村と有償譲渡に関する詳細な内容を規定した協定を締結することなく、取りあえず有償譲渡を前提とした覚書等を取り交わしたにとどまり、併設道路用地を取得した後においても、関係市町村との間に工事に伴う各種の設計協議のほか減渇水補償等の問題が絡んでいるものもあって、用地問題だけを切り離して単独で解決することが困難であったなどのため、交渉を強力に推し進めることができなかったことによるが、当初公団による併設道路用地の買取りを要望した関係市町村においてその後財政事情等の理由を繰り返して有償譲渡の協定を締結することについて応じていないことにもよると認められた。

●所　　見

　　今後このような事態のまま推移すると、上越新幹線の本体施設を国
鉄に貸し付けた後においても、併設道路用地をそのまま公団において
保有する変則的な管理を続けることとなるばかりでなく、投下資金が
未回収のまま放置され、更に今後も引き続き毎年多額の利息を負担し
なければならない事態が継続することになる。

　　背景金額　55億3600万円（投下資金）

　　　　　　　16億6000万円（建設利息）

▶ひと口コメント

　　工事の進捗を急いだのは分かるが、始めが肝腎である。

第3章　用地補償の分類別指摘事例

78 土地区画整理事業で整備された宅地が未利用

特記事項　未利用　昭和 57 年度

指摘箇所：未利用宅地

●事業概要

　建設省では、都市の健全な発展と秩序ある整備を図り、国土の均衡ある発展と公共の福祉に寄与することを目的として実施される都市計画事業の一環として、土地区画整理法（昭和 29 年法律第 119 号）の規定に基づき都市計画区域内の土地について土地区画整理事業を推進している。この土地区画整理事業は、施行地区について、道路、公園等公共施設の整備改善及び宅地の利用の増進を図るための土地の区画形質の変更及び公共施設の新設又は変更を行うもので、土地については、区画形質の変更に伴って施行地区内の土地所有者に原則として従前の所有面積より小さい面積（利用価値は増進している。）が従前地と照応して配置され（換地）、従前地面積と換地面積との開差分が事業の費用に充てるため売却される土地（保留地）と公共施設用地になるものであるが、国は、この土地区画整理事業を施行する地方公共団体又は土地区画整理組合等に対し、事業に要する費用の一部に充てるため、施行地区内の都市計画道路を用地買収方式によって整備することとして計算された額を限度として道路、公園等の工事費等について道路整備特別会計（揮発油税、石油ガス税等が財源とされている。）から補助しており、その額は、48 年度から 57 年度までの間に補助したものについてみると、住宅・都市整備公団及び地域振興整備公団に対する分を除いても、補助対象事業費は 1 兆 3068 億 4253 万円、これに対する国庫補助金交付額は 8698 億 6134 万円の多額に上っている。

　A ほか 23 都府県において、検査の際、48 年度以降 54 年度までの間に土地区画整理事業が完了し、又は事業の完了には至っていないが道路建設工事等の工事がすべて完了している 163 事業（土地区画整理事業費合計 2908 億 6572 万円、補助対象事業費は合計 1665 億 2355 万円、国庫補助金交付額は合計 1087 億 6574 万円）について、事業の施行に伴って

整備された宅地の利用状況を調査したところ、次のような状態となっていた。

●検査結果

　163事業の施行に伴って整備された宅地は合計5,418ha（うち保留地376ha）であるが、58年3月末現在で、(1)農耕地となっているものが1,020ha、(2)空地となっているものが421haあるなど1,662haが未利用宅地となっており、保留地のうちにも、その処分後空地のままとなっているなど未利用宅地となっているものが71haある状況であった。

　とりわけ、163事業のうち、未利用宅地が宅地面積の2分の1を超えているものがB県ほか15府県内で36事業（土地区画整理事業費合計452億9724万円、補助対象事業費は合計193億5410万円、国庫補助金交付額は合計121億9020万円）見受けられ、これらの事業の施行に伴って整備された宅地合計1,097ha（うち保留地96ha）についてみると、(1)農耕地となっているものが493ha、(2)空地となっているものが132haあるなど682ha（宅地面積の62.2%）が未利用宅地となっている状況であり、保留地のうちにも未利用宅地が26ha見受けられた。また、これら36事業は工事完了後3年経過のものが7事業、4年経過のものが9事業、5年経過のものが3事業、6年経過のものが8事業、7年経過のものが6事業、10年経過のものが3事業となっているが、整備済み宅地面積に対する未利用宅地の比率がいずれも60%前後となっていて、年月の経過による未利用宅地の減少傾向はあまり見られない状況である。そして、これらの未利用宅地について土地所有者の意向を調査したところ、①営農意思が強いもの196ha、②宅地を他に譲渡する意思がないもの157ha、③建物の建設時機を見計らっていて相当な期間を経過しているもの97ha、④土地の値上り等を待っていて相当な期間を経過しているもの64haなどとなっていた。

　土地区画整理事業について、省においては、土地の区画形質の変更及び公共施設の新設又は変更の完了によって事業の目的は達成しているとしており、また、本事業によって、道路、公園等の公共施設用地

第3章　用地補償の分類別指摘事例

の取得が円滑に行われる利点があるうえ、既成密集市街地で施行される場合には密集市街地の整正改良、市街化未熟成地域について施行される場合には将来における無秩序な開発の抑止という効用も大であることは過去における多数の施行例によって認められているところである。事業施行に伴って整備された宅地の利用については、一般の土地と同様に宅地所有者等の意向に左右されているものであるが、省においても、近年に至って、55年には、宅地需給の逼迫緩和のため土地区画整理事業の活用を図り、事業施行地区内の宅地の有効な利用の推進に努めるため、保留地又は保留地予定地の処分に当たっては、土地購入者に対し建築計画の提示を求めあるいは住宅を供給する公共的な機関に対して優先的に処分するなどの方策の推進を図り、57年には、土地区画整理事業施行地区内の土地所有者等に当面営農等の継続を希望する者が少なくないという現実に対応して、営農等の継続を希望する者の換地を地区内の一団地にまとめたり、大区画のものとしたりする（これらに係る換地の面積は地区面積のおおむね30％を超えないこととされている。）とともに、これらの営農希望土地に関しては公共施設等の工事を事業末期に行うこととする手法を採り入れた土地区画整理事業の施行を推進するなどの対策を講じている。

●所　　見

　土地区画整理事業そのものの目的は達せられたとしても、前段において記述したとおり、事業の施行に伴って整備された宅地のうちに未利用宅地が相当部分を占めており、しかも営農意思の強い者の所有する農耕地や宅地を放出する意思のない者の所有地が多い地区が少なからず存在している現況と、現下の宅地需給の状況とにかんがみ、事業施行後の宅地の利用についてなお種々の方策により一層の促進が図られることが望まれる。

　背景金額　121億9020万円（補助金）

▶ひと口コメント

　投下した予算の目的を忘れず、利用の促進に努力してほしい。

195

79 都市施設用地の取得費用を回収できず

特記事項 費用未回収 昭和59年度
指摘箇所：都市施設用地

●**都市施設用地概要**

　日本国有鉄道では、東北新幹線建設用地取得の際、新幹線及び埼京線の本線用地並びに工事用道路用地（本線用地等）のほか、A市並びにB、C及びDの3市（以下「県南3市」、A市を合わせ「関係4市」）の要望により、都市施設用地を本線沿いの工事用道路用地の外側に沿って取得していて、昭和59年度末におけるその取得面積及び取得費用は、A市内では約27,400 m²約22億2300万円、また、県南3市内では約247,500 m²約532億2200万円、計約275,000 m²約554億4600万円となっている。

　これらの都市施設用地を取得するに至った経緯についてみると、

(1)　A市においては、46年10月に国鉄がA市内の新幹線建設について高架構造方式とする建設計画を発表したところ、新幹線通過に伴う騒音等の公害発生及び地域分断を理由とする地元住民の反対運動が起こり、国鉄は、A市及び地元住民と協議を重ねた結果、50年12月、A市から、新幹線に沿って将来都市施設の設定を計画しているので、工事用道路用地の外側に幅16 mの用地を国鉄が本線用地等と併せて取得されたい、また、その取得に要する費用負担については別途協議とされたいとの要望があったこと、

(2)　県南3市においては、当初の新幹線建設計画のE県南部ルートが地下構造方式から、48年3月に高架構造方式に変更される案が提示されたのを受けて、公害発生等を理由とする地元住民の強い反対運動が起こり、国鉄は、県南3市及び地元住民と協議を重ねた結果、55年9月、E県及び県南3市から、新幹線及び埼京線に沿って将来、道路、公園等の都市施設の設定を計画しているので、工事用道路用地の外側に幅20 mの用地を国鉄が本線用地等と併せて取得されたい、また、その取得に要する費用負担については別途協議されたいとの要望

第3章 用地補償の分類別指摘事例

があったことによるものである。この要望に対して、国鉄は、新幹線建設に伴う協議を重ねてきた経緯及び建設工事の円滑な進捗等を配慮して、A市については50年12月、県南3市については56年3月、それぞれ本線用地等と同時に都市施設用地を取得することを了承し、その取得に要する費用負担については、将来、関係4市と有償譲渡の協議を行うこととして、国鉄の費用で先行取得することとしたものである。

●検査結果

国鉄では、都市施設用地の費用負担についての協議を関係4市に申し入れてきたが、A市については、58年3月、市の将来計画を勘案し、都市施設用地の取扱いについて協議したいとの回答があっただけで、具体的な進展はない状況である。また、県南3市については、協議が進展しなかったため、57年3月にE県を通じて協議した結果、58年1月に県から、従来の交渉要望等の経緯を踏まえ、県南3市と協議を進められたいとの通知があったので、58年1月から59年5月にかけて、県南3市に対し、都市施設用地は有償で譲渡することとして、その取得に要した費用の負担については協議のうえ別途処理したいとの通知をしたところ、59年6月から12月にかけて、県南3市から、都市施設用地の取扱いについて引き続き協議したい旨の回答があっただけで、具体的な進展が全くみられない状況である。

国鉄は、その後、埼京線が60年9月に開業の予定となったことから、同年7月に県南3市内8駅の暫定駅前広場の整備に係る都市施設用地の一部約8,200㎡（都市施設用地全体の3%に相当）について、全体から切り離して有償譲渡することとする協定を締結（価格は61年3月までに決定することとなっている。）しているものの、大部分の都市施設用地約266,800㎡については、その後においても何ら実質的な協議を行うことができない状況のままとなっている。

このような事態となったのは、国鉄において、新幹線上野開業を目途にした建設工事の進捗状況から用地の取得が工事工程上の急務であったため、費用負担については別途協議とするとの関係4市の要望を受け入れ、費用負担についての明確な取決めをしないまま、都市施設

197

用地を先行取得することとし、その後も、関係4市との間に工事施行に伴う各種の設計協議等の問題が絡んでいることもあって、この用地問題について強く交渉を進めることができなかったこと、及び国鉄が有償譲渡についての協議に応ずるよう再三にわたって申し入れてきたにもかかわらず、関係4市がこれに応じなかったことによると認められた。

●所　　見

　上記のような状況がこのまま推移すると、取得した都市施設用地が長期間にわたり利用されないばかりでなく、投下資金約554億4600万円が未回収の状態が継続することとなり、しかも、その建設利息も約122億1400万円（うち59年度分約41億6700万円）と多額に上っていることに加えて、更に今後も引き続き毎年負担することになる。

　背景金額　554億4600万円（投下資金）
　　　　　　122億1400万円（建設利息）

▶ひと口コメント

　一連の新幹線建設に伴う用地の問題であり、工事の進捗を急いでの地元との調整の先送りが、禍根となった。

第 3 章　用地補償の分類別指摘事例

80 必要の範囲を超えて事業用地を買収

不当事項　買収過大　昭和 51 年度
指摘箇所：全戸買収

●買収概要

　阪神高速道路公団では、高速大阪西宮線（高速道路）の建設に際し、国道 43 号の一部約 950 m 区間を拡幅する必要が生じ、これに伴い新甲子園マンションの土地 3,275 m² のうち 3,026 m² 及び建物 3 棟 115 戸のうち 102 戸を買収（昭和 51 年 5 月〜52 年 7 月）し、居住者に対する移転補償等を合わせ総額 19 億 8290 万円（51 年 5 月〜52 年 9 月）を支払っている。

●検査結果

　公団における買収の経緯についてみると、道路拡幅により必要な事業用地の範囲が国道 43 号の歩道（幅員 4 m）に充当するための幅約 2.5 m、延長約 60 m の土地 156 m²（マンション敷地面積の 5% 程度）であり、その土地の上にあって支障となるのはマンションの東棟（7 階建て 42 戸）のうち国道沿いの各階 1 戸計 7 戸分（建物全戸数の 6% 程度）であることから、当初、この部分の土地及び建物部分だけを買収することとした。そして、東棟以外の他の 2 棟は道路境界から約 10 m 以上離れた位置にあって、事業用地の範囲外にあること、また、マンションが独立する各戸の集合住宅であることなどから、東棟のうち 7 戸だけを切り取った後に外壁を設置するなどすれば構造上建物に欠陥が生じないと判断し、昭和 47 年 10 月以降この方針で相手方と数次にわたり交渉を行った。しかし、マンションの土地と建物の一部とが区分所有者の共有関係にあり、買収について区分所有者全員の同意が得られなかったため、結局、48 年 10 月、全戸買収の意向を相手方に示し、一部の残留者を除き、買取り及び立退き補償契約を、また、残留者については道路敷となる土地の共有持分相当額の補償等の契約を前記価格で締結している。

物件

199

しかし、マンションは高速道路建設に直接支障となるものではなく、歩道の一部にかかるに過ぎないものであり、しかも、全戸買収に応じた48年10月当時の高速道路建設の進捗率は50％にも満たない状況で完成までに相当の期間が予想されていたことからみて、買収処理を急ぐあまり、安易に全戸買収の方針に変更し、結局、必要の範囲を著しく超えた広大な土地、建物を買収することとなったのは、処置当を得ないと認められた。

　なお、マンションは所有者が全戸買収を要求していたものの、一部は残留を希望してそのまま居住しており、公団が取得した建物のうち東棟については当初の方針どおり支障部分を切り取り外壁を設置し、東棟の残余及び他の2棟は売り払うこととしている。一方、高速道路の建設は当初の計画を大幅に遅延しその完成は55年以降になることが見込まれている状況であった。

　指摘額　19億8290万円

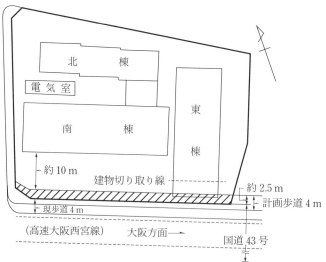

新甲子園マンション建物配置の概略図

▶ひと口コメント
　直接支障とならないものは原則として対象にならない。交渉では辛いところであろうが、頑張ってほしい。

第3章　用地補償の分類別指摘事例

81 用地買収の借入金の利子の計算を誤った

不当事項　精算過大　昭和53年度

指摘箇所：支払利子

●事業概要

　この事業は、埼玉県Ａ市が財団法人Ａ市土地開発公社から学校用地14,532㎡を昭和52年3月に買収したもので、これに対して51、52、53年度の3年間に分けて補助金を交付している。

●検査結果

　この事業費のうちには買収資金に充てた借入金の利子支払額として9834万円を含めているが、その計算を誤ったため334万円過大となっており、これを除外して事業費を再計算すると9億0970万円となる。

　指摘額　62万円（補助金）

物件

▶ひと口コメント

　補助金の審査はやっていたのであろうか。

201

82 解体撤去が不履行なのに補償費を支払うなど

不当事項　過大支払及び積算過大　昭和58年度
指摘箇所：物件移転補償費

●事業概要

　この事業は、A港改修事業の一環として昭和57年度に、別途国庫補助事業で実施した物揚場及び泊地の建設工事の支障となる艇庫2棟等の移転補償を実施したもので、B県では、58年3月、物件の所有者がそのすべてを解体撤去したとして補償費の支払を請求したのに対し、その全額4363万円（国庫補助金2181万円）を支払っていた。

第3章　用地補償の分類別指摘事例

●検査結果

　艇庫2棟の鉄筋コンクリート183.8 m^3 のうち40.4 m^3 及び無筋コンクリート61.4 m^3 のうち33.2 m^3 計73.6 m^3（補償費相当額188万円、これに対する国庫補助金相当額94万円）については、物件の所有者が57年12月の解体撤去履行期限経過後もこれを行わないまま放置していたのに、県では、その確認が十分でなかったなどのため、58年2月に物揚場等の建設工事に含めて解体撤去したものであるから、不履行分に係る補償費は支払う要がなかったものである。

　また、履行された分に係る補償費4174万円の積算についてみると、艇庫2棟の解体費については、鉄筋コンクリート及び無筋コンクリートのいずれも人力により解体することとし、その解体費をそれぞれ1 m^3 当たり18,030円、15,700円と算定していた。しかし、現地は広い敷地内で周辺の建物から相当離れており、作業し易い現場条件となっていて効率の良い大型のコンクリートブレーカー等の機械による施工が十分可能であると認められ、これによれば解体費はそれぞれ1 m^3 当たり11,994円、5,752円となり、機械施工により新たに必要となる機械運搬費を考慮しても、総額4045万円となり、補償費はこれに比べて128万円（国庫補助金相当額64万円）が過大になっていると認められた。

　指摘額　64万円（補助金）

物件

▶ひと口コメント

履行の確認も積算についても、現場の把握が甘い。

203

83 家屋等の移転方法が適切でない

不当事項 補償過大　平成2年度
指摘箇所：移転費用算定図

●事業概要

　A市は、土地区画整理事業（昭和53年度〜平成7年度）の一環として、B所有の家屋1棟、車庫1棟、倉庫2棟の移転に要する費用として、平成2年度に3824万円（国庫補助金1912万円）をBに補償費として支払っている。

●積　算

(1) 移転補償費の算定は、土地区画整理法による仮換地の指定図に基づくものとして、図1の移転費用算定図を作成している。

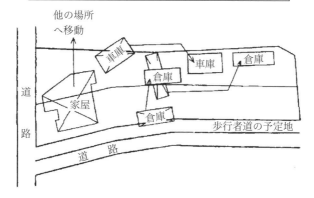

図1　市が当初作成していた移転費用算定図

　この土地は、仮換地の指定後、図のとおり宅地と畑地が上下に区分することにしている。

(2) 家屋等の移転方法

①　家　屋

　　宅地と畑地の境界上に所在するため、他の場所に移動する。

②　車　庫

　　他の所有者の宅地に所在するため、宅地内に曳家移転する。

③ 倉　庫

　　宅地と畑地の境界上や新設の歩行者道に所在するため、2棟とも宅地内に曳家移転する。

●検査結果
(1) この事業では、昭和57年7月に仮換地の指定を行った際、仮換地の図2の指定図を作成している。

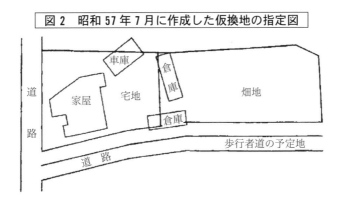

(2) この図によれば、当初作成の移転費算定図と異なり、宅地と畑地が左右に区分されているので、適切な移転費用算定図を作成すると、図3のとおりとなる。

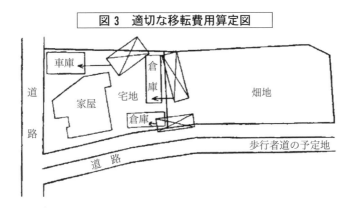

(3) 家屋の移転方法

① 家　屋

宅地内に所在するため、移築する必要はない。

② 車庫、倉庫

宅地内に曳家移転する。しかも、移転距離が短い。

●発生原因

移転費用算定図が当初と指定後で異なっていることの把握が不十分。

●指摘内容

「検査結果」により、移転費用を算定すると、車庫、倉庫分の曳家移転費用1622万円を補償すれば足りることとなる。

この結果、事業費2201万円が過大になっており、国庫補助金相当額1100万円が不当と認められた。

指摘額　1100万円（補助金）

▶ひと口コメント

仮換地の指定図が当初と全く違うが、このことをどうして把握できなかったのであろうか。

第 3 章　用地補償の分類別指摘事例

84 道路用の用地内の物件が 移転していない

不当事項　目的不達成　平成 6 年度

指摘箇所：墓石

●事業概要

　A 市では、道路用地に使用するため、平成元年度に土地（墓地）1,136 ㎡ を 2 億 6592 万円で買収する事業に対し、国庫補助金 1 億 3296 万円の交付を受けている。

●物件移転

(1)　土地所有権は契約締結時に市に移転し、買収費は、所有権移転登記完了時に前払金として契約額の 7 割を、買収用地内に存在する墓石等の物件の移転完了時に残りの 3 割を支払うことになっている。

(2)　2 年 3 月に所有権移転登記を完了したので、同年 4 月に前払金 1 億 8615 万円を支払い、また、物件の移転も年度内に完了したとして、同年 5 月に残金 7977 万円を支払っている。

●検査結果

　実際は、一部の墓石が隣接地に仮移転されたのみで、大部分の墓石は移転されていなかった。そして、仮移転後の跡地の一部には新たに墓石が建立されていて、買収用地内に現存する物件の具体的な移転計画も立っていない状況であった。

●指摘内容

　買収用地は、いまだに道路用地として使用されていないうえ、今後の具体的な目途も立っていないことから、補助事業の目的を達しておらず、国庫補助金 1 億 3296 万円が不当と認められた。

　指摘額　1 億 3296 万円（補助金）

▶ひと口コメント

　墓石であることに気が引けたのかもしれないが、本件の事態こそ罰当たりである。

85 補償費のうちの消費税分が過大

不当事項 支払過大 平成 14 年度
指摘箇所：消費税

●**事業概要**

　A 県は、自転車歩行者道を整備するため、農協所有の鉄筋コンクリート造平屋建の倉庫（床面積 333.59 m²）等の移転に要する物件移転料として、平成 13 年度に 6693 万円（国庫補助金 3346 万円）を農協に補償した。

　この物件移転料は、①建物の移転費用を消費税抜きで 6374 万円と算出し、②算出額から印紙税額を除いた消費税対象額を 6365 万円と算出し、③建物の移転に当たり農協負担の消費税相当額を、②の額に 5/100 を乗じた 318 万円と算出した。

第3章　用地補償の分類別指摘事例

●検査結果

　農協は、消費税法上の事業者に該当し、消費税の確定申告書によれば、課税売上割合が95％未満で、仕入控除税額の計算方法として個別対応方式を選択していた。この方式によれば、事業者は、課税売上高に対応する課税仕入れに係る消費税額の全額を仕入税額控除することができる。

　倉庫は生産物の保管等農協の事業を行うためのものであり、建物等の移転に当たり農協が負担する消費税相当額は、消費税納付税額の計算上、課税仕入れに係る消費税額としてその全額を仕入税額控除することができる。

　したがって、農協は建物等の移転に係る消費税を実質的に負担しないこととなるので、補償金の算定に当たり消費税相当額を加算していたのは適切でなく、適正な物件移転料は6374万円で、消費税相当額318万円が過大となり、国庫補助金159万円が不当と認められた。

　指摘額　159万円（補助金）

▶ひと口コメント

　補償における消費税の取扱いについては、補償対象者が消費税法上の事業者に該当しないか、該当する場合、仕入税額控除することができないかに注意しなければならない。

物件

209

86 補償金に消費税分を加算したのは不適切

不当事項　支払過大　平成 17 年度
指摘箇所：消費税

●事業概要

　A県は、道路改築事業の一環として、道路を拡幅するため、鉄筋コンクリート造３階建ての事務所（延べ床面積 442.9 ㎡）等の移転に要する物件移転料として、１億 1230 万円を、物件の所有者である合資会社に補償した。この補償金額は、物件移転料１億 0703 万円に、これに係る消費税額 527 万円を加算して算定されている。

　国庫補助事業の施行に伴う損失の補償においては、消費税を次のように取り扱うこととされている。

(1)　土地等の権利者等が補償金により代替施設を建設することなどを前提に算定している補償金については、建設業者等に支払うこととなる消費税を考慮して補償金を算定する。

(2)　土地等の権利者等が消費税法上の事業者である場合においては、補償金により建設業者等から資産の譲渡等を受け、消費税を負担しても、当該事業者の消費税納付税額の計算上、課税売上高に対する消費税額から課税仕入れに係る消費税額として控除（仕入税額控除）の対象となるときは、事業者は実質的に消費税を負担しないこととなるため、補償金の算定に当たり消費税を積算上考慮しない。

　そして、消費税法によれば、事業者の課税売上割合が 95％ 以上となっている場合、事業者は、課税仕入れに係る消費税の全額を仕入税額控除することができることとなっている。

第3章　用地補償の分類別指摘事例

●**検査結果**

　補償を受けた会社は消費税法上の事業者に該当し、確定申告書等によれば、課税売上割合が95％以上であることから、課税仕入れに係る消費税の全額を仕入税額控除することができる。したがって、会社は建物等の移転に係る消費税を実質的に負担しないこととなるので、補償金の算定に当たり消費税額を加算していたのは適切でない。

　上記により、消費税額527万円が過大となっており、国庫補助金474万円が不当と認められた。

　指摘額　474万円（補助金）

▶**ひと口コメント**

　県の消費税に対する理解が不十分なためではあるが、同様事態が繰り返し指摘されている。

物件

87 厚さ区分はフランジではなく ウェブで決定

不当事項　算定過大　平成18年度
指摘箇所：厚さ区分

●建物移転料概要

　都道府県等の事業主体（各事業主体）では、道路改築事業等の一環として、道路を改築するなどのため、道路用地の取得に伴い支障となる建物等の移転補償を行っている。

　公共事業の施行に伴う損失の補償については、各事業主体では、「公共用地の取得に伴う損失補償基準要綱」（昭和37年閣議決定）に準じて制定するなどした損失補償基準等に基づくなどして行うこととしている。

　各事業主体では、損失補償基準等に基づき、残地又は残地以外の土地に従前の建物と同種同等の建物を建築することが合理的と認められる場合、従前の建物の推定再建築費に、建物の耐用年数や経過年数等から定まる再築補償率を乗ずるなどして建物移転料を算出することとしている。そして、鉄骨造り建物の建物移転料については、各事業主体がそれぞれ制定するなどした「非木造建物〔Ⅰ〕調査積算要領」及び中央用地対策連絡協議会監修の「非木造建物調査積算要領の解説」（これらを「要領等」）により、次のとおり算出している。

(1)　延べ床面積に統計数量値^(注)を乗ずるなどしてく体の鉄骨重量を計算する。

(2)　く体の鉄骨重量に鋼材費などの単価を乗ずるなどしてく体の工事費を算出する。

(3)　建物のく体、電気設備等の工事費を積み上げるなどして推定再建築費を算出する。

(4)　推定再建築費に再築補償率を乗ずるなどする。

　算出において、く体の鉄骨重量及び耐用年数は、柱、梁等の建物の主要な構造部分に使用されている鉄骨の厚さの区分に応じて算出することとされている。そして、その区分には、「肉厚9mm以上のもの」、「肉

厚 4 mm を超え 9 mm 未満のもの」、「肉厚 4 mm 以下のもの」がある。

また、鉄骨のうち H 形鋼の構成部位にはウェブとフランジがあり、それぞれの厚さは異なっている。

各事業主体では、建物移転料に建物以外の工作物等の移転料等を加算して補償費を算出し、土地の取得が必要な場合は、土地代金を補償費に加算して事業費を算定している。

(注) 統計数量値：多数の鉄骨造り建物の補償事例等から統計処理して得られた延べ床面積 1 m² 当たりの鉄骨重量。

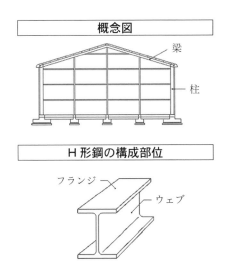

● 検査結果

25 都道府県及びその管内の 123 市町村において会計実地検査を行った。そして、合規性、経済性等の観点から、建物移転料の算定が適切に行われているかなどに着眼して補償金額の内訳書等の書類により検査したところ、4 事業主体が事業費計 7 億 2735 万円（うち国庫補助対象額 7 億 1580 万円、国庫補助金 3 億 9369 万円）で実施した建物等の移転補償等において、建物移転料の算定が次のとおり適切でなかった。

すなわち、4 事業主体では、建物移転料の算定に当たり、建物の主要な構造部分に使用されている H 形鋼の構成部位であるウェブとフ

ランジのうち、ウェブより厚いフランジの厚さによって区分を決定し、これに応じてく体の鉄骨重量及び耐用年数を決定していた。

しかし、要領等によれば、フランジの厚さではなく、ウェブの厚さによって区分を決定することとされていることから、4事業主体が計算した鉄骨重量及び再築補償率は過大に算出されている。

したがって、上記の方法により適正な建物移転料を算出し、これによるなどして事業費を算定すると、計6億9384万円となり、計3350万円（うち国庫補助対象額3311万円）が過大に算定されており、国庫補助金相当額1821万円が過大に交付されていて不当と認められた。

指摘額　1821万円（補助金）

〈事例〉

A事業主体では、平成17年度に、鉄骨造り2階建て倉庫等5棟（延べ床面積130.38 m²、179.34 m²、79.24 m²、499.09 m²及び90.82 m²）の移転補償等を事業費2億6914万円（国庫補助金1億4802万円）で実施している。

しかし、これらの建物について、誤ってウェブの厚さ（3.2 mm、7.0 mm及び7.5 mm）ではなく、フランジの厚さ（4.5 mm、10.0 mm及び11.0 mm）によって区分を決定し、これに応じてく体の鉄骨重量及び耐用年数を決定していた。

したがって、適正な建物移転料を算出し、これによるなどして事業費を算定すると2億5631万円となり、1282万円が過大に算定されており、国庫補助金相当額705万円が過大に交付されている。

このような事態が生じていたのは、4事業主体において、委託した補償費算定業務の成果品に誤りがあったのに、これに対する検査が十分でなかったことによると認められた。

▶ひと口コメント

H形鋼の規格が分からないと大変なことになる。

第3章　用地補償の分類別指摘事例

88 河川改修事業の移転補償費が過大

不当事項　支払過大　平成18年度

指摘箇所：基礎杭

●事業概要

　A県は、河川改修事業の一環として、放水路等を新設するため必要となる土地の取得に当たり、支障となる鉄筋コンクリート造4階建ての共同住宅を移転させるため、その所有者3人に対して計1億1942万円（国庫補助金5971万円）の建物等移転補償を行っている。

　県は、建物等移転補償費について、損失基準等に基づき調査、積算することを補償コンサルタントに委託して、その成果品を検査のうえ受領し、補償費を算定していた。

　補償費のうち建物の基礎杭に係る補償費について、県は、外径1.5m、杭長33.1mの場所打杭10本であるとして、専門業者からの見積書により杭1本当たりの単価を210万円とし、これに基礎杭の本数、諸経費率等を乗じ、基礎杭の補償費を2846万円としていた。

●検査結果

　県が検査のうえ受領した成果品によれば、建物の基礎杭は、外径0.4m、杭長4.0mの既製杭24本（補償費303万円）であったが、用地交渉の担当者が、早期に建物等の移転補償を実現するため成果品を水増しした補償内容のものに差し替えたため、基礎杭の補償費は2543万円過大となっていた。

　したがって、建物等移転に要する適正な補償費は9361万円となり、2581万円が過大となっていて、国庫補助金1290万円が不当と認められた。

　指摘額　1290万円（補助金）

▶ひと口コメント

　補償交渉は公正を期すために複数で交渉に当たらせることになっているのに、本件では1人で行っており、担当者は早く補償を実現するため補償費の水増しを行っていたことが検査で判明した。あってはならない事態である。

物件

215

89 建物移転補償費が過大

不当事項　支払過大　平成18年度
指摘箇所：地区別補正率

●契約概要

　都市再生機構Ａ支社は、Ｂ市内において土地区画整理事業を施行するため、会社所有の建物、機械設備等に対する移転補償を行っている。

　建物の移転補償費は、その解体及び再建築に係る直接工事費に都県ごとに定められている地区別補正率等を乗ずるなどして算定することとなっている。そして、地区別補正率は、木造建物及び非木造建物の別に定められていて、Ａ県の木造建物については1.01、非木造建物については1.00となっている。

　支社は、建物等移転補償費について、業務を補償コンサルタントに委託して、これに基づいて算定していた。そして、建物等の所有者である会社と次のとおり契約を締結し、補償費を支払っていた。

(1)　工場等の生産・物流関連施設（延べ床面積 5,064.7 m²）については、補償費を 2 億 7393 万円と算定して全額を支払っていた。

(2)　機械実験棟等の研究関連施設（同 3,725.1 m²）については、補償費を 6 億 6858 万円と算定して前払金 4 億 6800 万円を支払っていた。

●検査結果

　工場、機械実験棟等の補償費の算定に当たり、非木造建物の地区別補正率1.00を用いるべきであるのに、誤って1.01を用いていたため、補償費が過大となっていた。

　したがって、適正な費用を算定すると 724 万円が過大となっていて不当となっていた。

　指摘額　724万円

▶ひと口コメント

　補償費の算定業務は補償コンサルタントに委託して行われることが一般的になってきているが、発注者のこれら成果品に対する検査が不十分なためこうした指摘が続く。

第3章　用地補償の分類別指摘事例

90 舗装撤去費の算定が過大

不当事項　積算過大　平成20年度
指摘箇所：舗装撤去費

●事業概要

　福島県A市は、土地区画整理事業の施行に伴い支障となる自動車教習所の建物、工作物等の移転に要する費用として、平成19年度に、3億4823万円（国庫補助金1億9153万円）を所有者に対して補償した。

　市は、自動車教習所の工作物等の移転補償に当たっては、従前と同種同等の工作物等を構外に建築するとの考え方に基づいて算定している。そして、補償コンサルタントに工作物等の撤去、新設等に係る補償費算定業務を委託して、それぞれの単価に数量を乗ずるなどした成果品を受領して、これにより移転補償費を計3億4823万円と算定していた。

　移転補償費のうち、工作物であるアスファルト舗装（10,158.9 m²）等の撤去費は、人力による撤去などを前提とした単価により算定され、アスファルト舗装の単価は、表層及び路盤部分を撤去し埋め戻すことを前提としたものとなっていた。

●検査結果

　自動車教習所（15,003.5 m²）の現場は、大型機械の施工が十分可能であり、跡地利用の面からもアスファルト舗装の表層部分だけを撤去すれば十分であると認められ、人力施工等を前提とした単価を適用するなどしていたのは適切とは認められない。

　したがって、適切な撤去費の単価等により補償費を修正計算すると3億4229万円となり、補償費594万円が過大となっており、国庫補助金326万円が不当と認められた。

　　指摘額　326万円（補助金）

▶ひと口コメント

　自動車教習所のように広い面積の舗装を撤去するのに人力で撤去するなどという算定は、補償費を増大させるための意図的操作としか考えられない。

物件

217

91 ビルドH鋼材ではなくH形鋼の誤り

不当事項 過大補償 平成20年度
指摘箇所：ビルドH鋼材

●事業概要

A県は、道路の拡幅に支障となる鉄骨造、2階建て店舗（延べ床面積 343.2 m²）を移転させるなどのため、補償費1億1909万円で、損失補償を行った。

補償基準等によれば、鉄骨造の建物の建物移転料は、建物のく体等の工事費を積み上げるなどして算出することとされている。

そして、鋼材費、組立費等の各単価には、建物の主要構造部に使用されている鉄骨（主要鋼材）の型状に応じて、工場等で鋼板を溶接等により組み立てて製作した鋼材（ビルドH鋼材）が使用されている場合の「ビルドH主体」の区分と既製のH形鋼が使用されている場合の「H形鋼主体」の区分とがあり、ビルドH主体の各単価は、H形鋼主体に比べて割高になっている。

県は、主要構造部でない箇所のH形鋼に溶接痕が目視されたため、既存図を利用することなく、主要鋼材にもビルドH鋼材が使用されているとして、ビルドH主体の各単価を用いて、建物移転料を1億0022万円と算定していた。

●検査結果

店舗の既存図によれば、主要鋼材は既製のH形鋼であることから、H形鋼主体の各単価を適用すべきであった。したがって、適正な補償費を算定すると、1億1548万円となることから360万円が過大となっていて、国庫補助金198万円が不当と認められた。

指摘額　198万円（補助金）

▶ひと口コメント

この程度の建物にビルドH鋼材が使われることがないなど常識ではないか。目立たないように何とか補償費を膨らませ、交渉を早く成立させたいという関係者の意図が見え隠れする。

218

92 鉄骨重量の算定を誤って移転補償費が過大

不当事項　積算過大　平成21年度
指摘箇所：鉄骨の肉厚区分

● **事業概要**

　A県及びB県は、平成18年度から20年度までの間に、道路用地の取得に支障となる鉄骨造り工場等を移転させるなどのため、補償費計2億8087万円で、工場等の所有者に建物等の移転に伴う損失補償を行った。

　損失補償基準等によれば、建物移転料は従前の建物の推定再建築費に建物の耐用年数や経過年数等から定まる再築補償率を乗ずるなどして算出することとされている。このうち、鉄骨造り建物の推定再建築費は、建物の延べ床面積に統計数量値(注)を乗ずるなどして求めた建物のく体の鉄骨重量に鋼材の単価を乗ずるなどしてく体の工事費を算出するなどして算出することとされている。

　そして、く体の鉄骨重量及び耐用年数は柱、梁等の建物の主要な構造部分に使用されている鉄骨の肉厚の区分「肉厚9mm以上のもの」、「肉厚4mmを超え9mm未満のもの」及び「肉厚4mm以下のもの」に応じて算出することとされている。また、鉄骨のうちH形鋼の構成部位にはウェブとフランジがあり、それぞれの肉厚は異なっている。

　これらの2県は、工場等の主要な構造部分に使用されているH形鋼

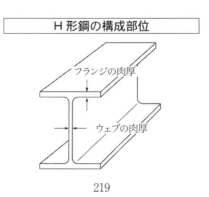

H形鋼の構成部位

のフランジの肉厚（9 mm 及び 11 mm）により区分を「肉厚 9 mm 以上のもの」と決定し、これに応じてく体の鉄骨重量及び耐用年数を決定するなどして、建物移転料を計 1 億 0486 万円と算出していた。

(注)　統計数量値：多数の鉄骨造り建物の補償事例等から統計処理して得られた延べ床面積 1 m^2 当たりの鉄骨重量。

●**検査結果**

　各地区の用地対策連絡会等が監修した要領等によれば、鉄骨の肉厚区分は、フランジの肉厚ではなく、ウェブの肉厚により決定することとされていることから、工場等は、ウェブの肉厚（6 mm 及び 7 mm）により区分を「肉厚 4 mm を超え 9 mm 未満のもの」と決定すべきであった。

　したがって、工場等は上記の区分により適正な建物移転料を算出すると計 9237 万円となり、これにより工場等の移転等に係る適正な補償費を算定すると計 2 億 6822 万円となるため、計 1264 万円が過大となっており、国庫補助金 771 万円が不当と認められた。

　指摘額　771 万円（補助金）

▶**ひと口コメント**

　同様の指摘が 3 年前に数自治体に対して行われているのに、また同じ指摘である。検査報告を読んでいないのだろう。

第 3 章　用地補償の分類別指摘事例

93 立体駐車場の移転補償費の算定が不適切

不当事項　積算過大　平成 21 年度

指摘箇所：移転補償費

●事業概要

　山口県 A 市は、土地区画整理事業の施行に伴い支障となる鉄筋コンクリート造りの店舗、鉄骨造りのエレベータ方式の機械式立体駐車場等の移転に必要な費用として、2 億 9530 万円を所有者に補償した。

　「補償金算定標準書」等によれば、鉄骨造り建物の移転補償費は、建物のく体、機械設備等の工事費を積み上げるなどして算出することとされており、このうちく体に係る工事費は、延べ床面積に、共同住宅、工場等の用途等の区分ごとに定められた統計数量値[注]と建物の階層等ごとに定められた階層補正率を乗じて鉄骨重量を算出して、これに鋼材費、工場加工・組立費等の各単価を乗ずるなどして算定することとされている。そして、標準書の統計数量値等の取扱いに当たって、標準書の用途等の区分を補償費算定の対象となる建物に適用することが困難な場合等は、原則として別途個別に鉄骨重量を算出することとされている。

　市は、鉄骨造り建物であるこの立体駐車場の移転補償費の算定に当たり、立体駐車場の内部に鉄骨の梁が 10 段あることから、鉄骨造り 11 階建ての工場に相当するとしていた。そして、1 階の床面積に階層数 11 を乗じて延べ床面積として、これに用途等の区分が工場等である場合の統計数量値と 11 階建ての場合等の階層補正率とを乗じて、鉄骨重量を84.3 t と算出していた。

（注）　統計数量値：多数の鉄骨造り建物の補償事例等から統計処理して得られた延べ床面積 1 m^2 当たりの鉄骨重量。

221

●検査結果

　　立体駐車場は、エレベータ方式の機械式で内部に床がなく吹き抜けになっているなど特殊な建物となっており、11 階建ての工場に相当するとして標準書の統計数量値等を適用して鉄骨重量を算出した場合は実態とかけ離れたものとなる。そして、標準書の用途等の区分を補償費算定の対象となる建物に適用することが困難な場合等は、原則として別途個別に鉄骨重量を算出することとされており、立体駐車場の既存の図面を基に鉄骨重量を算出すると 34.1 t となり、市が算出した数量 84.3 t を大きく下回っていた。このため、A 市が、立体駐車場の移転補償費の算定に当たり、別途個別に鉄骨重量を算出することなく、11 階建ての工場に相当するとして標準書の統計数量値等を適用していたことは適切ではない。

　　したがって、適切な鉄骨重量により補償費を修正計算すると土工事における山留め数量の誤りなどの積算過小等を考慮しても 2 億 9082 万円となり、この移転補償費は 447 万円過大となっており、国庫補助金 246 万円が不当と認められた。

　　指摘額　246 万円（補助金）

▶ひと口コメント

　　このところ補償の指摘が多い。調査官に聞くと、最近は低入札工事が増え工事費の積算は指摘にならないので、その分補償を検査しているという。

第3章　用地補償の分類別指摘事例

94 違法建築に補償している

不当事項　交付過大　平成21年度
指摘箇所：移転補償費

●事業概要

　A県は、緑地の整備に必要な用地の取得に当たり、支障となる事務所（鉄骨造り2階建て115.5 m²）、倉庫（鉄筋コンクリート造り平屋建て6.0 m²）等を移転させるなどのため、補償費2070万円で事務所等の所有者に移転に伴う損失補償を行った。

　県は、平成17年度までに緑地の整備に必要な用地9,910.0 m²のうち9,728.6 m²（県有地）を国庫補助事業による買収や埋立て等により確保していた。そして、このうち10年度までに買収した県有地に隣接する残りの用地181.3 m²を19年度に買収する際に、この用地の所有者が県有地内に設置していた事務所の一部（5.9 m²）、倉庫の大部分（5.9 m²）、ブロック積塀の全部等を含めて物件移転補償契約を締結して、国庫補助金の交付を受けていた。

●検査結果

　県が10年度までに買収した県有地に境界標を設置するなどして適切に管理していれば県有地内に事務所等を設置されることはなかったもので、これらを含めた物件移転補償契約額を対象として国庫補助金の交付を受けていたのは適切ではない。

　したがって、県有地内に設置されていた事務所等に係る物件移転補償費391万円が過大となっており、国庫補助金156万円が過大に交付されていた。

　指摘額　156万円（補助金）

▶ひと口コメント

　かつて買収した県有地内に建てられてしまった物件にまた補償をしたという信じがたい事態。

物件

95 建物の移転補償費の算定が不適切

不当事項　積算過大　平成21年度

指摘箇所：基礎杭

●契約概要

　九州地方整備局A河川国道事務所は、一般国道B号C道路改築事業の実施に当たり、A県D市E町地内において、道路の新設に必要な用地の取得と、支障となるガソリンスタンド等を移転させるための損失補償を行う契約を、契約額2億2470万円で、ガソリンスタンド等の所有者と締結していた。

　建物の移転補償費は、建物の基礎杭、く体等実際に施工されている工種ごとの工事費等を積み上げるなどして算定することとしている。また、基礎杭等の建物の不可視部分の調査は、建物の建築確認申請図等の既存図を利用して行うものとされている。

　事務所は、契約に係る用地の取得費及びガソリンスタンド等の移転補償費を補償基準等に基づいて算定する補償費算定業務を補償コンサルタント等に委託して、その成果品を検査、受領して、これを基に補償費を算定していた。

　そして、事務所は、補償費のうちガソリンスタンドの移転補償費の基礎杭分は、補償コンサルタントが作成した成果品である基礎図等に基づき、鋼管杭により施工されているとして、基礎杭の工事費を1514万円と算出していた。

第 3 章 用地補償の分類別指摘事例

●検査結果

　ガソリンスタンドの基礎杭をガソリンスタンドの建設時の建築確認
申請図で確認したところ、鋼管杭ではなくセメント系固化材による地
盤改良杭により施工されていた。

　したがって、ガソリンスタンドの基礎杭を実際に施工されている地
盤改良杭として工事費を算出すると 406 万円となり、これにより適正
な補償費を算定すると、他の算定誤りの修正も含めて 2 億 1773 万円
となるため、契約額 2 億 2470 万円は 697 万円が割高となっていた。

　指摘額　697 万円

▶ひと口コメント

　補償費算定に当たり建築確認申請図で確認するのは当然のこと。それと異な
るコンサルタントの図面で補償費を算定したというところに意図性が伺える。
過去に杭費用で水増し補償もあった。

物件

96 く体コンクリート量の算定を誤っている

不当事項　補償過大　平成 22 年度

指摘箇所：数量算出基本面積

●事業概要

　A 県は、平成 21 年度に、道路の整備に必要な用地の取得に当たり、支障となる鉄筋コンクリート造り 4 階建て共同住宅等の移転に要する費用として、2 億 2016 万円を所有者に補償した。

　県は、公共事業の施行に伴う損失補償を、「公共用地の取得に伴う損失補償基準要綱」等に準じて県が制定した損失補償基準等に基づいて行うこととしている。

　損失補償基準等によれば、建物移転料は、残地以外の土地に従前の建物と同種同等の建物を建築することが合理的と認められる場合、従前の建物の推定再建築費に、建物の耐用年数、経過年数等から定まる再築補償率を乗ずるなどして算出することとされている。

　そして、鉄筋コンクリート造り建物の推定再建築費は、県が定めた「非木造建物〔I〕調査積算要領」、中央用地対策連絡協議会監修の「非木造建物調査積算要領の解説」等により、く体コンクリート量に材料費、労務費等を組み合わせた単価を乗じて算出するなどとされている。このうち、く体コンクリート量は、建物の延べ床面積に、延べ床面積に含まれない共同住宅等のベランダ、開放型片廊下等の実面積の 1/2 を加算した数量算出基本面積に統計数量値[注]を乗ずるなどして算出することとされている。

　県は、共同住宅の延べ床面積 642.08 m² にベランダ等の実面積 135.96 m² をそのまま加えた 778.04 m² を数量算出基本面積とするなどして、建物移転料を 1 億 9179 万円と算出していた。

（注）　統計数量値：多数の鉄筋コンクリート造り建物の補償事例等から統計処理して得られた延べ床面積 1 m² 当たりのコンクリート量。

第 3 章　用地補償の分類別指摘事例

●検査結果

　ベランダ等の実面積 135.96 m^2 ではなく、その 1/2 である 67.98 m^2 を延べ床面積に加算して、数量算出基本面積を 710.06 m^2 とすべきであった。

　したがって、共同住宅について、適正な数量算出基本面積により建物移転料を算出すると 1 億 8825 万円となり、他の算定誤りの修正も含めて適正な補償費を算定すると 2 億 1651 万円となるため、365 万円が過大となっていて、国庫補助金等 190 万円が不当と認められた。

　指摘額　190 万円（補助金）

▶ひと口コメント

　うっかり間違いやすいミスのようにも思えるが、コンサルタントが意図的に行ったものではないと信じたい。

97 鉄骨の肉厚区分を誤っている

不当事項　補償過大　平成 23 年度
指摘箇所：鉄骨の肉厚区分

●事業概要

　A 市は、平成 21 年度に、まちづくり交付金による土地区画整理事業
で支障となる鉄骨造りの倉庫、車庫等の建物 6 棟の移転に要する建物移
転料等の費用を所有者に補償した。

　移転補償費について、市は、補償コンサルタントの調査報告書に基づ
き、建物移転料等の費用 1 億 2104 万円に、消費税 602 万円を加算して、
計 1 億 2706 万円と算出していた。

　鉄骨造り建物の推定再建築費は、建物のく体の鉄骨重量に、鋼材の単
価を乗ずるなどしてく体の工事費を算出するなどして算定することとさ
れている。そして、く体の鉄骨重量及び耐用年数は、柱、梁等の建物の
主要な構造部分に使用されている鉄骨の肉厚区分に応じて算出すること
とされ、その区分には、「肉厚 9 mm 以上のもの」、「肉厚 4 mm を超え
9 mm 未満のもの」及び「肉厚 4 mm 以下のもの」がある。

　市は、建物移転料の算定に当たり、別の類似の建物と同種同等である
と判断し、建物 6 棟のうち、倉庫 2 棟は「肉厚 9 mm 以上のもの」、車
庫は「肉厚 4 mm を超え 9 mm 未満のもの」とし、これに応じてく体の
鉄骨重量及び耐用年数を決定するなどして、建物移転料を 9252 万円と
算出していた。

第3章　用地補償の分類別指摘事例

●検査結果

　実際の鉄骨の肉厚は、これら2棟の倉庫のうち、倉庫1棟は6mm、別の倉庫1棟及び車庫は2.3mmであったため、適正な鉄骨の肉厚区分は、倉庫1棟については「肉厚4mmを超え9mm未満のもの」、別の倉庫1棟及び車庫については「肉厚4mm以下のもの」とすべきであった。

　また、建物所有者は、建設省の通知によると、消費税法上の事業者に該当し、仕入税額控除の対象となるため、移転補償費の額から消費税相当を控除すべきであった。

　したがって、適正な鉄骨の肉厚区分に基づき建物移転料を算定し、消費税を控除するなどして、適正な移転補償費を算出すると9725万円となるため、2980万円が過大となっていて、交付金1192万円が不当と認められた。

　指摘額　1192万円（交付金）

▶ひと口コメント

　6mmの鉄骨を9mm以上に区分したり、2.3mmのものを4mm以上に区分したりというのは単なるミスとは思えない。

物件

229

98 支障とならない物件まで補償対象としている

不当事項 補償過大 平成 24 年度
指摘箇所：一団の土地

●事業概要

　A 県は、平成 23 年度に、都市計画道路 B 街路事業の一環として、歩道の新設工事の支障となる店舗兼住宅等の移転補償費として、8278 万円（交付金 4552 万円）を補償した。

　建物の移転補償費は、C 地区用地対策連絡協議会制定の「損失補償算定標準書」等によれば、建物の移転先を同一の土地所有者に属する一団の土地の一部を取得することによって残った土地又は残地以外の土地のいずれにするかを認定した上で算定することとされている。ただし、残地を移転先として認定した場合でも、移転させる建物が複数の用途に供されている場合は、その用途ごとに従前の建物の機能を残地に再現することが合理的か否かの判断を行い移転補償費を算定することとされている。

　そして、県は、商品の展示場等についても、支障建物と一体的な営業活動を行っているとして移転対象に含め、支障建物及び展示場等の 2 棟が立地する土地の一部を残地として移転先に認定した上で、建物移転料を算定し、補償していた。

●検査結果

　展示場等は、支障建物と道路を挟んで反対側にあるため、歩道の新設工事に支障がなく、また、2棟が立地する土地は当該道路で分離されていて一団の土地ではないため、展示場等が立地する土地は残地として移転先に認定することはできない状況であった。このことから、支障建物が立地する土地の一部のみを残地として移転先に認定した上、支障建物のうち店舗利用部分は、展示場等と一体的な営業活動を行っているため、支障建物が立地する残地に再築する工法を用いて機能を再現し、住宅利用部分は、残地以外の土地に再築する工法を用いて再現できることになる。

　したがって、上記の工法を用いるなどして、適正な移転補償費を算定すると6470万円となり、1807万円が過大となっていて、交付金994万円が不当と認められた。

　指摘額　994万円（交付金）

▶ひと口コメント

　陶器の展示販売施設が補償対象。検査院は、展示場は店舗兼住宅と道路を挟んで反対側にあり、「一団の土地」に立地しておらず補償対象にならないと認定した。

99 補償費の算定が不適切

不当事項　交付過大　平成25年度
指摘箇所：移転補償費

●事業等概要

　これらの交付金事業等は、街路事業、河川改修事業等の一環として、事業を行う上で支障となる建物等の所有者等に対し、それらの移転に要する費用を補償するものである（補償する費用を「移転補償費」）。

　そして、事業主体は、昭和37年に閣議決定された公共用地の取得に伴う損失補償基準要綱等に準じて用地対策連絡協議会が制定するなどした損失補償の標準書等に基づき行うこととしている。

●検査結果

　1県及び4市町において、移転補償費の算定に当たり、標準書等の適用を誤っていたり、事業の支障とならない建物を移転補償の対象に含めていたりしていたため、交付金等2968万円が過大に交付されていた。

　　指摘額　2968万円（交付金等）

部局等	補助事業者 （事業主体）	補助事業等	年度	国庫補助金等	不当と認める 国庫補助金等	摘　要
A県	B市	社会資本整備 総合交付金	平成24	円 1376万	円 284万	工作物を建築設備としていたもの
C県	〈事例参照〉 D市	河川改修	21、22	1億2604万	628万	鉄骨の肉厚区分を誤っていたもの
E県	E県	地域自主戦略 交付金	24	6114万	189万	標準書等に規定されていなかったもの
	F市	社会資本整備 総合交付金	23、24	6028万	1436万	事業の支障とならない建物を対象に含めていたもの
G県	H町	同	24	3億7896万	429万	建築設備の経過年数を誤っていたもの
計	5事業主体			6億4020万	2968万	

232

第 3 章　用地補償の分類別指摘事例

─〈事例〉────────────────────

　D 市は、平成 21、22 両年度に、二級河川の河道を拡幅すること
などに伴い工場等 2 棟が支障となることから、工場等を賃借してい
る会社に対し、会社所有の隣接する敷地内に工場等を移転するため
に必要となる鉄骨造りの倉庫等 5 棟を取り壊して再築するなどのた
めの移転補償費として、2 億 8726 万円（国庫補助金 1 億 2604 万円）
を補償していた。

　移転補償費のうち建物移転料は、標準書等によれば、柱、梁等の
建物の主要な構造部分に使用されている鉄骨の肉厚区分（「9 mm
以上」、「4 mm を超え 9 mm 未満」、「4 mm 以下」）に応じて決定す
るく体の鉄骨重量に基づくなどして算定することとされており、市
は、倉庫等 5 棟のうち 2 棟の鉄骨の肉厚区分を「9 mm 以上」とし、
これに応じてく体の鉄骨重量等を決定するなどしていた。

　しかし、2 棟の鉄骨の肉厚は、それぞれ 8 mm、6.5 mm であっ
たことから、適正な鉄骨の肉厚区分は、2 棟ともに「4 mm を超え
9 mm 未満」とすべきであった。

　したがって、適正な鉄骨の肉厚区分に基づくなどして移転補償費
を算定すると 2 億 7293 万円となり、移転補償費 2 億 8726 万円はこ
れに比べて 1433 万円（国庫補助金 628 万円）が過大となっていた。

──────────────────────────

物件

▶**ひと口コメント**

　鉄骨の肉厚区分に係る指摘が繰り返されており、再発の防止を徹底すべきで
ある。

取得する土地にない建物まで補償

100

不当事項　補償過大　平成26年度
指摘箇所：移転補償費

●**事業概要**

　沖縄県Ａ町は、平成24、25両年度に、道路を拡幅する上で支障となる車検修理工場等の所有者に対し、その移転に要する建物移転料、工作物移転料等の費用（移転補償費）として、7369万円（交付対象事業費同額、交付金5895万円）を補償した。

　「公共用地の取得に伴う損失補償基準要綱」等では、建物等の移転料の対象は、原則として、取得し、又は使用する土地にある建物等とされている。

　町は、道路の拡幅に支障となる車検修理工場とともに営業活動を行っているとして、道路を挟んで反対側に立地する板金工場等についても移転料の対象として移転補償費を算定し、補償していた。

●**検査結果**

　道路を挟んで反対側に立地する板金工場等は、取得する土地にある建物等ではないことから、道路の拡幅の支障とはならず移転料の対象とはならない。そして、板金工場等が車検修理工場と近接しなくなることに伴い増加する車両運搬作業等に必要な費用は、その他の通常生ずる損失として補償すべきであった。

　したがって、板金工場等の費用をその他の通常生ずる損失として補償するなどして適正な補償費を算定すると5842万円となり、移転補償費7369万円はこれに比べて1527万円過大となっていて、交付金1221万円が不当と認められた。

　指摘額　1221万円（交付金）

▶**ひと口コメント**

　道路を挟んでの移転補償の指摘は、これまでにも多く見受けられており、補償基準等の独自解釈は危険である。

第3章　用地補償の分類別指摘事例

101 純工事費の合計額に応じた 諸経費を適用せず

不当事項　交付過大　平成 27 年度
指摘箇所：諸経費

●事業概要

　沖縄県 A 市は、平成 25 年度に、道路を拡幅する上で支障となる住宅等の所有者に対し、その移転に要する建物移転料、工作物移転料等の費用（移転補償費）として、1 億 2170 万円（交付対象事業費 1 億 2169 万円、交付金 9735 万円）を補償した。

　「公共用地の取得に伴う損失補償基準要綱」等に準じて制定された損失補償の標準書等では、移転補償費のうち建物移転料は、従前の建物と同種同等の建物を建築する場合、従前の建物の推定再建築費に建物の耐用年数等から定まる再築補償率を乗ずるなどして算定するとされており、推定再建築費は、直接工事費、共通仮設費、建物等諸経費（共通仮設費及び建物等諸経費を「諸経費」）等とされている。そして、道路改良事業等に伴い同一所有者が同一敷地内に所有するなどしている複数の建物を一括して補償するなどの場合には、建物ごとに算定した推定再建築費のうちの直接工事費の合計額に対応した共通仮設費率を適用して共通仮設費を算定するとともに、建物ごとに算定した直接工事費に共通仮設費等を加えた純工事費の合計額に対応した建物等諸経費率を適用して建物等諸経費を算定するとされている。

物件

235

●検査結果

　市は、住宅及び店舗兼事務所の諸経費の算定に当たり、誤って、両建物の直接工事費の合計額ではなく、建物ごとの直接工事費に対応した共通仮設費率をそれぞれ適用するとともに、両建物の純工事費の合計額ではなく、建物ごとの純工事費に対応した建物等諸経費率をそれぞれ適用していた。

　したがって、住宅及び店舗兼事務所の直接工事費等の合計額に対応した共通仮設費率等で諸経費を算定するなどして適正な移転補償費を算定すると1億1998万円となり、移転補償費の交付対象事業費1億2169万円は171万円過大となっていて、交付金136万円が不当と認められた。

　指摘額　136万円（交付金）

▶ひと口コメント

　推定再建築費の積算が最終段階でのことであり、標準書等の理解不足が残念である。

第3章　用地補償の分類別指摘事例

102 鉄塔は取替え単位として減耗分を控除

不当事項　交付過大　平成 29 年度
指摘箇所：減価相当額

●事業概要

　A 地方公共団体は、防災・安全交付金（河川）事業として、平成 28 年度に、二級河川 B 川の河川改修に伴い支障となる鉄塔 10 基、電線等からなる架空送電線路（延長 802 m）の移設に要する費用を電気事業者に対して補償するなどしており、補償等の業務を A 土地開発公社に委託し、公社に対して委託費 9982 万円（交付対象事業費同額、交付金 5490 万円）を支払っている。

　そして、委託費のうち架空送電線路の移設に係る補償費（移設補償費）について、公社が行った算定内容の審査を行うなどして、9368 万円としていた。

　「公共事業の施行に伴う公共補償基準要綱」、「公共補償基準要綱の運用申し合せ」（これらを「公共補償基準」）等によれば、公共事業の施行に伴い、既存公共施設等の管理者が、機能の廃止等が必要となる既存公共施設等の代替の公共施設等を建設する場合においては、当該公共施設等を建設するために必要な費用から、既存公共施設等の機能廃止のときまでの財産価値の減耗分（減価相当額）等を控除して補償費を算定することとされている。そして、架空送電線路の場合は、減価相当額の算定対象は鉄塔とされており、原則として鉄塔本体に係る減価償却の累積額をもって減価相当額とすることとされている。一方で、鉄道の線路、電線路等の既存公共施設等の一部を移設する場合において、移設する区間がごく僅かであり、移設後の代替の公共施設等が、既存公共施設等の 1 管理区間全体の耐用年数の延長に寄与しないことが明らかである場合には、減価相当額の全部又は一部を控除しないで補償費を算定することができることとされている。ただし、耐用年数の延長に寄与するか否かについては、取替えなどの規模等により個別に判断することとされており、移設部分が取替えなどの一つの発注単位となる場合には、移設部分

物件

237

の耐用年数の延長に寄与することになることから、移設部分の減価相当額を控除して補償費を算定することとされている。

●検査結果

　A地方公共団体は、移設補償費の算定において、架空送電線路の移設区間は延長802mであり、架空送電線路の1管理区間として設定した変電所間の架空送電線路の延長の26kmに比べてごく僅かであることから、その全体の耐用年数の延長に寄与しないとして、減価相当額を控除していなかった。

　しかし、補償における架空送電線路については、鉄塔を移設して鉄塔間に電線を架設等するものであり、既存の鉄塔は、設置年月が区々であることなどから、取替えなどの際の一つの単位として移設されることになる。このため、代替の鉄塔を新設することにより、架空送電線路の耐用年数の延長に寄与することになり、移設補償費の算定に当たっては、公共補償基準等に従い、鉄塔に係る減価相当額を控除すべきであった。

　したがって、既存の鉄塔10基に係る減価相当額308万円を控除の対象として適正な移設補償費を算定すると9059万円となり、これに基づくなどして適正な委託費を算定すると9658万円となることから、委託費9982万円はこれに比べて324万円過大となっており、交付金相当額178万円が過大に交付されていて、不当と認められた。

　指摘額　178万円（交付金）

▶ひと口コメント

　1管理区間の設定に係る指摘は26年度（通番120、283ページ）にもあるが、架空送電線路の鉄塔についても送電線路の延長から判断しないよう注意しなければならない。

第3章　用地補償の分類別指摘事例

103 鉄骨の肉厚区分、設計監理費、移転工法を誤る

不当事項　交付過大　平成30年度
指摘箇所：移転補償費

●事業概要

　防災・安全交付金（道路）事業等は、土地区画整理事業又は道路事業において、事業を行う上で支障となる建物等の所有者に対し、移転に要する費用（移転補償費）を補償するものである。

　事業主体は、公共事業の施行に伴う損失補償を、「公共用地の取得に伴う損失補償基準要綱」等に準じて用地対策連絡協議会等が制定した損失補償の標準書（標準書）等に基づき行うこととしている。標準書等によれば、移転補償費のうち建物移転料は、通常妥当と認められる移転先を認定した上で、当該移転先に建物を移転するのに通常妥当と認められる再築、曳家、改造等の移転工法を認定して算出することとされている。これらの移転工法のうち、再築工法の場合は、従前の建物の推定再建築費に建物の標準耐用年数等により算出した再築補償率を乗ずるなどして建物移転料を算出することとされている。そして、鉄骨造り建物の標準耐用年数は、鉄骨の肉厚区分等により異なっている。

　また、移転補償費のうち移転する建物の設計・工事監理等に要する費用（設計監理費）は、増築した建物のように建築物が接合している場合、一体の建物として全体の延べ床面積を対象に設計・工事監理等に要する業務量（業務量）を算出した上で算定することとされている。そして、業務量は、構造計算等の必要の有無等により区分された建物の類別に応じて算出することとされており、建物が2以上の類別に利用されている場合においては、最も延べ床面積が大きい類別を適用することとされている。

物件

239

●検査結果

3事業主体において、移転補償費の算定に当たり、鉄骨の肉厚区分による標準耐用年数を誤っていたり、一体の建物として設計監理費に係る業務量を算出していなかったり、移転工法の認定が適切でなかったりしていたため、移転補償費が計899万円過大に算定されていて、交付金相当額計556万円が不当と認められた。

指摘額　556万円（交付金）

部局等	補助事業者等（事業主体）	補助事業等	年度	国庫補助金等交付額	不当と認める国庫補助金等相当額	摘　要
静岡県	A市	社会資本整備総合交付金（土地区画整理）	平成28、29	円 4384万	円 133万	鉄骨の肉厚区分による標準耐用年数を誤っていたもの
B県	B県	防災・安全交付金（道路）	27、28	3399万	230万	一体の建物として設計監理費に係る業務量を算出していなかったもの
徳島県	C市	同	29、30	2354万	193万	移転工法の認定が適切でなかったもの
計	3事業主体			1億0137万	556万	

▶ひと口コメント

A市の事例は、H形鋼の肉厚をウェブではなくフランジで測り過大な補償を行った事例であるが、この事例は4～5年おきに出てきているので十分に注意してほしい。

B県の事例は、増築の建物に係る設計監理費についてそれぞれの建物の区分で計算していたもので、一番大きな建物の区分により一体の建物として全体の延べ床面積を対象に計算すべきと指摘されている。

C市の事例は、曳家工法で認定しているが支障部分が少なく、しかも敷地の中で改造できたので改造工法によるべきだったというものである。

第 3 章　用地補償の分類別指摘事例

104 損失補償費の消費税を改善

処置済事項　支払過大　平成 8 年度

指摘箇所：消費税

●補償概要

　建設省では、道路、河川等の公共事業の事業用地を確保するため、土地及び建物の所有者（土地等の権利者）に、建物の移転等に係る損失の補償を行う都道府県、市町村に対して国庫補助金を交付している。

●損失補償

　補償対象の建物等を調査し、「補償基準」に基づき、建物等の移転料、その他損失の補償等の費用を算出し、補償金として算定する。

●消 費 税

(1)　消費税は、個人及び法人が事業を行うもののうち、資産の譲渡等を課税対象として、取引の各段階ごとに一定の税率が課税される間接税。

(2)　消費税額の算定

$$\boxed{\begin{array}{c}\text{商品の売上げな}\\\text{ど課税売上げに}\\\text{係る消費税額}\end{array}} - \boxed{\begin{array}{c}\text{材料の仕入れや建物}\\\text{の取得など課税仕入}\\\text{れに係る消費税額}\end{array}} = \boxed{\text{納付税額}}$$

(3)　消費税額の控除は、課税期間における課税売上割合が 100 分の 95 以上は全額を、100 分の 95 未満は課税売上高に対応する部分の金額。

$$課税売上割合 = \frac{課税期間の課税売上高}{課税期間の総売上高}$$

(4)　消費税の取扱い

①　事業用建物を建設する場合には、業者等に消費税額を含めて請負代金を支払う。

②　この消費税額は、課税仕入れに係る消費税額であるので、確定申告の際には、課税売上割合に応じて控除することが可能である。

③　これにより消費税納付の場合、事業者は業者に支払った消費税額

241

のうち、控除した消費税額は実質的に負担しないことになる。

● 損失補償の消費税

(1) 消費税の取扱通達

建物移転の補償金は、土地等の権利者が建物を移転先に建設する場合には、業者に支払う消費税相当額について補償の対象として考慮する。

(2) 通達運用の事務連絡

① 土地等の権利者が事業者である場合、建物移転の補償金により、第三者から資産の譲渡等を受けても、これに係る消費税額は、消費税納付税額の計算上、課税仕入れに係る消費税額として控除の対象となる。この場合は、消費税相当額を含めて補償すると過補償になる。

② このため、消費税相当額を、補償金の算定に含める必要がないと見込まれる土地等の権利者については、個別に協議のうえ消費税相当額の補償の要否を判断する。

第 3 章　用地補償の分類別指摘事例

●検査結果

(1)　平成 7、8 年度に、公共事業に伴う損失補償のうち、建物を移転先に建設する費用について消費税相当額を含めている 92 事業主体の 257 件を調査した。

(2)　このうち、損失補償 249 件（補償金額 373 億 9834 万円、国庫補助金相当額 186 億 2285 万円）については、補償金の算定に当たり、含めていた消費税相当額 9 億 6399 万円（国庫補助金相当額 4 億 8126 万円）は、補償を受けた課税期間の各事業者の消費税納付税額の計算上、課税仕入れに係る消費税額として控除することが可能である。

●指摘内容

控除対象となる消費税相当額を含めて補償金を算定する必要はなく、補償金額 9 億 6399 万円（国庫補助金相当額 4 億 8126 万円）は過大に算定されている。

●処置内容

9 年 10 月に、都道府県等に対し通達を発し、消費税相当額の取扱いを適切に行う処置を講じた。

指摘額　4 億 8126 万円（補助金）

物件

▶ひと口コメント

ここで改善したはずであるが、その後も消費税の取扱いに係る指摘は続くことになる。

243

105 建物のコンクリート解体費の積算を改善

処置済事項　積算過大　平成9年度
指摘箇所：施工機械

●事業概要

　防衛施設庁では、飛行場周辺の騒音障害の著しい区域の建物が移転するときに、建物の再築に要する費用に補償率を乗じた移転工事費、建物等の解体及び廃棄処分に要する取壊工事費等の移転補償費を支払っている。

●積　　算

(1)　取壊工事費

　①　取壊工事費については、庁制定の「運用方針」に基づき、用地対策連絡協議会で定められた補償金の「算定標準書」の単価により積算する。

　②　「算定標準書」では、取壊対象物件が木造家屋の場合には木造建物用、コンクリート建物の場合には非木造建物用、門柱、塀等の場合には工作物用とそれぞれの単価が示されている。

　③　移転補償費として4件で6億0194万円を補償の相手方の農業者4名に支払っている。

(2)　このうち、牛舎、倉庫のコンクリート解体費の積算については、上屋部分が木造で床部分が全面コンクリートのため、木造建物及び非木造建物に該当しないとして、工作物用の単価を採用し、コンクリートの取壊し及び廃材運搬の単価に数量を乗じて3659万円と積算している。

第3章　用地補償の分類別指摘事例

●検査結果
(1)　取壊機械の選定

　　「算定標準書」の工作物用の単価は、ハンドブレーカを使用する人力施工を前提としているが、より経済的な大型ブレーカを使用する機械施工を前提とした非木造建物用の単価により積算すべきである。

　　①　牛舎、倉庫の場合は、床部分に 25〜310 m³ と多くのコンクリートを使用している。

　　②　屋根、壁等の上屋を撤去した後のコンクリート取壊しの施工現場は、広いため機械施工が可能である。

(2)　廃材運搬車の選定

　　①　「算定標準書」の工作物用の単価は、廃材運搬車に 5 t 車を使用することを前提としている。

　　②　しかし、施工現場が広く、1 箇所当たりのコンクリート量が多い場合には、より経済的な 10 t 車を使用することとして積算すべきである。

●指摘内容

　　コンクリートの取壊しは大型ブレーカを、廃材運搬車は 10 t 車を使用することとしてコンクリート解体費を修正計算すると、

　　　3659 万余円 − 1358 万余円 = 2300 万円
　　　（積算）　　　（修正）　　　（差額）

　　積算額を 2300 万円低額できた。

●改善処置

　　「指摘の内容」に合わせて、平成 10 年 11 月に「事務連絡」を発し、同年同月以降経済的な積算をするようにした。

　　指摘額　2300 万円

▶ひと口コメント

　　仕事のやり方を知らず、しかも、施工実態も把握していなかったのである。

106 建物移転補償における解体材処理費の積算を改善

処置済事項 積算過大 平成12年度
指摘箇所：解体処理費

●移転補償概要

　阪神高速道路公団は、高速道路用地を取得する際、建物等の所有者の建物移転に伴う損失を補償するため、7件42億1893万円の移転補償契約を締結している。

　これらの建物等は、工場及び事務所が主体で、解体に伴い発生するコンクリート塊、モルタル等の廃材等の総重量はいずれも100t以上の大きなものとなっている。

●解体材処理費

　移転補償費のうち解体材の処理費の積算に当たっては、公団制定の「積算の手引」、「標準単価表」に基づき、次のとおりとしていた。

(1)　コンクリート塊の処理重量については、建物図面から算出したコンクリート塊の体積を1m^{3}当たりの換算値重量に乗じて算出する。

　　　また、モルタル等の廃材の処理重量については、建物床面積1m^{2}から発生する標準廃材量に床面積を乗じて廃材の体積を算出したうえ、モルタル等の換算値重量（2.2t）に乗じて算出する。

(2)　コンクリート塊及びモルタル等の廃材の処理単価は、不燃物の処理単価である1t当たり3,200円とする。

(3)　算出した処理重量の合計に処理単価を乗じて、可燃物分も含めた解体材の処理費を6648万円と積算していた。

第3章　用地補償の分類別指摘事例

●検査結果
(1)　算出した廃材の体積は、建物の解体後の状態で解体材の間に空隙がある状態のものであるのに、換算値重量2.2tは、解体前の状態に対応するものであった。

　　解体後の廃材の換算値重量については、用対連制定の「補償標準単価表」において、コンクリート塊を含まない不燃物の解体材のダンプトラック積載量が、4t車では3.8m³、10t車では10m³とされていることから、1t程度である。

(2)　処理単価3,200円は、「積算参考資料」から最終処分施設で埋立処理する際の処理単価を採用していたが、コンクリート塊については、近年、最終処分施設での処理単価が上昇したことから、再資源化施設での処理単価の方が安価となっている。

●指摘内容
　検査結果により、解体材の処理費を修正計算すると3750万円となり、積算額を2890万円低減できた。

●改善処置
　平成13年10月に「積算の手引」及び「標準単価表」を改正し、同月以降に契約する補償から適用。

　指摘額　2890万円

▶ひと口コメント
　本件は、積算における基本的な誤りであったり、価格の確認不足であったりしている事例で、本来であれば不当事項に該当するところである。

107 シューパロダムに係る損失補償等について

特定検査状況 算定不適切等 平成13年度
指摘箇所：損失補償等

●事業概要

（夕張シューパロダム建設事業の概要）

北海道開発局石狩川開発建設部（開発建設部）では、河川管理者（北海道開発局長）、国営土地改良事業者（同）、水道用水供給事業者（石狩東部広域水道企業団企業長）及び発電事業者（北海道公営企業管理者）の4者の共同事業により、洪水調節、流水の正常な機能の維持、かんがい用水の補給、水道用水の供給及び発電を目的として、石狩川水系夕張川において、「夕張シューパロダム建設事業」を実施している。

この事業は、既存の農林水産省所管大夕張ダム（堤高67.5m、有効貯水容量8050万m^3）の直下流に新たに重力式コンクリートダム（堤高107.0m、有効貯水容量3億7300万m^3）を新設するものである。そして、平成3年度に実施計画調査に着手し、8年3月に4者の間で締結した「夕張シューパロダムの建設事業に関する基本協定書」に基づき、16年度完成を目途として、総事業費（概算額1470億円）はそれぞれ48.0％、45.8％、4.9％、1.3％の割合で負担することとし、13年度末までに約429億円を支出している。そして、8年度に、事業用地内に所在する大多数の住民等によって組織された夕張シューパロダム鹿島農地対策協議会及び夕張シューパロダム対策協議会との間で、「石狩川夕張シューパロダム建設事業に伴う損失補償基準」を妥結するなどして、現在は、土地、建物等の所有者等333者の移転に係る損失補償をほぼ完了している状況にある。

損失補償は、ダムの湛水面積が拡大することにより新たに水没することとなる区域内等に所在する土地、建物等の移転に係るものであり、その補償額の算定に当たっては、「公共用地の取得に伴う損失補償基準要綱」（昭和37年閣議決定）、「建設省の直轄の公共事業の施行に伴う損失補償基準」（昭和38年建設省訓第5号）、「土地改良事業に伴う用地等の

248

第3章　用地補償の分類別指摘事例

取得及び損失補償要綱」（昭和38年38農地第251号）、「北海道開発局
用地事務取扱規程」（昭和55年北開局第15号）、「通常損失補償処理要
領」（平成11年北開局用第19号）等（これらを「補償基準等」）に基づ
いて算定することとしている。

　そして、北海道土地開発公社（公社）に用地の先行取得に関する業務
を委託するなどして、13年度末までに補償額約196億円が支払われて
いる。

　また、補償額の算定に当たっては、補償コンサルタントに補償額の算
定業務を計57件7億4785万円で委託している。

●検査結果

(1)　検査の着眼点及び対象

　　13年度末までに実施された補償額約196億円のうち、補償額が
多額になっており、国会でも取り上げられた夕張市所在のA会社
B工場を始めとする会社のうち、補償額が上位の6会社に係る補償
額65億2767万円及び業務委託契約額7億4785万円について補償
額が補償基準等に基づいて適正に算定されているか、委託業務が適
正に行われているかなどに着眼して検査した。

(2)　検査の状況

　　検査したところ、工場について、以下のとおりとなっていた。

①　工場に係る損失補償

　1)　工場に係る損失補償の概要

　　　会社の工場に係る損失補償の概要は次のとおりである。

　　　工場は、昭和48年12月にC会社からD市に寄付された建
物等を51年11月にA会社が譲り受けるなどし、酸素・窒素
及び溶解アセチレンを製造する工場として操業を開始したもの
である。

　　　この工場に係る土地の取得及び建物、工作物等の移転等に対
する損失補償については、平成12、13両年度に補償額49億
2260万円で実施されている。

　　　このうち、土地、建物及び工作物のうち大型機械設備等に係
る45億3132万円については、12年7月に開発建設部が公社

249

との間で締結した「石狩川夕張シューパロダム建設事業に伴う用地の先行取得に関する契約」に基づき、公社がＡ会社との間で土地売買契約、建物、工作物等の物件移転補償契約を締結して支払われている。また、工作物（送電線設備）に係る３億9127万円については、12年８月に開発建設部とＡ会社との間で締結された物件の移転に関する契約に基づき支払われている。

なお、通常見込まれる補償項目である営業補償については、Ａ会社がこれを辞退したため行っていない。

これらの補償項目別の補償額等は次表のとおりである。

補償項目	補償額	支払状況		契約状況
	円	年 月 日	円	
土地	158,317,362			12.8.11 土地売買契約
建物	410,669,700	12.9.11	3,150,000,000	12.8.11
工作物 （主に大型 機械設備）	3,567,779,400	14.1.11	1,381,326,962	物件移転補償契約
その他の 通常損失	394,560,500			
計	4,531,326,962		4,531,326,962	（公社による先行取得）
工作物 （送電線設 備）	391,277,000	13.1.24 14.1.28	270,000,000 121,277,000	12.8.11 物件の移転に関する 契約（開発建設部によ る契約）
合計	4,922,603,962		4,922,603,962	

2)　工場に係る損失補償の検査状況

工場の損失補償額の算定について、検査したところ、次のような事態が見受けられた。

ア　土地の補償額

取得する土地に対しては、補償基準等に基づき正常な取引価格をもって補償するものとされている。開発建設部では、本件で取得する土地については、「土地評価事務処理要領」（昭和63年北開局用第228号）等に基づき、次のとおり買収地の価格を算定している。

第3章　用地補償の分類別指摘事例

(ア)　近傍類地における取引事例をD市内から2箇所選定し、これらと類似地域内の標準地との間の個別的要因（街路条件、交通・接近条件、環境条件等）による標準化補正を行い、類似地域の標準地評価格を算定する。

(イ)　これらと買収地の近隣地域の標準地を地域要因（街路条件、交通・接近条件、環境条件等）による比較を行い比準価格を算定する。なお、土地は近隣地域の標準地となっている。

そして、この比準価格について、北海道が公表した国土利用計画法に基づく基準地（D市）価格に地域要因の比準を行って算定した均衡価格と、不動産鑑定士の鑑定評価格とによって、その価格の妥当性を検証した。この検証に当たっては、「土地評価等に係る留意事項について」（平成8年北海道開発局官房用地課長補佐から各開発建設部用地課長あて事務連絡）により、比準価格と均衡価格、比準価格と鑑定価格の価格差がいずれも10%未満であることから、比準価格は妥当であるとしている。

工場の土地の補償額は、算出した単価に買収地面積を乗じて1億5831万円と算定している。

土地の補償額の算定については、土地評価事務処理要領等に基づいて実施されており、特に適切を欠く事態は見受けられなかった。

イ　建物の補償額

補償基準等によると、取得に係る土地等に建物等があるときは、当該建物等を通常妥当と認められる移転先に通常妥当と認められる移転方法によって移転するのに要する費用を補償するなどすることとされている。

そして、通常妥当と認められる移転方法には、再築工法、除却工法等があるが、このうち再築工法は、従前の建物と同種同等の建物を建築することが合理的と認められる場合に採用される工法であり、その補償額については補償基準等に基づき、次の算式により算定することとされている。

251

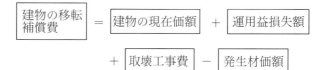

　算式のうち、建物の現在価額は、建物の推定再建築費に現価率を乗じて算出することとされている。

　工場の建物に対する補償額について、次のような事態が見受けられた。

(ア)　建物の推定再建築費の算定について

　　開発建設部では、「北海道開発局非木造建物調査積算要領」（平成6年北開局用第11号）等に基づき建物の推定再建築費を算定している。これによれば、鉄骨造建物の鉄骨工事費、塗装工事費等については、延べ床面積に、建物の用途及び構造、鉄骨の肉厚による区分に応じて定められている1m^2当たりの鉄骨量を乗じ、これにそれぞれの施工単価を乗じて算定することとなっている。そして、仮設工事費、電気工事費等については、延べ床面積にそれぞれの施工単価を乗じて算定することとなっている。

　　そして、補償対象となっている建物のうち、アセチレン工場（鉄骨造3階建て、延べ床面積452.85m^2）及び酸素・窒素工場（鉄骨造2階建て、同1,387.16m^2、以下「酸素工場」）については、その延べ床面積を1,840.01m^2と算出し、鉄骨工事費等を算定している。

　　しかし、アセチレン工場の2、3階部分及び酸素工場の2階部分には、0.36m^2から147.90m^2の床の開口部が計21箇所284.10m^2あり、要領等では、延べ床面積は開口部の面積を控除して算定することとされていることから、開口部を含めて延べ床面積を算定したことは、適切とは思料されない。

(イ)　建物の現在価額の算定について

　　建物の現在価額を算出するための現価率は、次の算式により算定することとされている。

第3章 用地補償の分類別指摘事例

$$\boxed{現価率} = 1 - \boxed{(1-残存価格率)} \times \boxed{\frac{経過年数}{耐用年数}}$$

　算式のうち、非木造建物の耐用年数については、建物の用途及び構造によって区分されていて、工場及び倉庫で鉄骨の肉厚が9mmから4mmのものについては50年とされている。

　酸素工場、圧縮及び袋詰工場（鉄骨造平屋建て）は、肉厚が6mmの鉄骨を主要部材として建設された建物であるが、開発建設部では、この建物は鋼材を強固に組み合わせた構造であることから専門家の意見を参考としたとして、耐用年数を60年と補正して現価率を算定している。さらに、原料庫（鉄骨造平屋建て）については、特段の理由もないのに耐用年数を60年に補正して現価率を算定している。

　しかし、非木造建物の耐用年数は、通常、補償基準等に定められたものが使用されており、これによることなく耐用年数を補正したことは必ずしも妥当とは思料されない。

　(ア)、(イ)により、仮に、延べ床面積から開口部の面積を除き、また、耐用年数を50年として補償額を試算すると、建物4棟で計約6000万円の計算上の開差が生じることとなる。

ウ　工作物（送電線設備）の補償額

　補償基準等では、土地、建物に主眼を置いてその取扱いが定められており、建物以外の工作物に係る補償額の算定方法については建物に準ずることとされている。そして、再現する必要がないと認められる建物については、通常妥当な移転方法として除却工法によるものとされている。

　開発建設部では、送電線設備については、A会社の想定移転先では必要なくなることから除却することとし、建物の除却工法の算定方法に準じて次の算式により補償額を算定している。

253

$$\boxed{補償額} = \boxed{\begin{array}{c}工作物の\\現在価額\end{array}} + \boxed{\begin{array}{c}取　壊\\工事費\end{array}} - \boxed{発生材価額}$$

(ｱ)　送電線設備の移転補償契約における取壊工事の履行について

　　A会社所有の送電線設備は、大夕張ダム直下の二股発電所から工場内まで高圧電力を送電するためのものであり、鉄塔46基、送電線等からなっている。

　　この補償に当たって、開発建設部では、送電線設備をすべて撤去することとする移転補償契約を社と締結している。そして、補償額は、建物の除却工法に準じて算定し、すべての撤去状況を確認したとして支払っている。

　　しかし、鉄塔46基のうち45基の基礎部については、地表から下0.8m程度までを撤去したのみで、その下1.7m程度は撤去されないまま残置されていた。

　　したがって、鉄塔の基礎部を含めた送電線設備すべてを撤去することとしていた契約に違反しており、これに係る補償額（取壊工事費）相当額5623万円の支払は不適切と認められた。

(ｲ)　送電線設備の推定再建築費及び取壊工事費の算定について

　　算式のうち、工作物の現在価額は、建物に準じて推定再建築費から減価控除額を差し引いて算出することとされている。そして、開発建設部では、送電線設備の推定再建築費及び取壊工事費の積算を11年度に補償コンサルタントに委託し、補償額を決定している。この委託の内容をみると、補償コンサルタントは電気工事に経験のある会社2社から見積書を徴し、両者のうち安価な方の単価をもって補償額算定の基礎としていたが、そのうち1社の見積書は、図面、仕様書等もないままに作成されたものであり、その結果、見積書を1社から徴したことと同様の結果となっていると思料される。

しかし、補償額の算定に用いる積算単価等を記載している「平成11年度通常損失補償基準書」（札幌開発建設部用地第1課、同用地第2課、石狩川開発建設部用地課作成）では、1社見積りによった場合には所定の補正率を乗じることとされていることから、基準書に準じて所定の補正率を乗じるなど一定の補正を行わなかったのは必ずしも妥当とは思料されない。

(ｳ) 送電線設備の減価控除額について

減価控除額は次の算式により算定している。

$$
\boxed{減価控除額} = \boxed{推定再建築費} \times \boxed{(1-残存価格率)}
$$
$$
\times \boxed{\dfrac{経過年数}{耐用年数}}
$$

開発建設部では、送電線設備のうち鉄塔の減価控除額の算定に当たり、北海道内に70年以上経過している鉄塔が多数存在していることなどから専門家の意見を参考にしたとして、鉄塔の耐用年数を80年として補償額を算定していた。一方、電力会社に対する補償の例をみると、「架空送電線路の減耗分の取扱いについて」（昭和58年建設省計用発第35号）により、個々の鉄塔について、個別の状況を配慮することなく耐用年数を50年と定めていることから鉄塔について耐用年数を80年として減価控除額の算定をしていることは必ずしも妥当とは思料されない。

(ｲ)、(ｳ)により、仮に、見積価格を補正することとし、また、耐用年数を50年として補償額を試算すると、約1億7000万円の計算上の開差が生じることとなる。

エ　プラントの補償額

工作物に係る補償額の算定方法については建物に準ずることとされているが、この工作物の中でも、特に大型機械設備については、用途や機能が多岐にわたる多数の機器によって複雑に構成されているなどの機械設備固有の事情があるた

め、これらに対応した算定方法が明示されておらず、建物の補償とは異なり補償事例ごとに様々な方法で補償額が算定されているのが実態である。

　工場の大型機械設備（プラント）には、酸素・窒素を製造するプラント（酸素プラント）と溶解アセチレンを製造するプラントがある。これらの補償額の算定に当たっては、開発建設部が11年度に補償コンサルタントに補償額算定業務を委託し、次のような取扱いをしている。

　プラントは移転が困難であるとして、その補償額の算定に当たっては、既設のプラントと同等の製造能力を有するプラントを再建築する方法によることとし、建物の場合の算定方法に準じて、当該プラントの推定再建築費を補償時までの経過年数等に応じて減価するなどして算定した額をその補償額としていた。

　推定再建築費については、補償コンサルタントがプラントメーカーから見積りを徴するなどして算定しており、特に酸素プラントについては、既設のもの（旧酸素プラント）で採用されている高圧式が既に製造されていなかったため、現在主流となっている低圧式で旧酸素プラントと同等の製造能力を有するもの（新酸素プラント）を再建築することとしていた。

　高圧式は、機械の立ち上がり時間が2時間程度と短いため、A会社のような昼間のみの操業形態の企業（8時間/日）にとって有利な方式である。これに対して、低圧式は機械の立ち上がり時間が高圧式に比べて長くなるため、旧酸素プラントと同等の短い立ち上がり時間を実現することが非常に困難である。そこで、補償額算定の当初の段階においては、1時間当たりの酸素又は窒素それぞれの製造能力（単体製造能力）のみに着目して、酸素プラントの機種を選定していた。その後、低圧式でも高圧式と同じ2時間程度の立ち上がり時間を実現できるメーカーがあることが判明したため、酸素プラントの機種をこのメーカーのものに変更して補償額を算定

第3章　用地補償の分類別指摘事例

することとした。

　旧酸素プラントは、酸素と窒素を同時に製造することができず、いずれか一方を製造する方式であったが、新酸素プラントは酸素と窒素を同時に同量製造できる仕様となっている。

　そこで、新旧酸素プラントの能力について見ると、単体製造能力は同等であるが、1時間当たりの酸素及び窒素を合計した製造能力（総製造能力）については、新酸素プラントは旧酸素プラントの2倍となる。一方、単体製造能力ではなく総製造能力を基準にして、旧酸素プラントの能力と同等となるよう新酸素プラントの仕様を定めると、その単体製造能力は旧酸素プラントの2分の1となる。

　しかし、旧酸素プラントでは、1日の操業すべてを酸素の製造に充てていた実績があり、単体製造能力が旧酸素プラントの2分の1に低下すると、この操業形態に応じた酸素の製造量を確保することができなくなる。

　したがって、過去の操業形態を考慮すれば、新旧酸素プラントの能力を比較する場合には単体製造能力を基準にせざるを得ず、このことからすれば、新酸素プラントと旧酸素プラントとは同等の製造能力であると認められた。

(ア)　酸素の購入経費について

　　新酸素プラントは酸素と窒素を同時に同量製造する仕様となっている。

　　そして、A会社では、近年の酸素販売量のうち2分の1程度は外部からの購入によっていた。

　　したがって、外部から購入していた酸素の一部に、窒素の製造を目的とした操業の際に生じる酸素を充てれば、その分を外部から購入する要はなく、これに係る酸素購入経費相当額を補償額の算定に当たって反映させることも可能であると思料される。

(イ)　推定再建築費について

　　新酸素プラントに係る推定再建築費の算定に当たって、

257

ガスボンベに充てんする酸素を気体で一時的に貯蔵する酸素ガスホルダー2基（推定再建築費約2億円）については、旧酸素プラントに設置されていたという理由から補償対象としていた。

しかし、新酸素プラントは旧酸素プラントと異なる製造方式を採用せざるを得なかったため、酸素プラントの推定再建築費の算定に当たっては、構成機器の財産価値に着目するのではなく、その製造能力に着目した機能補償的な算定が図られていると考えることができる。現に、新旧酸素プラントの構成機器を比較すると、旧酸素プラントに設置されている機器のうち、新酸素プラントにおいて機能上設置されないものについては補償額の算定対象から除外している。

このことに着目すれば、新酸素プラントには、酸素ガスホルダーを必要としない機器が組み込まれており、当該酸素ガスホルダーをその財産価値に着目して補償対象とすることは、旧酸素プラントを構成していた他の機器に対する取扱いと比べて整合性が十分に図られていない。

(ウ)　減価控除額について

大型機械設備については、耐用年数について明確な指標がないなど、その減価控除額については具体的な算定方法が定められておらず、補償事例ごとに様々な方法で算定されているのが実態である。

プラントにおいては、特に新酸素プラントが旧酸素プラントと異なる製造方式を採用せざるを得なかった事情もあり、開発建設部では、旧酸素プラントに係る減価控除額を客観的かつ合理的に表示するのは旧酸素プラントの固定資産台帳（台帳）上の減価償却累計額であると判断し、これを補償額算定上の減価控除額として採用している。

そして、酸素プラントにおいては、旧酸素プラントの構成機器の多くが中古で取得されていて、その取得価額が低廉となっていることから、減価控除額がその推定再建築費

に占める割合は 1.97 % となっている。さらに、電気設備に至っては割合は 0.21 % となっていて、これらの機器、設備の現在価値は新品とほぼ同額とみなされる結果となっている。

このような算定方法は、再築工法の補償額の算定方法が、推定再建築費から減価控除額を控除することによって、この推定再建築費を補償時点での補償対象資産の財産価値（現在価値）に補正するという趣旨からすると、整合性が十分に図られていない。

プラントのように多数の機器によって複雑に構成されている設備については、台帳に登載された機器のうち、減価控除の対象とすべき機器の一部がその算定対象から漏れることがある。一方で、プラントの所有者が付帯的な部材に至るまでそのすべてを台帳管理することは困難であるとともに、起業者においても資産のすべてが台帳に登載されていることを確認するのは一般的に困難であることが多い。

したがって、台帳上の減価償却累計額を減価控除額とするのに当たっては、一般的には、中古で取得された資産や台帳上に取得価額のない資産については、当該資産の推定再建築費に物価指数等を加味した額に基づいて減価控除額を算出するのが妥当な方法として運用されていることが多い。仮に、この方法によって試算すると、酸素プラントについては約4億円、電気設備については約8000万円各々減価控除額が増大することになる。

㈡ 共通仮設費について

プラントにおいては、機器の製作費及びその据付工事費で構成される直接工事費の全額に共通仮設費率を乗じて、共通仮設費（約1億8000万円）が算出されている。

しかし、公共事業の工事費の積算についてみると、建築及び土木工事においては直接工事費の総額がその適用対象とされているのに対して、機械及び電気設備工事においては機器の据付工事費がその適用対象とされ、機器の製作費

は適用対象から除外されている。

　これは、共通仮設費が準備費（敷地測量、仮道路等）、仮設物資（仮事務所、宿舎等）、安全費等の主に現場の作業に関連して発生する間接工事費であり、一般的に、機械及び電気設備工事における機器の製作そのものは工場で行われ、現場には機器の完成品又は半完成品が搬入されるため、この製作費に関連しては共通仮設費が発生しないことによる。

　したがって、プラントについて、その補償額の算定に当たり、機器の製作費を共通仮設費の対象としていることは、機械及び電気設備工事における積算と整合性が図られていない。

　㋔　工業用水について

　プラントは、冷却用に大量の水が必要であることから、北海道企業局が既設の工業用水道の幹線から径 350 mm の管を分岐させ、延長 1,100 m 設置することとして、工業用水の給水施設の補償額を算定している。これは工場のプラントで使用していた工業用水約 600 m^3/h を基に径 350 mm のダクタイル鋳鉄管による 1 m 当たり施工単価に設置延長を乗じるなどして算定したものである。

　しかし、想定移転先地において A 会社が新設することとして補償額算定対象とした機械設備は節水機能を備えていることから、工業用水の必要水量を改めて計算すると 28 m^3/h となり、工業用水道の管径は 150 mm で足りることとなり、管径を 350 mm としたことは適切とは思料されない。

②　補償額の算定に係る業務委託契約

　1)　業務委託契約の概要

　移転補償に係る補償額の算定に当たっては、移転工法の検討並びに機械設備、営業等に係る調査及び補償額の積算（以下、このうち営業に係る調査及び補償額の積算を「営業調査積算」）等の業務を補償コンサルタントに委託している。

第3章　用地補償の分類別指摘事例

　　このうち営業調査積算は、営業休止期間中の収益減、従業員に対する休業手当相当額等、事業所の移転に伴う営業損失に対する補償額を算出するための調査積算業務であり、北海道開発局制定の用地調査等標準仕様書等によると、貸借対照表、損益計算書、固定資産台帳、総勘定元帳等の財務関係資料等を収集し、これらを基に補償額を積算することとされている。

2)　業務委託契約の検査状況

　　移転補償額の算定に係る業務委託契約について、検査したところ、次のような事態が見受けられた。

　　57業務委託契約のうち、7年度、9年度及び11年度に委託した3契約においては、いずれもA会社から財務関係資料等の提出を受けられなかったため、受託者は実施することとされていた営業調査積算を実施できなかったのに、すべて完了したとしていた。そして、開発建設部において、これらに係る成果品の引渡しを受けていないのに、すべての調査等の業務が完了したとして委託費を支払っていたことは不適切と認められた。

　　また、12年度に委託した2契約においては、補償額算定の対象である工場について、既に12年8月にA会社との間で補償契約が締結されていて、この締結後に補償額の算定等を委託する必要はなく、受託者はこれら2契約について何ら業務を実施していなかったのに業務が完了したとしていた。そして、開発建設部において、実態と異なる関係書類を作成して会計処理を行い、業務が完了したとして委託費を支払っていたことは不適切と認められた。

　　したがって、「北海道開発局地方部局文書管理規則」（平成13年北開局総第15号）に基づく保存期間が経過したことにより契約関係書類が廃棄されていて、適正な委託費の算定ができなかった7年度に委託した契約を除く9年度、11年度及び12年度に委託された4契約計1219万円の支払は不適切と認められた。

　　なお、北海道開発局の説明によれば、12年度に委託した2契約は、契約締結以前に受託者に口頭依頼した機械設備に関す

る補償額の再積算に要した費用を支払うために発注されたものであるとしている。

●所　見

　北海道開発局では、ダム等の建設事業を始め、多数の公共事業を実施しており、これに伴う事業用地の取得及び物件の移転等に対する損失補償額も多額に上っている。

　そして、公共事業の起業者にあっては、補償額の算定に当たり、補償基準等に基づくことはもとより、過去の補償事例及び他の起業者が一般的に広く行っている補償方法も斟酌することなどにより、補償が適正に行われることが要請されている。

　夕張シューパロダム建設事業は、その施行に伴って多くの損失補償が必要となった事業である。その中には、補償内容が複雑かつ専門的で、補償事例も少ないため、その算定が難しい化学工場のプラントを対象とするものもあった。

　これらについて検査院で検査したところ、次のような状況であった。

ア(ア)　建物に係る補償額の算定に当たり、推定再建築費について床の開口部の面積を延べ床面積に含めて算定していたり、現在価額について耐用年数を通常行われているものより延長していたりしていた。

　(イ)　送電線設備に係る補償額の算定に当たり、推定再建築費及び取壊工事費について、実質的に1社見積りであるのに通常行われている補正率を乗じていなかったり、減価控除額について耐用年数を通常行われているものより延長していたりしていた。

イ　プラントに係る補償額の算定に当たり、推定再建築費について、プラントの構成機器の一部を他の構成機器とは異なり、その財産価値に着目して補償対象としていたり、中古で取得された資産等に係る減価控除額の計算や共通仮設費の適用対象について、他の補償事例等との整合性が図られていなかったりなどしていた。

ウ　移転補償契約の履行に当たって、契約に反して送電線設備を一部撤去していなかった。

エ　補償額の算定に係る業務委託契約において、業務の一部を受託者

第3章　用地補償の分類別指摘事例

が実施できずこれに係る成果品の引渡しを受けていなかったり、業
務が何ら実施されておらず成果品の引渡しを受けていないのに、委
託費を支払っていた。

　検査の結果を踏まえ、検査院は、事業の一部を不当事項として掲記
することとしたほか、今後、損失補償がより一層適切に行われるよ
う、特に、検査状況を掲記することとした。

　損失補償がより一層適切に行われるため、補償額の算定に当たって
は他の起業者の補償事例等も参考にしながら、多数実施されている建
物等の損失補償については、より補償基準等の趣旨を十分に考慮する
などし、特に、化学工場プラントのような複雑な大型機械設備の損失
補償については、補償の在り方、対象物の調査方法、稼働実態等を十
分検討し、減価控除額及び共通仮設費等についての取扱いを処理要領
等において整備するとともに、その周知徹底を図ることにより適切な
実施を確保するための措置を講じることが望まれた。

　指摘額　5623万円（補償・取壊工事費）

　　　　　1219万円（委託費支払）

　背景金額　65億2767万円（移転補償契約）

　　　　　　7億4785万円（業務委託契約）

▶ひと口コメント

　本件については、当時大きな話題となり、検査についても取りまとめについて
も、検査院と開発局とで相当な苦労を要した事例である。

108 鉄塔移転に当たり、基礎部を撤去していない

不当事項　支払過大　平成 13 年度
指摘箇所：契約違反

●事業概要

(1) 北海道開発局は、A 川で実施しているダム建設事業において、水没区域等に所在する土地、建物等の所有者に対する移転補償を行っている。

(2) 平成 12 年 8 月に、B 社との間で、水没区域内に所在する工場の受電のために所有する鉄塔 46 基を含む送電線設備をすべて撤去することとする移転補償契約を 3 億 9127 万円で締結した。

(3) 契約締結後の 13 年 1 月、社に前払金 2 億 7000 万円を支払い、同年 12 月に鉄塔の基礎部（地中約 2.5 m 程度）を含む送電線設備すべての撤去を検査確認したとして、14 年 1 月、残額 1 億 2127 万円を支払っていた。

●検査結果

鉄塔 46 基のうち 45 基の基礎部については、地表から下 0.8 m 程度までを撤去したのみで、その下 1.7 m 程度は撤去されないまま残置されていた。

●指摘内容

鉄塔の基礎部を含めた送電線設備をすべて撤去することとしていた契約に違反していて、残置された基礎部分の補償額相当額 5623 万円が不当となっていた。

指摘額　5623 万円

▶ひと口コメント

検査確認とは何を対象としたのか。

264

第 3 章　用地補償の分類別指摘事例

109 送電線路の移設補償費の支払が過大となっている

不当事項　支払過大　平成 15 年度

指摘箇所：精算

●事業概要

　都市基盤整備公団は、電力会社所有の送電線路等（鉄塔及び架空送電線等）に対する移設補償を行っている。

●補償費内容

　補償費は送電線路等の移設等の工事に係る費用とされ、電力会社が工事を実施する。補償費の支払は、補償契約締結後に補償費概算金額の 5 割相当額を概算払として支払い、電力会社は工事完了後補償費の精算書を公団に提出し、公団がその内容を確認して残額を支払うこととなっている。

　公団は、補償費概算金額の 5 割相当額 6917 万円を概算払として電力会社に支払い、工事終了後、補償費の精算金額 1 億 0262 万円から概算払金額を差し引いた 3345 万円を残支払額として電力会社に支払った。

●検査結果

　電力会社が算定した補償費の精算金額 1 億 0262 万円のうち既設送電線路等撤去費 2571 万円は、実際に要した工事費ではなく、電力会社が移設等工事を発注するために算定した工事予定金額であり、正しくは 1909 万円であった。

●指摘内容

　したがって、これにより修正計算すると、過小となっていた送電線路等移設費を考慮しても、補償費 611 万円が過大となっている。

　指摘額　611 万円

◉ひと口コメント

　補償額算定に関して過去にも同様の指摘がされている。本件は、相手方から示された精算金額は信頼できる相手といえどもそのまま支払うのではなく、その内容の審査、確認を怠ってはならないという教訓を示している。

265

110 損失の補償対象にならない 消費税額を計上

不当事項　算定不適切　平成16年度
指摘箇所：消費税額

●事業概要

(1)　補助事業の概要

　　この補助事業は、A府が、主要地方道A中央環状線B橋架替事業の一環として、C市とD市を結ぶB大橋に平行して架設しているBガス管橋の撤去に伴い、ガス管橋に添架されているA府水道企業管理者（水道企業管理者）所有の水道管等の水道施設の移設に要する費用として、平成14、15両年度に2億9345万円（国庫補助金1億0175万円）を水道企業管理者（A府水道事業会計（特別会計））に補償したものである。この補償金の算定に当たっては、移設に要する工事費等（施設移設費）2億7948万円に、これに係る消費税（地方消費税を含む。以下同じ。）額1397万円を加算している。

(2)　損失の補償における消費税の取扱い

　　国土交通省道路局所管の国庫補助事業の施行に伴う損失の補償においては、消費税について、「建設省の直轄の公共事業の施行に伴う損失の補償等に関する消費税及び地方消費税の取扱いについて」（平成9年建設省経整発第67号の3）に準じ、次のように取り扱うこととされている。

　　すなわち、補償を受けた土地等の権利者等が補償金により代替施設を建設する場合などには、建設業者等に支払うこととなる消費税を考慮して補償金を適正に算定することとされている。そして、土地等の権利者等が事業者である場合において、補償金により建設業者等から資産の譲渡等を受け、消費税を負担しても、当該事業者の消費税納付税額の計算上、課税売上高に対する消費税額から課税仕入れに係る消費税額として控除（この控除を「仕入税額控除」）の対象となるときは、当該事業者は実質的に消費税を負担しないこととなるため、補償金の算定に当たり消費税を積算上考慮しないこととされている。

266

第3章　用地補償の分類別指摘事例

　そして、消費税法（昭和63年法律第108号）によれば、事業者の課税売上割合^(注)が95％以上となっている場合、事業者は、課税仕入れに係る消費税の全額を仕入税額控除することができることとなっている。また、地方公共団体の特別会計に係る消費税の納付税額の計算に当たり、補助金収入など売上げ以外の収入（特定収入）の額を売上高と特定収入の合計額で除した割合（特定収入割合）が100分の5以下の場合には、特定収入により賄われる消費税額は、課税仕入れに係る消費税額として課税売上高に対する消費税額から控除できることとなっている。

（注）　課税売上割合：総売上高に占める課税売上高の割合。

●検査結果

　検査したところ、補償金の算定に当たり、施設移設費に消費税額を加算したのは、次のとおり適切でなかった。

　すなわち、水道企業管理者は消費税法上の事業者に該当し、Ａ府水道事業会計の消費税の確定申告書等によれば、課税売上割合が95％以上であり、また、特定収入割合は100分の5以下であることから、課税仕入れに係る消費税の全額を仕入税額控除することができることとなる。したがって、水道企業管理者は水道施設の移設に係る消費税を実質的に負担しないこととなるので、補償金の算定に当たり消費税額を加算していたのは適切でない。

　このような事態が生じていたのは、府において、補償金の算定に当たり消費税の取扱いについての理解が十分でなかったことなどによると認められた。

　上記により、事業に要する適正な費用は2億7948万円（うち国庫補助対象額1億9382万円）であり、消費税額1397万円（うち国庫補助対象額969万円）が過大となっており、国庫補助金相当額484万円が不当と認められた。

　指摘額　484万円（補助金）

▶ひと口コメント

　補償における消費税の取扱いの誤りは、本件以降も繰り返すこととなる。

111 下水道事業の損失補償額算定の 消費税額の取扱いが不適切

不当事項 交付過大 平成18年度
指摘箇所：消費税

●事業概要

A市は、公共下水道事業の一環として、下水道管きょを築造するため、工業用水用送水管（径1,200mm、延長89.0m）の移設に要する費用として、平成18年度に2億4725万円（国庫補助金1億2042万円）を、送水管を所有する会社に補償した。この補償金額は、移設費用2億3548万円に、これに係る消費税相当額1177万円を加算して算定されている。

●補助事業における消費税の取扱い

消費税は、事業者が課税対象となる取引を行った場合に納税義務が生じるが、生産、流通の各段階で重ねて課税されないように、確定申告において、課税売上高に対する消費税額から課税仕入れに係る消費税額を控除（仕入税額控除）する仕組みが採られている。

そして、土地等の権利者等が、補償金により建設業者等から資産の譲渡等を受けることも課税仕入れに該当し、この仕組みにより確定申告の際に補償金により譲渡等を受けた資産に係る消費税額を仕入税額控除した場合には、土地等の権利者等は当該資産に係る消費税額を実質的に負担しないことになる。

このため、国庫補助事業の施行に伴う損失の補償においては、土地等の権利者等が消費税法上の事業者である場合に、事業主体は、土地等の権利者等から消費税の確定申告書を収集するなどにより調査し、補償金に係る消費税が確定申告時に仕入税額控除の対象となる場合は、消費税は補償金の積算上考慮しないこととしている。

そして、消費税法によれば、事業者の課税売上割合が95%以上となっている場合、事業者は、課税仕入れに係る消費税の全額を仕入税額控除することができることとなっている。

268

第3章　用地補償の分類別指摘事例

●検査結果

　補償を受けた会社は、16年4月から17年3月までの課税期間分の消費税の確定申告書等において、課税売上割合が95%以上であることから、課税仕入れに係る消費税の全額を仕入税額控除することができる消費税法上の事業者となる。したがって、会社は送水管の移設に係る消費税を実質的に負担しないこととなるのに、A市の補償金の算定に当たり消費税相当額を加算していたのは適切でない。

　上記により、消費税額1177万円が過大となっており、国庫補助金573万円が不当となっていた。

　指摘額　573万円（補助金）

▶ひと口コメント

　毎年同様の事例が多数指摘されている。

機械工作物

112 減耗分を控除せず補償費を算定

不当事項　過大補償　平成 19 年度
指摘箇所：減耗分

●補償概要

　都道府県等の事業主体は、土地区画整理事業、公共下水道事業等の一環として、道路を整備したり、下水道管きょを築造したりするために、支障となる水道管等の移設補償を行っている。

　公共事業の施行に伴い機能の廃止等が必要となる既存の公共施設等についてその機能回復を図ることを目的とする公共補償については、「公共事業の施行に伴う公共補償基準要綱」及び「公共補償基準要綱の運用申し合せ」（公共補償基準）に基づき、公共施設等の管理者に対して補償費を支払うものとされている。

　公共補償基準によると、公共施設等の管理者が、代替施設を建設する場合には、事業主体は、施設の建設に要する費用から既存の施設等の機能廃止時までの財産価値の減耗分等を控除するなどして補償費を算定することとなっている。ただし、公共施設等に係る決算が継続的に赤字状況にあるなど、減耗分相当額を調達することが極めて困難な場合等のやむを得ないときは、財産価値の減耗分の全部又は一部を控除しないことができることとなっている。

第3章　用地補償の分類別指摘事例

●**検査結果**

　2事業主体において、水道管等の移設補償費の算定に当たり、財産価値の減耗分を控除しなければならないのに、誤って、控除していないなどしていた。

　このため、補償費計1224万円（うち国庫補助対象額1149万円）が過大になっており、国庫補助金609万円が過大に交付され不当と認められた。

　指摘額　609万円（補助金）

都県名	事業主体	年度	国庫補助金交付額	不当となっていた国庫補助金
東京都	A	平成18	円 1748万	円 387万
徳島県	B	18	1376万	222万
計	2事業主体		3124万	609万

▶**ひと口コメント**

　「水道管の減耗控除」について、公共補償基準の「やむを得ないとき」をどう解釈するかで議論があったが、現在では、水道事業者の決算状況で判断するということになっている。

機械工作物

113 水道管移設補償費の算定が過大

不当事項　過大補償　平成 20 年度
指摘箇所：減耗分

●事業概要

A 市は、B ふ頭地区において、道路整備に伴い支障となる水道管等の移設費用として、水道事業管理者に対し、平成 20 年度に、同等の水道管等の新設に要した工事費 1330 万円と事務費等 304 万円を合算するなどした 1635 万円（交付金 654 万円）を補償した。

●検査結果

「公共事業の施行に伴う公共補償基準要綱」等によると、公共事業の施行に伴い、既存公共施設等の管理者が、機能の廃止等が必要な施設等と同等の代替施設を建設する場合には、当該公共施設等に係る決算が継続的に赤字状況にあるなどやむを得ないと認められるときを除き、施設の建設費用から既存公共施設等の機能廃止時までの財産価値の減耗分を控除して補償費を算定することとなっているが、市の水道事業は 17 年度から 19 年度まで黒字決算となっているのであるから、水道管等の新設に要する工事費を補償の対象として財産価値の減耗分を控除していないのは、適切でない。

したがって、補償費は、水道管等の耐用年数 55 年に対する移設対象の水道管等の経過年数 45 年に応じた減耗分 587 万円が過大になっており、交付金 235 万円が過大に交付されていて、不当と認められた。

指摘額　235 万円（交付金）

▶ひと口コメント

繰り返し同様な指摘が続いている。市の担当者はそうしたことを知らなかったのだろうか。チェック体制はどうなのか。

第3章　用地補償の分類別指摘事例

114 新設費用で移転料を算定

不当事項　過大補償　平成 20 年度

指摘箇所：再築補償率

●事業概要

A 県は、道路の新設に必要な用地の取得に当たり、支障となる温室施設（面積 1,979.7 m²）等の工作物を移転させるなどのため、平成 19、20 両年度に、補償費 4057 万円（国庫補助金 2231 万円）で、温室施設の所有者に損失補償を行った。

県は、温室施設の移転料について、建物移転料の算定方法に準じて再築工法により算定することとして、2407 万円としていた。

●検査結果

補償基準等によると、再築工法による場合の建物移転料は、従前の建物の推定再建築費に建物の耐用年数等から定まる再築補償率を乗ずるなどして算定することとされているのに、県は、温室施設の移転料の算出に当たって、再築補償率を乗ずることなく、推定再建築費として算出した新設に係る費用をそのまま移転料として算定するなどしていた。

したがって、補償基準等に基づき、温室施設の再築補償率を推定再建築費に乗ずるなどして、温室施設の適正な移転料を算出すると 2132 万円となり、適正な補償費を算定すると、他の算定誤りの修正も含めて 3758 万円となることから 298 万円が過大となっており、国庫補助金 164 万円が不当となっていた。

指摘額　164 万円（補助金）

機械工作物

▶ひと口コメント

再築補償率を乗じていないという指摘であるが、これは補償費を膨らませるためというより、全く単純なミステークなのだろう。

273

115 損失補償費に消費税相当額を加算

不当事項 算定不適切 平成22年度
指摘箇所：消費税額

●事業概要

　この補助事業は、A市が、B区C町、D両地区において、Dトンネルの改良に伴い、A市水道事業管理者（水道事業者）所有の配水設備（管径700mm、延長266.4m及び管径200mm、延長110.3m）の移設に要する費用として、8727万円（国庫補助金4363万円）を水道事業者（A市水道事業会計（特別会計））に補償したものである。

　市は、補償金の算定に当たり、配水設備の移設に要する費用として移設工事費を7887万円とし、これに係る消費税及び地方消費税（これらを「消費税」）相当額394万円と事務費等の諸経費444万円を加算していた。

　国土交通省港湾局所管の国庫補助事業の施行に伴う損失補償においては、「損失の補償等に関する消費税及び地方消費税の取り扱いについて」（平成9年港管第2348号）により、消費税については、次のように取り扱うこととされている。

　すなわち、補償を受けた土地等の権利者等が補償金により代替施設を建設することなどを前提に算定している補償金については、建設業者等に支払うこととなる消費税相当額を考慮して補償金を適正に算定することとされている。そして、土地等の権利者等が消費税法（昭和63年法律第108号）で定める事業者である場合において、代替施設の建設に際し、消費税を負担しても、当該事業者の消費税納付税額の計算上、負担した消費税の全額が課税仕入れに係る消費税額として、当該事業者の課税売上高に係る消費税額から控除の対象となるときは、当該事業者は消費税を実質的に負担しないこととなるため、補償金の算定に当たり、消費税相当額を積算上考慮しないこととされている。

　そして、消費税法によれば、事業者の課税売上割合^(注)が100分の95以上となっている場合、事業者は、課税仕入れに係る消費税の全額を控

除することとなっている。また、地方公共団体の特別会計に係る消費税納付税額の計算に当たり、補助金収入等の売上げ以外の収入（特定収入）の額を売上高と特定収入の合計額で除した割合（特定収入割合）が100分の5以下の場合には、特定収入により賄われる消費税額は、課税仕入れに係る消費税額として課税売上高に対する消費税額から控除することとなっている。

（注）　課税売上割合：総売上高に占める課税売上高の割合。

●検査結果

　しかし、水道事業者は消費税法で定める事業者に該当し、消費税の確定申告書等によれば、課税売上割合が100分の95以上であり、また、特定収入割合は100分の5以下であることから、課税仕入れに係る消費税の全額を控除することとなり、配水設備の移設に係る消費税額を実質的に負担しないこととなるのに、市は補償金の算定に当たり消費税相当額を加算していた。

　したがって、適正な補償金を算定すると8332万円となることから、補償金8727万円との差額394万円が過大となっており、国庫補助金相当額197万円が不当と認められた。

　このような事態が生じていたのは、市において、補償金の算定における消費税の取扱いについての理解が十分でなかったことなどによると認められた。

　指摘額　197万円（補助金）

▶ひと口コメント

　平成8年度に消費税が処置済事項として指摘されて以後も同様の指摘が繰り返されている。

機械設備の移転補償費の算定が過大

116

不当事項 補償過大 平成 23 年度
指摘箇所：移転補償費

●事業概要

神奈川県 A 市は、平成 21、22 両年度事業に、都市再生整備計画による道路事業（B 線）の支障となる建設廃棄物のリサイクル施設の建物、機械設備等の移転に要する費用として、5 億 7447 万円（交付対象事業費 5 億円、交付金 2 億円）を所有者に補償した。

市は、公共事業の施行に伴う損失補償を、「損失補償算定標準書」等に基づき行うこととしている。

標準書によれば、残地以外の土地に従前と同種同等の建物、機械設備等を再築することが合理的と認められる場合、機械設備移転補償費は、再築する際の機械設備の購入費及び設置工事費の両方に、耐用年数や経過年数等から定まる再築補償率を乗ずるなどして、算出することとされている。

第3章　用地補償の分類別指摘事例

●検査結果

　市は、移転補償費のうち機械設備移転補償費について、プラント設備等の機械設備の購入費のみに再築補償率を乗ずるなどして3億1640万円と算出していたが、当該機械設備の設置工事費にも再築補償率を乗ずるべきであった。

　したがって、機械設備の設置工事費にも再築補償率を乗ずるなどして機械設備移転補償費を修正計算すると1億6054万円となることから、適正な移転補償費を算定すると4億1862万円となり、移転補償費の交付対象事業費は8137万円過大となっていて、交付金3255万円が不当と認められた。

　指摘額　3255万円（交付金）

▶ひと口コメント

　市は、補償費算定をコンサルタントに委託せず、直営で算定したが、再築補償率についての理解が不十分で、同率を工事費の方へ乗じていなかった。

機械工作物

117 工作物を建築設備として移転補償

不当事項　過大補償　平成 24 年度
指摘箇所：建築設備

●事業概要

　この交付金事業は、Ａ県が、都市計画道路Ｂ線街路事業の一環として、道路の拡幅工事を行う上で支障となる店舗兼住宅（鉄骨造 2 階建て）の所有者に対し、その移転に要する建物移転料、工作物移転料等の費用（移転補償費）として、6313 万円を補償したものである。

　県は、公共事業の施行に伴う損失補償を、「公共用地の取得に伴う損失補償基準要綱」（昭和 37 年閣議決定）等に準じて制定された「損失補償基準標準書」（平成 21 年度版。九州地区用地対策連絡会発刊。以下「標準書」）等に基づき行うこととしている。

　建物の移転補償費については、標準書等によれば、建物、工作物等に区分して、それぞれ算定することとなっている。そして、建物のうち、建築設備は、建物と一体として施工され、建物の構造及び効用と密接不可分な関係にあって分離することが困難なものとされており、建物移転料として算定する。一方、工作物は、建物から分離することができる機械設備等とされ、移転しても従前の機能を確保することが可能な工作物については、原則として、新設ではなく再利用して工作物移転料を算定することとなっている。

　そして、県は、移転補償の実施に当たり、店舗内で使用されている冷蔵ショーケース等が、建物に付随する一体の設備であるとして、建築設備に該当するとし、建物移転料としてその新設に要する費用を算定し、補償していた。

第3章　用地補償の分類別指摘事例

●検査結果

　しかし、関係書類を基に現地の状況を確認したところ、冷蔵ショーケース等は商品販売のために営業目的で使用されていて、建物から分離させることが可能なものであることから、建築設備ではなく工作物に該当するものであった。このため、冷蔵ショーケース等については、建築設備の新設として補償することは認められないが、工作物として再利用が可能なものであることから、再利用に要する費用が補償の対象となる。

　したがって、冷蔵ショーケース等を建築設備ではなく工作物とするなどして適正な移転補償費を算定すると3626万円となり、移転補償費6313万円はこれに比べて2686万円過大となっており、交付金相当額1746万円が不当と認められた。

　このような事態が生じていたのは、県において、移転補償費の算定に当たり、標準書等における建築設備及び工作物の取扱いについての理解が十分でなかったこと、委託した物件調査算定業務の成果品の内容に対する検査が十分でなかったことなどによると認められた。

　指摘額　1746万円（交付金）

▶ひと口コメント

　建築設備と工作物については、再利用が可能かどうかが目安となるので、注意が必要である。

機械工作物

279

118 再築補償率の適用を誤っている

不当事項　補償過大　平成 24 年度

指摘箇所：再築補償率

●事業概要

北海道 A 市は、平成 24 年度に、歩道を拡幅する上で支障となるガソリンスタンドの建物、工作物等の移転補償費として、7620 万円（交付金 4572 万円）を補償した。

工作物の移転補償費は、北海道用地対策連絡協議会幹事会決定の「工作物調査積算要領」によれば、その購入及び設置に要する額に、機械設備や附帯工作物等の区分ごとに定めている標準耐用年数等から定まる再築補償率を乗ずるなどして算出することとされている。

●検査結果

市は、ガソリンスタンドの工作物のうち、地下タンク等の移転補償費について、積算要領上の附帯工作物の区分に適用する標準耐用年数を用いて再築補償率を定めるなどして算出していたが、積算要領では、ガソリンスタンド設備は機械設備に区分されているため、地下タンク等に係る再築補償率は、機械設備の区分に適用する標準耐用年数を用いて定めるべきであった。

したがって、適正な再築補償率によるなどして移転補償費を算定すると 7071 万円となり、549 万円が過大となっていて、交付金 329 万円が不当と認められた。

指摘額　329 万円（交付金）

▶ひと口コメント

機械設備や附帯工作物などに関する移転補償の指摘が最近続いている。

第 3 章　用地補償の分類別指摘事例

119 水道管の減耗分を控除せず補償費を算定

不当事項　補償過大　平成 24 年度

指摘箇所：減耗分

●事業概要

　福岡県 A 市は、平成 22 年度に、歩道の拡幅工事に伴い支障となる既存の水道管（鋳鉄管及び鋼管）等の移設のため代替の水道管等を新設する費用として、市の水道事業管理者に 2913 万円（交付金 1456 万円）を補償した。

　「公共事業の施行に伴う公共補償基準要綱」（昭和 42 年閣議決定）等によると、既存公共施設等の管理者が、機能の廃止等が必要な施設等と同等の代替施設を建設する場合は、その公共施設の建設費用から既存公共施設等の機能廃止時までの財産価値の減耗分等を控除して補償費を算定することとなっている。一方で、その公共施設等に係る決算が継続的に赤字状況であるなどやむを得ない場合は、財産価値の減耗分の全部又は一部を控除しないことができるとされていて、市はこれにより、工事費の全額を補償の対象としていた。

機械工作物

281

●検査結果

　市水道事業の 19 年度から 21 年度までの間の決算の収益的収支はいずれも黒字となっていて、やむを得ない場合に該当しないため、市が、補償費の算定に当たり、財産価値の減耗分を控除せずに水道管等の新設工事費の全額を補償の対象としていたのは、適切ではない。

　したがって、補償費は、水道管の耐用年数 55 年（鋳鉄管）及び 40 年（鋼管）に対する移設対象の水道管の経過年数 18 年に応じた財産価値の減耗分等 561 万円が過大になっており、交付金 280 万円が過大に交付されていて、不当と認められた。

　指摘額　280 万円（交付金）

▶ひと口コメント

　公共補償において財産価値の減耗分をどのようにみるかについて議論があったが、今は事業が黒字なら減耗分は控除するというルールが確立している。しかし、この控除を行わず指摘される例も少なくない（平成 10 年度の処置済事項、通番 134、313 ページを参照）。

第 3 章　用地補償の分類別指摘事例

120 マンホール間の管路は 1 管理区間

不当事項　補償過大　平成 26 年度
指摘箇所：減価相当額

●事業概要

　A 市は、平成 25 年度に、市道 B 線の車道部分に埋設する雨水管等の整備に伴い支障となる銅線、光ファイバ及びこれらを保護するためにマンホール間に設置された管路を移設するために、電気通信事業者に対し、代替の銅線、光ファイバ及び管路（これらを「通信線路」）等の新設費用 2132 万円（交付金 1066 万円）を補償した。

　「公共事業の施行に伴う公共補償基準要綱」等（公共補償基準等）によれば、既存公共施設等の管理者が、機能の廃止等が必要な施設等と同等の代替施設を建設する場合には、その建設に要する費用から既存公共施設等の機能廃止時までの財産価値の減耗分（減価相当額）等を控除して補償費を算定することとされている。一方で、既存公共施設等の一部を移設する場合において、1 管理区間のうち支障となる区間がごく僅かで、移設後の代替施設が既存公共施設等の 1 管理区間全体の耐用年数の延長に寄与しないことが明らかな場合には、財産価値の向上につながらないことから、減価相当額の全部又は一部を控除しないで補償費を算定できることとされている。

　市は、補償で、銅線及び光ファイバの 1 管理区間として電気通信事業者が接続点を起終点として設定した区間が 1,200 m であったことから、当該管理区間が管路にも該当するとして、銅線、光ファイバ及び管路の 1 管理区間を 1,200 m であるとしていた。そして、通信線路において、1 管理区間 1,200 m のうち、その一部である銅線 108.1 m、光ファイバ 149.9 m 及び管路 108.1 m を移設することから、新設される代替の通信線路が既存の通信線路の耐用年数の延長に寄与しないことが明らかな場合に該当するとして減価相当額を控除しないなどして補償費を算定していた。

283

●検査結果

　通信線路のうち管路については、マンホール間に設置されていることから、管路の1管理区間は、マンホールを起終点とした区間108.1mとなる。このため、管路については、その区間全てを移設するものであるから、新設される代替の管路が既存の管路の耐用年数の延長に寄与することになり、補償に当たっては、公共補償基準等に従い、管路の移設に係る減価相当額を補償費から控除すべきであった。

　したがって、管路の減価相当額519万円を控除の対象とするなどして適正な補償費を算定すると1666万円となり、補償費2132万円はこれに比べて466万円過大となっており、交付金233万円が過大に交付されていて、不当と認められた。

　指摘額　233万円（交付金）

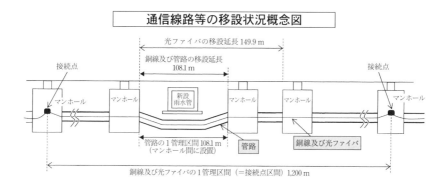

通信線路等の移設状況概念図

▶ひと口コメント

1管理区間の考え方を整理しておきたい。

第3章 用地補償の分類別指摘事例

121 黒字の水道事業で減耗分を 控除せず(1)

不当事項 交付過大 平成 27 年度
指摘箇所：減耗分

●事業概要

　A 県は、平成 25、26 両年度に、パイプライン設置工事等に伴い支障
となる 3 水道事業者所有の既存の水道管（プラスチック管、鋼管及び鋳
鉄管）等の移設費用として、各水道事業者に、計 6017 万円（国庫補助
金等計 3008 万円）を補償した。

　「公共事業の施行に伴う公共補償基準要綱」等によれば、公共事業の
施行に伴い、既存公共施設等の機能の廃止又は休止が必要となり、その
機能の回復を代替施設の建設で行う場合には、代替施設の建設に必要な
費用から既存公共施設等の機能廃止時までの財産価値の減耗分を控除す
るなどして移設補償費を算定することとされている。ただし、地方公共
団体等が管理する既存公共施設等で、その施設等の管理・運営に係る決
算が継続的に赤字状況にあるなど、減耗分の調達が極めて困難な場合等
やむを得ないときは、減耗分の全部又は一部を控除しないことができる
とされている。

機械工作物

285

●検査結果

　県は、減耗分の調達が極めて困難な場合に該当するとして減耗分を控除しないで移設補償費を算定していた。3水道事業者の水道事業の21年度から25年度までの決算をみたところ、収益的収支決算はいずれの年度も黒字であったり、黒字の年度があったりしていて継続的な赤字状況にないなど、減耗分の調達が極めて困難な場合等やむを得ないときには該当しないことから、減耗分を控除する必要があった。

　したがって、補償費は、水道管等の標準耐用年数35年から55年（プラスチック管、鋼管及び鋳鉄管）に対する移設対象の水道管等の経過年数2年から43年に応じた減耗分計3201万円が過大になっており、国庫補助金等計1600万円が過大に交付されていて、不当と認められた。

　指摘額　1600万円（補助金等）

▶ひと口コメント

　水道管の移設に伴う減耗分の指摘は、19年度、20年度、24年度に指摘事例がある。27年度報告では、農林水産省関係が中心となっているが、いずれも「やむを得ない」との判断の根拠が問題となっている。

第 3 章 用地補償の分類別指摘事例

122 黒字の水道事業で減耗分を控除せず(2)

不当事項 補償過大 平成 27 年度

指摘箇所：減耗分

●契約概要

関東農政局は、平成 26 年度に、静岡県 A 市 B 地内で C 川左岸幹線水路整備工事（その 5）に伴い支障となる A 市水道事業管理者（水道事業者）所有の既存の水道管（鋳鉄管及びプラスチック管）等の移設費用について、水道事業者と補償契約（その 5 契約）を契約額 2568 万円で締結し、同額を支払っている。また、関東農政局 D 事業所（関東農政局と合わせて「関東農政局等」）は、同年度に、A 市 E 地内で C 川左岸幹線水路整備工事（その 3）に伴い支障となる水道事業者所有の既存の水道管（プラスチック管）等の移設に要する費用について、水道事業者と補償契約（その 3 契約）を契約額 687 万円で締結し、同額を支払っている。

「公共事業の施行に伴う公共補償基準要綱」によれば、既存の公共施設等の機能回復のうち代替施設の建設による場合の補償費（移設補償費）は、その代替施設の建設費等とされている。そして、建設費は、代替施設の建設に必要な費用から、既存の公共施設等の機能の廃止のとき（補償時点）までの財産価値の減耗分（減耗分）を控除するなどして算定することとされており、減耗分は、既存の公共施設等の耐用年数に対する補償時点の経過年数の割合等に応じて算定することとされている。ただし、地方公共団体等が管理する既存公共施設等で、その施設等の管理・運営に係る決算が継続的に赤字状況にあるなど、減耗分を調達することが極めて困難な場合等やむを得ないときは、減耗分の全部又は一部を控除しないことができるとされている。

機械工作物

●検査結果

　関東農政局等は、補償費の算定に当たり、減耗分を調達することが極めて困難な場合に該当するとして既存の水道管等の減耗分を控除していなかった。

　しかし、水道事業者の23年度から25年度までの水道事業の決算をみたところ、収益的収支決算はいずれの年度も黒字で、継続的な赤字状況にないなど、減耗分を調達することが極めて困難な場合等やむを得ないときには該当しないことから、減耗分を控除する必要があった。

　したがって、補償費は、その5契約の支払額については、水道管等の標準耐用年数55年（鋳鉄管）及び35年（プラスチック管）に対する移設対象の水道管等の経過年数32年（鋳鉄管）及び38年（プラスチック管）に応じた減耗分の357万円、その3契約の支払額については、水道管等の標準耐用年数35年（プラスチック管）に対する移設対象の水道管等の経過年数26年及び40年に応じた減耗分の227万円、計585万円が過大になっていた。

　指摘額　585万円

▶ひと口コメント

　この事例も通番119（281ページ）と同様の原因であり、27年度検査報告では、補助事業による通番121（285ページ）と直轄事業による本件が不当事項とされている。なお、通番121、122に係る処置要求事項が平成27年度に報告されている（通番138、323ページ）。

第 3 章　用地補償の分類別指摘事例

123 工作物を建築設備として過大

不当事項　交付過大　平成 27 年度
指摘箇所：建築設備

●事業概要

　A 組合は、平成 24、25 両年度に福岡県 B 市で、市街地再開発事業を行う上で支障となる店舗等の所有者に対し、その移転に要する建物移転料、工作物移転料等の費用（移転補償費）として、5 億 8854 万円（交付対象事業費 5 億 8535 万円、交付金 2 億 3414 万円）を福岡県及び B 市からの交付金で補償した。

　「C 再開発事業評価・損失補償基準」（補償基準）等では、建物の移転補償費は、建物、工作物等に区分して、それぞれ算定するとされている。そして、建物のうち建築設備は、建物と一体として施工され、建物の構造及び効用と密接不可分な関係にあり、分離することが困難なものとされており、その再調達価格を含む建物の推定再建築費にその建物の耐用年数等から定まる再築補償率を乗ずるなどして建物移転料を算定するとされている。一方、工作物は、建物から分離できる機械設備等とされており、移転しても従前の機能を確保できる工作物は運搬費等の再利用の費用を算定して、また、移転できない工作物はその再調達価格にその工作物の耐用年数等から定まる再築補償率を乗ずるなどして、それぞれ工作物移転料を算定するとされている。

　A 組合は、店舗等の機械設備について、店舗等と一体の設備である建築設備に該当するとし、その再調達価格を含む店舗等の推定再建築費にこの店舗等の再築補償率を乗ずるなどして建物移転料を算定するなどしていた。

機械工作物

●検査結果

　機械設備は、店舗等と一体として施工されておらず、店舗等の構造及び効用と密接不可分な関係になく、店舗等から分離できる工作物に該当するものであった。このため、移転しても従前の機能が確保できる機械設備は再利用の費用を算定し、また、移転できない機械設備はその再調達価格にその機械設備の再築補償率を乗ずるなどして、それぞれ工作物移転料を算定するなどすべきであった。

　したがって、機械設備を工作物とするなどして適正な移転補償費を算定すると、他の項目で積算過小となっていた費用を考慮しても4億4725万円となり、移転補償費の交付対象事業費5億8535万円は1億3809万円過大となっていて、交付金5523万円が不当と認められた。

　指摘額　5523万円（交付金）

▶ひと口コメント

　工作物を建築設備として補償した事例は、24年度通番118（280ページ）、25年度通番99（232ページ）と過去にも2事例あり、27年度は本件のほかに通番124（291ページ）も該当し、増加傾向にあるので要注意である。

第 3 章　用地補償の分類別指摘事例

124 工作物の区分を誤り補償費が過大

不当事項　積算過大　平成 27 年度
指摘箇所：附帯工作物

●契約等概要

　独立行政法人都市再生機構 A 本部（本部）は、土地区画整理事業を施行するために、平成 25、26 両年度に、店舗兼住宅（木造）2 棟、工作物等に対する移転補償を行っている。

　本部は、公共事業の施行に伴う損失の補償を、損失補償基準要綱等に準じて制定された「損失補償算定標準書」（標準書）等に基づいて行うこととしている。標準書等によれば、建物の移転補償費は、建物、工作物等に区分して、それぞれ算定することとされている。

　建物のうち、建築設備は、建物と一体として施工され、建物の構造及び効用と密接不可分な関係にあり、分離することが困難なものであるとされており、その再調達価格を含む建物の推定再建築費に当該建物の耐用年数等から定まる再築補償率を乗ずるなどして建物移転料を算定することとされている。そして、建物移転料は、残地以外の土地に従前の建物と同種同等の建物を建築する場合、従前の建物の内外装、床、屋根等の建物の部位ごとに区分した調査の結果に基づいて算定することとされている。

　一方、工作物は、建物から分離可能なものであり、原動機等により製品等の製造又は加工等を行うものを機械設備に、建物及び他の工作物区分に属するもの以外の全てのものを附帯工作物にそれぞれ区分するなどして、工作物移転料を算定することとされている。

機械工作物

291

●検査結果

　本部は、移転補償費の算定に当たり、店舗で使用されている冷水機等の業務用機器、ガス管等の設備及び店舗の内外装を附帯工作物に区分して、これらの再調達価格にそれぞれの耐用年数等から定まる再築補償率を乗ずるなどして、工作物移転料を算定していた。

　しかし、冷水機等の業務用機器は機械設備に区分して工作物移転料を、ガス管等の設備は建築設備に区分して建物移転料を、店舗の内外装は建物に区分して建物移転料をそれぞれ算定すべきであった。

　したがって、冷水機等の業務用機器を機械設備として、また、ガス管等の設備を建築設備として、更に、店舗の内外装を建物として適正な移転補償費を算定すると5551万円となり、移転補償費6449万円は898万円過大になっていた。

　指摘額　898万円

▶ひと口コメント

　特に機械設備、建築設備、附帯工作物の区分に関するものには、これまでにも繰り返しの指摘があるので注意を要する。

第3章　用地補償の分類別指摘事例

125 減価相当額を材料費のみとして補償過大

不当事項　補償過大　平成 28 年度
指摘箇所：減価相当額

●事業概要

　沖縄県 A 町は、平成 26、27 両年度に、下水道施設の整備に伴い支障となる通信線及びこれを保護する管路からなる通信線路（延長 174.8 m）等の移設に要する費用として補償費 3524 万円（うち下水道施設の整備に係る補償費 1727 万円、交付対象事業費同額、防災・安全交付金交付額 1036 万円）を電気通信事業者に対して支払っている。

　「公共事業の施行に伴う公共補償基準要綱」、「公共補償基準要綱の運用申し合せ」（これらを「公共補償基準」）等によれば、公共事業の施行に伴い、既存公共施設等の管理者が、機能の廃止等が必要となる既存公共施設等の代替の公共施設等を建設する場合においては、当該公共施設等を建設するために必要な費用から、既存公共施設等の機能廃止のときまでの財産価値の減耗分（減価相当額）等を控除して補償費を算定することとされている。

　そして、当該公共施設等を建設するために必要な費用は、原則として、既存公共施設等と同等の公共施設等を建設することにより機能回復を行う費用（復成価格）とされ、減価相当額については、既存公共施設等の復成価格に基づき、経過年数等を考慮して算定することとされている。

機械工作物

●検査結果

　A町は、補償費の算定において、通信線路等を建設するために必要な費用については、通信線路等の材料費、通信線路等の設置費等からなる復成価格とした一方で、復成価格から控除する減価相当額については、通信線等の材料費のみに基づき算定するなどした額としていた。

　しかし、公共補償基準等によれば、減価相当額は、復成価格に基づいて算定することとされていることから、通信線等の材料費のみに基づいて算定するのではなく、通信線路等の設置費等も含めた費用に基づくなどした額とすべきであった。

　したがって、通信線路等の復成価格に基づき算定した減価相当額を控除するなどして適正な補償費の交付対象事業費を算定すると799万円となり、補償費の交付対象事業費1727万円は927万円過大となっており、交付金相当額556万円が過大に交付されていた。

　指摘額　556万円（交付金）

▶ひと口コメント

　復成価格の材料費のみを減価対象としたことが指摘にはならないと思ったのだろうか。この町は、近年、補償の指摘が続いており、十分注意すべきである。

第3章　用地補償の分類別指摘事例

126 通信線、配水管等の移設補償費が過大

不当事項　交付過大　平成30年度
指摘箇所：減価相当額等

●事業等概要

　社会資本整備総合交付金（下水道）事業等は、河川事業又は下水道事業において、事業を行う上で支障となる通信線、配水管等の所有者である電気通信事業者又は水道事業者に対し、移設に要する費用を補償するものである。

　事業主体は、補償費の算定について、「公共事業の施行に伴う公共補償基準要綱」、「公共補償基準要綱の運用申し合せ」（これらを「公共補償基準」）等に基づき行うこととしている。

　公共補償基準等によれば、公共事業の施行に伴い、既存公共施設等の管理者が、機能の廃止等が必要となる既存公共施設等の代替の公共施設等を建設する場合においては、当該公共施設等を建設するために必要な費用から、既存公共施設等の機能廃止の時までの財産価値の減耗分（減価相当額）並びに既存公共施設等を売却することなどにより得るであろう処分利益及び発生材価格（処分利益等額）を控除するなどして補償費を算定することとされている。そして、当該公共施設等を建設するために必要な費用は、原則として、既存公共施設等と同等の公共施設等を建設することにより機能回復を行う費用（復成価格）とされ、減価相当額については、既存公共施設等の復成価格に基づき、経過年数、残価率等を考慮して算定することとされている。

機械工作物

●検査結果

　1県及び6市町において、補償費の算定に当たり、復成価格の算定や表計算ソフトへの残価率の入力を誤るなどして減価相当額を誤っていたり、処分利益等額を控除していなかったりなどしていたため、補償費が計3億2044万円過大に算定されていて、交付金等相当額計1億2204万円が不当と認められた。

295

指摘額　1億2204万円（交付金）

部局等	補助事業者等（事業主体）	補助事業等	年度	国庫補助金等交付額	不当と認める国庫補助金等相当額	摘要
			平成	円	円	
A県	〈事例参照〉A県	防災・安全交付金（河川）	25〜28	4142万	958万	減価相当額及び処分利益等額を誤っていたもの（通信線等）
三重県	B町	社会資本整備総合交付金（下水道）、（効果促進）	25、26	1869万	568万	減価相当額を誤っていたもの（配水管等）
山口県	C市	防災・安全交付金（下水道）	28、29	1522万	122万	減価相当額を誤っていたもの（通信線等）
大分県	D市	水質保全下水道事業費補助、社会資本整備総合交付金（下水道）	21、23〜30	1億0516万	4611万	減価相当額を誤るなどしていたもの（配水管等）
	E市	社会資本整備総合交付金（下水道）、防災・安全交付金（同）	26〜30	1億0541万	5435万	同
	F市	未普及解消下水道事業費補助、社会資本整備総合交付金（下水道）、（効果促進）	21〜23、27〜30	681万	242万	同
	G市	未普及解消下水道事業費補助、社会資本整備総合交付金（下水道）	22、25〜27	452万	264万	同
計	7事業主体			2億9726万	1億2204万	

〈事例〉

　A県は、二級河川H川総合流域防災工事による捷水路[注1]の整備に伴い支障となる県道沿いの架空線、道路下に埋設された通信線等の所有者である電気通信事業者に対し、これら通信線等の移設に要する費用の補償として計8285万円（交付対象事業費同額、交付金交付額計4142万円）を支払っている。

第 3 章　用地補償の分類別指摘事例

　　県は、補償費の算定において、通信線等を建設するための費用から控除する減価相当額を、仮設の通信線等の材料費を基に算定するなどして計 1446 万円としていた。また、処分利益等額の一部を控除していなかった。

　　しかし、公共補償基準等によれば、減価相当額は、既存の通信線等と同等の通信線等の復成価格に基づいて算定することとされていることから、仮設の通信線等の材料費を基に算定するのではなく、既存の通信線等と同等の通信線等の材料費、設置費、諸経費^(注2)等の建設費からなる復成価格に基づいて算定すべきであり、また、処分利益等額は、その全額を控除すべきであった。

　　したがって、既存の通信線等と同等の通信線等の復成価格を基に算定した減価相当額計 2640 万円及び処分利益等額全額を控除するなどして適正な補償費を算定すると 6367 万円となる。このため、補償費 8285 万円は、これに比べて 1917 万円（交付金相当額 958 万円）過大となっていた。

（注 1）　捷水路：河川が大きく曲がりくねって水の流れにくい部分を直線化して、下流に流しやすくするために付け替えた人工水路。
（注 2）　諸経費：工事価格を構成する間接工事費及び一般管理費等をいう。

機械工作物

▶ひと口コメント

　　復成価格については、全体を計算しなかったり減価率の入力を誤っていたりしていたほか、電気通信事業者との覚書（昭和 60 年）が平成 11 年に失効していることを失念していたりしたことによるものである。

127 冷蔵庫等は建物と一体ではない機械設備

不当事項　交付過大　平成 30 年度
指摘箇所：機械設備

●事業概要

　A 組合は、平成 28 年度に、市街地再開発事業を行う上で支障となる建物の借家人に対し、その移転に要する工作物移転料等の費用（移転補償費）として、3653 万円（交付対象事業費同額、交付金交付額 1339 万円）の補償を、B 市を通じて交付された社会資本整備総合交付金により行った。

　組合は、移転補償費の算定を「国土交通省の公共用地の取得に伴う損失補償基準」等に準じて組合が定めた「C 地区第一種市街地再開発事業評価・損失補償基準」等に基づいて行うこととしており、これによれば、補償費の算定に当たっては、「損失補償標準書」（標準書）等に基づくこととされている。

　そして、機械設備等の工作物移転料は、移転しても従前の機能を確保することが可能な工作物の場合、原則として、再利用するための撤去、据付等に要する費用（移転費用）を算定することとなっている。

第3章　用地補償の分類別指摘事例

●検査結果

　組合は、移転補償費のうち業務用冷蔵庫等計 22 台の移転費用の算定に当たり、標準書等には冷蔵庫等に係る移転費用の算定方法等が示されていないと認識して、「公共建築工事標準単価積算基準」（積算基準）等に基づき、冷蔵庫等の移転費用を 924 万円と算定していた。

　しかし、冷蔵庫等は、建物と一体となっていないことから、その移転は積算基準等が適用となる建築工事として実施されるものではない。そして、標準書等には、機械設備に係る移転費用の算定方法等が示されており、冷蔵庫等は機械設備に該当することから、これにより移転費用を算定すべきであった。

　したがって、冷蔵庫等の機械設備について、標準書等に基づき移転費用を算定すると 454 万円となり、これにより適正な移転補償費を算定すると 3184 万円となることから、移転補償費 3653 万円はこれに比べて 469 万円過大となっており、交付金相当額 172 万円が不当と認められた。

　指摘額　172 万円（交付金）

機械工作物

▶ひと口コメント

　この指摘は多く、本書の通番 123 （289 ページ）、通番 124 （291 ページ）でも類似の事例を紹介しているので注意してほしい。

　組合は、標準書を自らが定めていながら、機械設備に係る移転費用の算定方法等が示されていないと認識したことに疑問が残る。移転費用に差が生じるのは積算基準と標準書とでは適用される職種や歩掛等が異なるためである。

299

128 減価相当額を減価償却累計額で算定するなど

不当事項　補償過大　令和元年度
指摘箇所：減耗分等

●事業等概要

　防災・安全交付金（河川）事業等は、河川事業において、事業を行う上で支障となる通信線、配水管等の所有者である電気通信事業者又は水道事業者に対し、移設に要する費用を補償するものである。

　事業主体は、補償費の算定について、「公共事業の施行に伴う公共補償基準要綱」、「公共補償基準要綱の運用申し合せ」（公共補償基準）等に基づき行うこととしている。

　公共補償基準等によれば、公共事業の施行に伴い、既存公共施設等の管理者が、機能の廃止等が必要となる既存公共施設等の代替の公共施設等を建設する場合においては、公共施設等を建設するために必要な費用から、既存公共施設等の機能廃止の時までの財産価値の減耗分（減価相当額）並びに既存公共施設等を売却することなどにより得るであろう処分利益及び発生材価格を控除するなどして補償費を算定することとされている。そして、公共施設等を建設するために必要な費用は、原則として、既存公共施設等と同等の公共施設等を建設することにより機能回復を行う費用（復成価格）とされ、減価相当額については、既存公共施設等の復成価格に基づき、経過年数、残価率等を考慮して算定することとされている。

●検査結果

　2県及び2市において、補償費の算定に当たり、減価相当額を復成価格に基づき算定すべきところ誤って既存公共施設の材料費や減価償却累計額を基にするなどして過小に算定していたり、処分利益の一部を控除していなかったりなどしていたため、補償費が計2856万円過大に算定されていて、交付金等相当額計1148万円が不当と認められた。

300

第3章　用地補償の分類別指摘事例

指摘額　1148万円（交付金）

部局等	補助事業者等（事業主体）	補助事業等	年度	国庫補助金等交付額	不当と認める国庫補助金等相当額	摘　要
A県	A県	床上浸水対策特別緊急	平成27～29	円 3241万	円 412万	減価相当額及び処分利益の額を誤っていたもの（通信線等）
神奈川県	B市	防災・安全交付金（河川）	29、30	3150万	125万	減価相当額を誤っていたもの（通信線等）
京都府	〈事例参照〉C市	同	29、30	1455万	434万	減価相当額を誤るなどしていたもの（配水管等）
D県	D県	社会資本整備総合交付金（河川）	24、28	3682万	175万	減価相当額及び処分利益の額を誤っていたもの（通信線等）
計	4事業主体			1億1530万	1148万	

〈事例〉

　C市は、C市水道事業者に対し、配水管等の移設に要する費用の補償として計4365万円（交付対象事業費同額、交付金交付額計1455万円）を支払っている。C市は、補償費の算定において、配水管等を建設するための費用から控除する減価相当額を、既存の配水管等の財産台帳における減価償却累計額を基に121万円と算定していた。

　しかし、公共補償基準等によれば、減価相当額は、既存の配水管等と同等の配水管等の復成価格に基づいて算定すべきであり、これを基に算定した減価相当額1425万円を控除するなどして適正な補償費を算定すると3061万円となり、補償費4365万円は、これに比べて1304万円（交付金相当額434万円）過大となっていた。

▶ひと口コメント

　減耗分（減価相当額）は既存施設の復成価格を基にするということ、処分利益は控除するということに注意したい。

129 通信線、ガス管等の移設に係る補償費の算定が不適切

不当事項 補償過大 令和2年度
指摘箇所：減価相当額等

●事業概要

防災・安全交付金（河川）事業等は、河川、砂防又は下水道の各事業において、事業を行う上で支障となる通信線、ガス管等の所有者である電気通信事業者又はガス事業者に対して、移設に要する費用を補償するものである。

事業主体は、補償費の算定について、「公共事業の施行に伴う公共補償基準要綱」、「公共補償基準要綱の運用申し合せ」（これらを「公共補償基準」）等に基づき行うこととしている。

公共補償基準等によれば、公共事業の施行に伴い、既存公共施設等の管理者が、機能の廃止等が必要となる既存公共施設等の代替の公共施設等を建設する場合においては、当該公共施設等を建設するために必要な費用から、既存公共施設等の機能廃止の時までの財産価値の減耗分（減価相当額）、既存公共施設等を売却することなどにより得るであろう処分利益等を控除するなどして補償費を算定することとされている。そして、当該公共施設等を建設するために必要な費用は、原則として、既存公共施設等と同等の公共施設等を建設することにより機能回復を行う費用（復成価格）とされ、減価相当額については、既存公共施設等の復成価格に基づき、経過年数、残価率等を考慮して算定することとされている。

第3章　用地補償の分類別指摘事例

●検査結果

　4府県及び3市において、補償費の算定に当たり、減価相当額を復成価格に基づき算定すべきところ誤って既存公共施設の材料費を基にするなどして過小に算定していたり、処分利益の一部を控除していなかったりなどしていたため、補償費が計7684万円過大に算定されていて、交付金等相当額計3630万円が不当と認められた。

　　指摘額　3630万円（交付金）

部局等	補助事業者等（事業主体）	補助事業等	年度	国庫補助金等交付額	不当と認める国庫補助金等相当額	摘要
A県	A県	社会資本整備総合交付金（河川）	平成30	円311万	円154万	減価相当額を誤っていたもの（通信線等）
	B市	地方創生汚水処理施設整備推進交付金	28	257万	136万	減価相当額を誤るなどしていたもの（通信線等）
C県	C県	社会資本整備総合交付金（下水道）、防災・安全交付金（河川）、（砂防）、（その他総合的な治水）	27～30	2158万	1103万	減価相当額及び処分利益の額を誤っていたもの（通信線等）
	D市	社会資本整備総合交付金（下水道）、防災・安全交付金（同）	27～30	3732万	769万	減価相当額を誤っていたもの（ガス管等）
E府	E府	河川改修費補助、防災・安全交付金（その他総合的な治水）	27、30	2262万	507万	減価相当額を誤っていたもの（通信線等）
	F市	防災・安全交付金（河川）	29、30	3247万	390万	同
G県	G県	同	29、30	4648万	568万	同
計	7事業主体			1億6618万	3630万	

機械工作物

公共補償基準等による補償費の算定方法の概念図

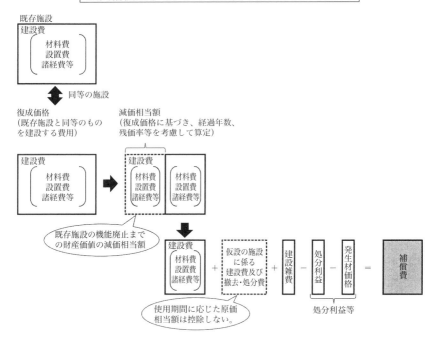

▶ひと口コメント

　復成価格、減価相当額、処分利益については、近年の移設補償の指摘の中心であり要注意である。

第3章　用地補償の分類別指摘事例

130 消費税相当額の算定が適切でなかったため、移設等補償費が過大

不当事項　補償過大　令和2年度
指摘箇所：消費税

●補償概要等

　独立行政法人日本スポーツ振興センターは、新国立競技場整備事業の施行に当たって、東京都の所有する水道施設が整備事業の支障となることから、平成27年4月8日に、当該施設の移設等の工事（水道移設等工事）に係る計画、費用負担等を定めた協定を東京都との間で締結するなどし、27年度から令和元年度までの間に、水道移設等工事を東京都に依頼して実施している。

　協定等によれば、東京都は、水道移設等工事のしゅん工後、水道移設等工事に要した費用（工事費）を精算し、精算額を速やかにセンターに通知すること、水道移設等工事により設置された水道施設は東京都に帰属すること、工事費をセンターが全額負担する（センターが負担する金額を「移設等補償費」）ことなどとされている。

　そして、センターは、移設等補償費として、東京都から提出された精算に係る通知書（精算額通知書）に示された計32億6900万円（平成27、28、30、令和元各年度）を精算額として東京都に支払っていた。

　消費税法等によれば、消費税（地方消費税を含む。）は、国内において事業者が事業として対価を得て行った資産の譲渡等に課すこととされている。

　なお、消費税は、生産及び流通の各段階で重ねて課税されないように、確定申告において、課税売上高に対する消費税額から課税仕入れに係る消費税額を控除する仕組みが採られているが、事業者の課税売上高等によっては、課税仕入れに係る消費税額のうち控除することができない額（控除対象外消費税額等）が生ずることがある。

機械工作物

305

●検査結果

　センターは、移設等補償費は消費税法上の資産の譲渡等の対価に該当するなどとして、東京都から提出された精算額通知書のとおり、工事費（消費税抜き）に、消費税率8％を乗じて算定した消費税相当額を加算するなどして算定した32億6900万円を移設等補償費として東京都に支払っていた。

　しかし、水道移設等工事により設置された水道施設は東京都に帰属することから、移設等補償費は消費税法上の資産の譲渡等の対価に該当しない。このため、移設等補償費は消費税の課税対象外となり、東京都は消費税を負担しないことから、センターは、移設等補償費の算定に当たり、工事費（消費税抜き）に消費税相当額を加算すべきではなかった。

　一方、東京都水道局（水道事業会計）の消費税の確定申告書によれば、東京都において負担することとなる控除対象外消費税額等が生ずることから、センターは、工事費（消費税抜き）に、水道移設等工事に係る控除対象外消費税額等を加算すべきであった。

　したがって、センターが負担すべき適正な移設等補償費を算定すると、計30億2948万円となり、移設等補償費支払額32億6900万円との差額2億3951万円が過大となっていて不当と認められた。

　指摘額　2億3951万円

▶ひと口コメント

　補償においては、仕入れ税額控除に注意しなければならない。一方、課税売上高の内容によっては、控除対象外消費税額が生じることにも注意したい。

第3章　用地補償の分類別指摘事例

131 減価相当額や処分利益等の額を誤っていた

不当事項　補償過大　令和3年度
指摘箇所：減価相当額等

●事業概要

　河川等災害復旧事業等は、河川事業において、事業を行う上で支障となる通信線等の所有者である電気通信事業者に対して、移設に要する費用を補償するものである。

　事業主体は、補償費の算定について、「公共事業の施行に伴う公共補償基準要綱」、「公共補償基準要綱の運用申し合せ」（これらを「公共補償基準」）等に基づき行うこととしている。

　公共補償基準等によれば、公共事業の施行に伴い、既存公共施設等の管理者が、機能の廃止等が必要となる既存公共施設等の代替の公共施設等を建設する場合においては、当該公共施設等を建設するために必要な費用から、既存公共施設等の機能廃止の時までの財産価値の減耗分（減価相当額）並びに既存公共施設等を売却することなどにより得るであろう処分利益及び発生材価格（処分利益等）の額を控除するなどして補償費を算定することとされている。そして、当該公共施設等を建設するために必要な費用は、原則として、既存公共施設等と同等の公共施設等を建設することにより機能回復を行う費用（復成価格）とされ、減価相当額については、既存公共施設等の復成価格に基づき、経過年数、残価率等を考慮して算定することとされている。

機械工作物

307

●検査結果

　3県において、補償費の算定に当たり、減価相当額を復成価格に基づき算定すべきところ誤って既存公共施設の材料費を基にするなどして過小に算定していたり、処分利益等の額の一部を控除していなかったりしていたため、補償費が計 3407 万円過大に算定されていて、国庫補助金等相当額計 2878 万円が不当と認められた。

　指摘額　2878 万円（補助金）

部局等	補助事業者等（事業主体）	補助事業等	年度	国庫補助金等交付額	不当と認める国庫補助金等相当額	摘　要
				円	円	
A県	A県	河川等災害復旧	平成28〜令和3	2億3756万	2424万	減価相当額及び処分利益の額を誤っていたもの
B県	B県	防災・安全交付金（河川）、特定洪水対策等推進	平成28〜令和2	1357万	156万	減価相当額を誤っていたもの
C県	C県	防災・安全交付金（河川）	平成29	814万	297万	減価相当額及び処分利益等の額を誤っていたもの
計	3事業主体			2億5929万	2878万	

▶ひと口コメント

　移設補償に係るこの種の指摘が続いている。減価相当額の算定は、復成価格に基づくこと、処分利益等の額は控除することに注意してほしい。

第3章　用地補償の分類別指摘事例

132 支障移転費用の標準単価の適用対象を改善

処置済事項　積算過大　平成5年度

指摘箇所：標準単価

●工事概要

(1)　日本電信電話株式会社の2支社管内の各支店では、電柱、線路等が設置されている土地又はその隣接地の所有者から、設備が土地利用に支障を及ぼすため、設備を移転し除去するよう（支障移転）申請があった場合には、支障移転工事を実施している。平成5年度に実施した工事は5万7,095件となっている。

(2)　本社が定めた取扱いにより、支障移転工事に必要な請負費、物品費等の額を算定し、申請者から次の基準により移転費用の全額又は一部の額を収納することになっている。

　①　設備が設置されている土地の所有者から申請があったときは、申請事由や土地使用契約の経過期間に応じて、移転費用の一定割合の額

　②　設備が設置されている土地の隣接地の所有者から申請があったときは、移転費用の全額

(3)　多数発生する画一的な工事については、設定した標準単価を適用して移転費用を算定できることになっている。2支店では、標準単価を設定し、電柱2本以内、ケーブル3スパン以内の移転を伴う小規模な工事に適用している。

●検査結果

(1)　実施工事のうち、道路等の公有地に設置されている設備を、道路等の公有地に移転したもので、標準単価を用いて移転費用を算定して収納した1,051件（移転費用の収納額1億0712万円）についてみると、請負費等により実際の工事費用は、標準単価適用の移転費用を大幅に上回っており、標準単価は、実態に比べて低額なものとなっている。

機械工作物

309

(2)　標準単価適用は、申請者が従来からその土地で生活している個人で、申請事由が住居の建替えや増改築、車庫の設置などであり、これまでの協力や移転場所の確保などを考慮すると、低い標準単価を適用して申請者の負担を軽減することが適当であると判断していた。

(3)　申請者と申請事由について調査したところ、これらの理由に該当しないのに、標準単価を適用して移転費用を算定していたものが306件（移転費用の収納額3407万円）見受けられた。

①　ビル・マンション等の建設に伴うもの　　　　　171件
②　駐車場・資材置場等の設置に伴うもの　　　　　61件
③　宅地造成に伴うもの　　　　　　　　　　　　　30件
④　下水道工事等の公共事業の実施に伴うもの　　　44件
　　　　　　　　　　　　　　　　　　　　計　306件

この支障移転は、申請者の負担を軽減する場合とは異なることから、実際に工事に必要となる額を算定して申請者に負担を求めるべきである。

●指摘内容

この306件の工事について移転費用を請負費等により算定すると、8851万円となり、収納額が5440万円増加する。

●処置内容

「指摘の内容」に合わせて平成6年11月に各支店に指示文書を発し、同年12月から適用。

指摘額　5440万円

▶ひと口コメント

原因は、単に工事規模で標準単価の適用を決めていたようで、申請者や申請事由を調査していなかったようである。

第3章　用地補償の分類別指摘事例

水道管等の移設補償費を改善

133

処置済事項　支払過大　平成6年度

指摘箇所：移転補償

●事業概要

　農林水産省では、ほ場整備、農道整備等の事業を実施する都道府県、市町村に対し、補助金を交付している。

　これらの事業の補助対象経費のうち、用地及び補償費には、事業実施の際に障害となる水道管、電柱等の公共施設等を移設するのに必要な費用が含まれている。

●水道管移設補償

　事業主体は、道路を掘削する際に、埋設水道管等が障害となる場合には、水道事業者と協議して、移設補償契約を締結している。そして、水道事業者に対し、移設工事費に事務費を加えるなどして算定した移設補償費を支払っている。

機械工作物

311

●検査結果

　平成5、6年度に、20県の157事業主体が実施した795地区の移設補償費41億9791万円（国庫補助金相当額20億9997万円）について、調査したところ、次のような事態となっている。

⑴　事業主体では、水道事業者が設計図書に基づき算出した水道管等の移設工事費（設計金額）を基に移設補償費を算定し、契約を締結して移設補償費を支払い、その全額を補助対象経費としている。

⑵　水道事業者は、この設計金額を基に予定価格を設定して競争入札に付し、落札価格で契約していたため、工事請負契約金額は、設計金額を下回っている。

⑶　水道事業者が既に工事請負契約を締結していて、移設補償契約の締結時に、事業主体で工事契約金額を把握することができるのに、設計金額を基に移設補償費を算定していたものが多数あった。

⑷　移設補償費は、水道管等の機能回復に要する費用を補償するものであり、実際に要した工事契約金額を基に算定した金額で補償すれば足りると認められた。

⑸　現に、工事契約金額を確認した後に移設補償契約を締結し、これにより移設補償費を支払っている事業主体も多数あった。

　したがって、工事契約金額を上回る設計金額を基に移設補償費を算定し、これを補助対象経費としているのは適切でない。

●指摘内容

　工事契約金額を基に算出したとすれば、移設補償費を1億9920万円（国庫補助金相当額9870万円）節減できた。

●処置内容

　「指摘の内容」に合わせて、7年11月に通達を発し、移設補償費は、工事契約金額に基づき算定した額によることとし、同年12月以降締結する補償契約から適用。

　指摘額　9870万円（補助金）

▶ひと口コメント

　支払ってもいない金額を補償するのは、本来不当ではないか。

第3章　用地補償の分類別指摘事例

水道管等の移設補償費の算定を改善

134

処置済事項　算定不適切　平成10年度

指摘箇所：減耗分

●事業概要

(1)　下水道整備事業の実施

　　建設省では、下水道法（昭和33年法律第79号）等に基づき、都市の健全な発達及び公衆衛生の向上に寄与し、併せて公共用水域の水質の保全に資することを目的として、下水道整備事業を実施する都道府県、市町村等の事業主体に対し、事業の実施に要する経費の一部を補助することとしている。

(2)　補助の対象

　　事業における補助対象経費は、工事費のほか、用地費及び補償費、測量及び試験費等から成っており、このうち用地費及び補償費には、用地取得に必要な費用や建物等の移転費用のほかに、事業実施の際に障害となる水道管、電柱等の公共施設等を移設するのに必要な費用が含まれている。

　　そして、このような公共事業の施行に伴い機能の廃止等が必要となる既存の公共施設等についてその機能回復を図ることを目的とする公共補償については、「公共事業の試行に伴う公共補償基準要綱」（昭和42年閣議決定。以下「公共補償基準」）により、事業主体がその原因者として、公共施設等の管理者に対して補償費を支払うものとされている。

(3)　補償費の算定の基準

　　公共補償基準によると、事業実施の際に障害となる既存の公共施設等の機能回復のために、公共施設等の管理者が代替の施設等を建設する場合には、事業主体は当該施設等の建設に必要な費用から、既存公共施設等の機能の廃止の時までの財産価値の減耗分（財産価値の減耗分）等を控除した額を補償することとなっている。ただし、既存公共施設等が、国、地方公共団体又はこれらに準ずる団体が管理するもの

機械工作物

313

である場合において、やむを得ないと認められるときは、財産価値の減耗分の全部又は一部を控除しないことができることとなっている。

　そして、財産価値の減耗分は、「公共補償基準要綱の運用申し合せ」（昭和42年用地対策連絡会作成。以下「運用申し合せ」）によると、原則として、次の算式により算定することとなっている。

$$Dn = C \times \left\{ (1-R)\frac{n}{n+n'} \right\}$$

　Dn：経過年数 n 年間における財産価値の減耗分相当額

　C：既存公共施設等の復成価格[注]

　R：耐用年数満了時における残価率

　n：既存公共施設等の廃止時点までの経過年数

　n'：既存公共施設等の廃止時点からの残存耐用年数

　（注）　復成価格：既存公共施設と同等のものを建設することにより機能回復を行う場合の補償時点での建設費。

(4)　水道管等の移設に対する補償

　事業主体は、事業の実施に当たって、下水道管を布設するために道路を掘削するなどの際に、埋設されている水道管、消火栓等の水道施設（水道管等）が障害となる場合には、この水道管等を管理する者（水道事業者）に対して補償を行っている。この場合は、下水道事業を実施する事業主体が原因者として補償を行うことになり、公共補償基準や運用申し合せに基づいて事業主体と水道事業者との間で補償協議を行い、移設補償契約を締結している。そして、この契約に基づき、事業主体は、水道事業者に対し、水道管等の移設工事費等から水道管等の財産価値の減耗分等を差し引くことにより算定した移設補償費（水道補償費）を支払うこととなっている。

314

第3章　用地補償の分類別指摘事例

●検査結果

(1)　検査の対象及び着眼点

　　平成9、10両年度に、15道府県において、府県又は市町村等の
260事業主体が実施した下水道整備事業290件に係る水道補償費計
130億2683万円（国庫補助金相当額65億9950万円）を検査の対
象とし、補助対象経費として計上された水道補償費が適切に算定さ
れているかという点に着眼して検査した。

(2)　検査結果

　　15道府県において、32事業主体が実施した下水道整備事業40件
に係る水道補償費計12億5799万円（国庫補助金相当額6億2774
万円）について、次のような事態が見受けられた。

①　財産価値の減耗分を控除していなかったもの

　　3県における7事業主体では、下水道整備事業10件に係る水
道補償費の算定に当たり、やむを得ないと認められる明確な理由
もないまま移設工事費等から財産価値の減耗分を控除していなか
った。

②　財産価値の減耗分を過小に算定していたもの

　　12道府県における25事業主体では、下水道整備事業30件に
係る水道補償費の算定に当たり、復成価格を移設工事費等のうち
の材料費のみとしていたり、算式によらず既存の水道管等の財産
台帳における減価償却累計額を財産価値の減耗分としていたりな
どして財産価値の減耗分を過小に算定していた。

　　しかし、公共補償は事業の施行に伴い廃止等が必要となる既存
の公共施設等の機能回復を図るものであり、被補償者に財産上の
利益を取得させることを目的とするものでないことから、公共補
償基準において、原則として代替の公共施設等の建設に必要な費
用から財産価値の減耗分を控除することとされているものであ
る。

　　したがって、水道補償費の算定に当たって、やむを得ないと認
められる明確な理由もないまま、財産価値の減耗分を控除してい
なかったり過小に算定していたりしているのは適切ではなく、改

機械工作物

315

善の要があると認められた。

(3) 節減できた水道補償費

下水道整備事業40件について適正な水道補償費を算定したとすれば計10億4849万円（国庫補助金相当額5億2254万円）となり、補助対象経費を2億0950万円（国庫補助金相当額1億0519万円）節減できたと認められた。

(4) 発生原因

このような事態が生じていたのは、事業主体において公共補償基準等についての理解が十分でなかったことにもよるが、建設省において事業主体に対し公共補償基準等の趣旨、算定方法等を十分理解し、水道事業者との補償協議において適切に対応することとする指導が十分でなかったことなどによると認められた。

●改善処置

検査院の指摘に基づき、省では、11年10月に、都道府県等に対して通知を発し、下水道整備事業の実施における水道管等の移設補償費の算定に当たって、公共補償基準等の趣旨、算定方法等を十分理解し、適切に対応するよう周知徹底する処置を講じた。

指摘額　1億0519万円（補助金）

▶ひと口コメント

本件により水道補償費の算定について改善が図られるが、以降同類の指摘が続くこととなる。

第3章　用地補償の分類別指摘事例

135 道路事業における水道管移設費の改善

処置済事項　支払過大　平成13年度
指摘箇所：減耗分

●事業概要

　国土交通省は、一般国道又は地方道の道路事業を実施する都道府県、市町村に対し、事業実施の経費を補助している。補助対象経費は、工事費のほか用地費及び補償費等からなっており、このうち、用地費及び補償費には、道路事業実施の際に支障となる公共施設等の移設費用が含まれている。

●道路事業における公共補償

　事業主体は、事業実施に当たり、道路を掘削する際に、施工区域内の埋設水道管等が支障となる場合には、施設の管理者と協議して施設移設の移設補償契約を締結し、施設管理者に補償費を支払うこととなっている。

●補償費の算定方法

(1)　公共施設等の機能回復のために、施設管理者が同等の代替施設を建設する場合には、事業主体は代替施設の建設費（復成価格）から、既存の施設等の機能廃止時までの対象施設の耐用年数に対する経過年数に応じた財産価値の減耗分等を控除して補償費を算定する。

(2)　国、地方公共団体等によって管理されている既存公共施設等については、やむを得ないと認められるときは、財産価値の減耗分の全部又は一部を控除しないことができる。

●検査結果

　平成13年度に18道県において、83事業主体の水道管等の移設補償契約455件（補償費20億3776万円）を検査したところ、移設補償契約315件（補償費15億5014万円）において、次の事態が見受けられた。

(1)　設計金額を基として復成価格を算定していた

317

11 道県　29 事業主体　移設補償契約 103 件

補償費　計 6 億 8472 万円

施設管理者が設計図書に基づいて算出した金額により復成価格を算定していたが、この移設工事を競争入札に付し契約したため、工事請負契約金額はいずれも設計金額を下回っていた。

⑵　財産価値の減耗分の取扱いが適切でなかったもの

①　財産価値の減耗分を全く控除していない

16 道県　34 事業主体　移設補償契約 117 件

補償費　計 3 億 7830 万円

明確な理由もないまま、事業主体独自の判断により、財産価値の減耗分を全く控除していなかった。

②　財産価値の減耗分を過小に算定していた

14 道県　29 事業主体　移設補償契約 134 件

補償費　計 8 億 5391 万円

復成価格の材料費のみに基づいて財産価値の減耗分を算定したり、財産台帳上の減価償却累計額を財産価値の減耗分としたりしていて、財産価値の減耗分を過小に算定していた。

● 指摘内容

移設補償契約 315 件について、復成価格及び財産価値の減耗分を適正に算定すると、補助対象経費を 4 億 8421 万円（国庫補助金相当額 2 億 5207 万円）節減できた。

● 改善処置

14 年 10 月に、都道府県等に通知を発し、移設補償費の算定に当たり、復成価格及び財産価値の減耗分を適正に算定するよう周知した。

指摘額　2 億 5207 万円（補助金）

▶ひと口コメント

移設補償費の算定方法などがこれほど理解されていなかったとは、驚きである。

第3章　用地補償の分類別指摘事例

136 キュービクルは機械設備

処置要求事項　補償過大　平成22年度
指摘箇所：キュービクル

●損失補償概要

　建物等の移転補償費の算定等については、国土交通省の「用地調査等共通仕様書」等に定められており、道路事業者はこれらを参考にして共通仕様書等を作成することとしている。

　仕様書等によると、移転補償費の算定において、建物とともに移転補償の対象となる設備のうち、受変電設備を含む電気設備等で建物と一体となって建物の効用を全うするために設けられているものは、建築設備として区分され、建物と一体のものとして算定することとなっている。一方、製造等に直接関わらない機械を主体とした排水処理施設等（建築設備以外の変電設備等を含む。）は、機械設備として区分され、建物とは別に機械ごとに算定することとなっている。

　機械設備の移転工法には、再築工法と復元工法があり、移転しても従前の機能を確保することが可能な場合は、原則として復元工法を採用することとなっている。

　受変電設備には、変圧器等を現場で配線し建物に直接据え付けるものと、変圧器等を金属製の箱に収めたキュービクル式のものがある。キュービクルは、工場で製作され、そのまま現場に運搬して箱ごとボルト等で据え付けられる。

●検査結果

　平成20年度から22年度までの間に、直轄事業として実施した31件（移転補償費計103億7385万円）及び補助事業として実施した42件（移転補償費計76億3749万円（国庫補助金計44億3196万円））、計73件のキュービクルを含む移転補償について検査したところ、次のような事態が見受けられた。

　キュービクルを建築設備として移転補償費を算定したものが計34

機械工作物

319

件36基、機械設備として算定したものが計39件42基で、区々となっていた。そして、34件の移転補償費は、再築工法により、キュービクルの新規購入費等を見込んだ推定再建築費に再築補償率を乗ずるなどして直轄事業で計8243万円、補助事業で計1億0399万円と算定していた。

しかし、キュービクルは、従来の受変電設備とは異なり、建物と一体でなくても機能するもので、取り外して移設することが容易な特徴を有し、その更新期間は、一般に建物の標準耐用年数に比べて短いものとなっている。したがって、キュービクルは、機械設備として算定するのが合理的である。

そして、キュービクルを機械設備としてその移転補償費を算定すると、復元工法では、キュービクル本体は既存のものを再利用することとなり、また、復元工法を採用できない場合でも再築工法により算定すると、キュービクルの耐用年数が建物に比べて短いことから、再築補償率が低くなり、移転補償費が低減されることとなる。

キュービクルの耐用年数を業界団体の調査を基に20年と仮定して、建築設備としていた34件のキュービクルについて、機械設備として、その移転補償費を算定すると、直轄事業で計1084万円、補助事業で計1972万円（国庫補助金1142万円）となり、直轄事業で約7158万円、補助事業で8426万円（国庫補助金5073万円）それぞれ低減できた。

● 改善要求

国土交通省において、キュービクルの移転補償費を機械設備として算定することを仕様書等で明確にし、移転補償費の算定を適切なものとするよう是正改善の処置を求めた。

指摘額　直轄事業　7158万円　　補助事業　5073万円（補助金）

▶ひと口コメント

キュービクルを建築設備としていたり、機械設備としていたりなど区々になっている点を検査院は突いた。

第 3 章　用地補償の分類別指摘事例

137 単独処理浄化槽の移転補償費の算定が過大

処置済事項　積算過大　平成 23 年度
指摘箇所：単独浄化槽

●損失補償概要

　道路整備事業を行う国又は都道府県等の道路事業者は、「公共用地の取得に伴う損失補償基準要綱」等に基づき、道路用地の取得に支障となる建物等を移転させるなどの際に、その所有者に対して物件の移転に伴う損失補償を行っている。

　浄化槽には、し尿のみを処理する単独処理浄化槽（単独浄化槽）と、し尿に加えて排出される生活雑排水を処理する合併処理浄化槽（合併浄化槽）の 2 種類がある。そして、平成 12 年に浄化槽法が改正されて、13 年 4 月以降、新たに浄化槽を設置する場合は、原則として合併浄化槽とすることが義務付けられ、単独浄化槽を設置してはならないこととされた。

●検査結果

　単独浄化槽は、現在、製造・販売されていないため、市場における資材単価が不明であり、見積りによりその価格を把握できない状況となっていた。このため、直轄事業 144 件 146 基及び補助事業 530 件 534 基、計 674 件 680 基の単独浄化槽の移転補償費の算定に当たり、既設の単独浄化槽を同一の人槽の合併浄化槽に相当するものとして、合併浄化槽の資材単価及び設置工事費（材工単価）に基づくなどして、移転補償費を直轄事業で計 2 億 7529 万円、補助事業で計 6 億 4759 万円（国庫補助金等計 4 億 3807 万円）と算定していた。

　しかし、合併浄化槽は、し尿だけでなく生活雑排水も併せて処理できる高機能なものであり、単独浄化槽と比較すると、河川等に放流される水の汚れを大幅に減らすことができる高性能なものである。そして、両者の 5 人槽の資材単価を市販の積算参考資料により比較すると、23 年の合併浄化槽（261,000 円～480,000 円）は、11 年当時の単独浄

機械工作物

321

化槽（90,000円～110,000円）の約3倍以上となっていた。

　したがって、道路事業者は、単独浄化槽の移転補償費の算定に当たっては、同一の人槽の合併浄化槽の材工単価によることとせず、物価指数を用いるなどして推定した補償時点の単独浄化槽の材工単価（推定材工単価）により算出した推定再建築費に再築補償率を乗じた上で、これに法令改善費に係る運用益損失額を加算した額とすべきであった。

●低減できた移転補償費

　国土交通省公表の国内の建設工事全般を対象としている建設工事費デフレーターを用いて11年の単独浄化槽の材工単価から算出した推定材工単価に基づくなどして674件の単独浄化槽の移転補償費を算定すると、直轄事業で計2億2656万円、補助事業で計5億0792万円（国庫補助金等計3億5086万円）となり、直轄事業で4870万円、補助事業で1億3960万円（国庫補助金等8720万円）それぞれ低減できた。

●改善処置

　省は、24年3月に地方整備局等に対して通知を発し、単独浄化槽の移転補償費の算定に当たっては、単独浄化槽の推定材工単価により算出した推定再建築費に再築補償率を乗じた上で、これに法令改善費に係る運用益損失額を加算した額とするよう周知徹底するとともに、都道府県等に対して、上記の算定方法とするよう情報提供を行う処置を講じた。

　指摘額　直轄事業　4870万円　　補助事業　8720万円（補助金）

▶ひと口コメント

　前年のキュービクル移転に続く補償費算定に関する処置済の指摘。単独浄化槽を合併浄化槽と同様の価格算定ではまずい。

第3章　用地補償の分類別指摘事例

138 既存公共施設等の移設補償費の算定について

処置要求事項　支払過大　平成27年度
指摘箇所：減耗分

●制度概要

　農林水産省においては、公共事業の施行により事業地内の公共施設等にその機能の廃止又は休止が必要な場合（このような公共施設等を「既存公共施設等」）であって、公益上、その機能の回復が必要な場合は、公共補償基準に基づき、既存公共施設等の機能が回復されるよう、国、都道府県等の当該公共事業の事業主体がその原因者として既存公共施設等の管理者（被補償者）に補償費を支払うこととなっている。また、農業農村整備事業の場合は別の細部運用に基づき、事業主体は、被補償者と既存公共施設等の補償について協議するなどして、補償契約を締結し、補償費を支払っている。

　「公共事業の施行に伴う公共補償基準要綱」によれば、既存公共施設等の機能回復は、代替施設を建設すること又はその既存公共施設等を移転することで行うこととされており、代替施設の建設による場合の補償費（移設補償費）は、土地の取得費、建設費等とされている。そして、建設費は、代替施設の建設費用から、既存公共施設等の機能の廃止のとき（補償時点）までの財産価値の減耗分を控除するなどして算定することとされており、減耗分は、既存公共施設等の耐用年数に対する補償時点の経過年数の割合等に応じて算出することとされている。ただし、国、地方公共団体等が管理している既存公共施設等は、やむを得ないときは、減耗分の全部又は一部を控除しないことができることとされていて、これは、地方公共団体等が管理する既存公共施設等であって、その施設等の管理・運営に係る決算（既存公共施設等の決算）が継続的に赤字状況にあるなど、減耗分の調達が極めて困難な場合等とするとされている。そして、細部運用によれば、これに該当するか否かは、既存公共施設等が地方公営企業等の特別会計で運営されている場合には、既存公共施設等の管理・運営に係る年度決算書で、決算報告書の収益的支出の

機械工作物

323

決算状況、財務諸表の損益計算書で他会計からの補助金及び年度純利益の有無等を調査し、年度純利益がある場合は、剰余金計算書及び剰余金処分計算書でその使途及び内部留保を調査する。そして、この調査の結果、減耗分に充当可能な未処分剰余金及び積立金等の内部留保がない場合等は、減耗分の調達が極めて困難な場合として控除額を判断することとされている。

●検査結果

　平成25、26両年度に実施した補償に係るA局、A局B事業所（B事業所）及びC県が実施した水道施設関係の補償契約計12件（A局1件（契約額2568万円）、B事業所1件（同687万円）、C県10件（同計8383万円、国庫補助金等計4191万円）、契約額合計1億1639万円）で、各事業主体は、移設補償費の算定に当たり、減耗分を調達することが極めて困難な場合に該当するとして、減耗分を控除していなかった。

　すなわち、各事業主体は、これらの補償契約12件の既存公共施設等の決算で、資本的収支決算と収益的収支決算を合算すると赤字であったり、被補償者から一定額以上の内部留保資金を確保する必要があり、減耗分の負担は困難であるなどの申出があるなどしたため、減耗分に充当可能な内部留保がないと判断したりしたことにより、減耗分の調達が極めて困難な場合に該当するとしていた。これについて、各事業主体は、「公共補償基準要綱の解説」で、継続的に赤字状況にあるか否かは既存公共施設等の決算が設備等の建設の資本的収支決算と事業運営の収益的収支決算に区分されている場合は、後者に基づくことが妥当であるが、後者が黒字であっても、前者の資本的収支決算と合算して赤字となる場合は、赤字の程度や財政規模等を勘案して判断すべきであるとされていることなどによるとしていた。

　しかし、省は、資本的収支決算と収益的収支決算を合算すると赤字となる場合であっても、資本的収入額が資本的支出額に対して不足する額（資本的収入額の不足額）を損益勘定留保資金^(注)等の補塡財源で補塡した上で、なお内部留保があれば、減耗分を調達することが極めて困難な場合には該当しないとするとともに、減耗分に充当可能な

第3章　用地補償の分類別指摘事例

内部留保がない場合とは、内部留保を累積欠損金の補填に当てるため
減耗分に充当できない場合を指すとしている。そして、12件の既存公
共施設等の決算は、補償契約締結時の直前の年度以前の3か年分の収
益的収支決算が継続的な赤字状況になく、直近の年度で資本的収入額
の不足額を補填財源で補填するなどした上で、なお減耗分を上回る内
部留保を有しており、累積欠損金もなかった。

したがって、補償契約12件は、減耗分を調達することが極めて困難
な場合には該当しないため、移設補償費の算定に当たり、減耗分（A
局357万円、B事業所227万円、C県計3720万円（国庫補助金等計
1860万円）、合計4306万円）を控除する必要があり、支払額はその
減耗分が過大になっていた。

(注)　損益勘定留保資金：減価償却費等の収益的収支における現金支出を伴わな
　　　いものを費用として計上することにより留保される資金。

●改善要求及び改善処置

省において、A局、B事業所及びC県に、12件で過大となってい
た支払額又は国庫補助金等が返還されるよう被補償者と協議を行うよ
う指導するなどの是正の処置を要求するとともに、今後、適正な移設
補償費の算定が行われるよう、減耗分を控除しないことができる場合
に該当するか否かについての判断方法及び判断基準を細部運用で明示
するなどし、地方農政局等の事業主体に、その内容を周知及び助言す
るなどの是正改善の処置を求めた。

指摘額　計2445万円（直轄分及び補助金等分）

▶ひと口コメント

本件の是正改善要求で、水道管等の移設補償費における減耗分についての取
扱いを明確にして、この種一連の事案の再発の防止を期待している。

機械工作物

325

139 架空請求や水増し等で補償金を支払い

不当事項　支払不適正　昭和51年度
指摘箇所：井戸渇水損害補償

●補償概要

　この補償は、日本国有鉄道下関工事局が、工事局制定の工事事務取扱基準規程に基づき山陽新幹線北九州地区のトンネル工事の施行に伴う沿線地区の井戸渇水に対する損害の補償として4億3102万円（昭和47年度〜51年度）を支払ったものである。そして、その実施に当たっては、工事局において、被補償者から申出のあったものについて、北九州水道局が指定した工事店であるA会社に給水装置の設置の依頼をし、会社から工事終了後、被補償者各人ごとに工事に要した材料費、労務費、諸経費とこれに市水道局に立替払いした水道局予納金[注]（予納金）、口径別納付金を加算した請求書及び図面を提出させ、損害補償額の査定を行った後被補償者から補償金の請求及び受領の権限の委任を受けた会社に補償金を支払っているが、その支払内容について検査したところ、検査院及び当局の調査結果で判明したものだけについてみても、次のとおり、適正でないと認められるものが652件2017万円あった。

[注]　水道局予納金給水装置工事の申込みに伴い水道局からの納入通知書によって払い込まれる路面復旧費、設計審査手数料、工事監督費及び間接経費等。

●検査結果

(1)　架空の給水装置工事に対し、補償金を支払っているもの

　昭和50年6月、北九州市内に所在するB所有の貸家1棟（10戸分）に対する給水装置工事の代金相当額262万円を会社に支払っているが、該当する場所に貸家は存在しておらず、架空の給水装置工事に対し、補償金を支払っている。これは、担当課職員と会社の役員が共謀して、他の一連の被害補償に便乗して架空の関係書類を作成したうえ請求したものに対して支払ったものと認められた。

(2)　予納金が水増し又は付け増しされているもの

補償金 1,087 件のうち、会社が市水道局に立替払いした予納金に対する支払額は、前項の架空分 10 件及び予納金の必要がなかった分 24 件を除くと 1,053 件で計 4283 万円となっているが、このうち関係書類がないなどのため確認できない 384 件を除いた 669 件 2839 万円について関係書類と照合したところ、642 件については次のような事態となっていた。

① 594 件の予納金 2640 万円については、会社が実際に市水道局に納入した金額は計 1049 万円と認められ、その差額 1590 万円は、会社が市水道局に立替払いした予納金に水増しして請求したものに対して支払ったものと認められた。

② 48 件の予納金 164 万円は 49 年度及び 50 年度に北九州市内で施工された給水装置工事に関連して支払ったものであるが、関係書類について調査したところ、給水装置の設置の申込みがなされていないもので、したがって予納金も払い込まれていないものである。これは当該地域が受水槽を設置する必要がある箇所であり、このような場合は市水道局の取扱いによれば水道局の配水管分岐点から受水槽前のメーターまでの給水装置が予納金の対象とされていて、本件の場合も受水槽から各戸までの設備については、予納金を必要としないのに会社が付け増しして請求したものに対して支払ったものと認められた。

補償の支払に当たり、架空の関係書類を作成して請求されていたり予納金を水増しして請求されていたり、納入する必要のない予納金を付け増しして請求されていたりしているのに損害補償費の査定及び現場の確認が十分でなかったなどのため、補償金の支払が適正を欠く結果を生じたものと認められた。

指摘額　2017 万円

▶ひと口コメント

水の関係者に食い物にされた事例であり、関係書類の確認は厳密に行ってほしい。

水田の減渇水対策費の支払が不適切

140

不当事項 支払不適切 昭和53年度
指摘箇所：減渇水対策費

●補償概要

　この補償は、トンネル工事に伴う水田の減渇水対策の目的を達することとはならない事業を補償の対象として8875万円を負担することとした覚書を取り交わし、1439万円の補償金を支払ったもので、その処置が適切を欠いていると認められた。

　日本国有鉄道では、昭和48年10月に契約し49年2月から掘削を開始した中央本線塩嶺トンネル工事において、施行中の52年1月ごろから大量の出水が続いたことに伴って、その対策に要する費用を補償することとしていたが、A市B地区水田27haについてもかんがい用水に減渇水が生ずるものとして、たまたまB土地改良区が施行することとしていた農林水産省所管の国庫補助事業であるB地区農村基盤総合整備事業（52年4月採択、以下「土地改良事業」）においてこの対策が講じられることを前提に、その事業費2億6500万円のうち地元負担金相当額8875万円を負担することとして、A市との間に覚書を取り交わし53年2月から54年5月までの間に市に対してこのうち1439万円を支払ったものである。

　すなわち、国鉄では、このトンネル工事の施行に伴い工事によって水源に減水等を生じた場合は従来の機能を損なわないよう補償を行う旨の覚書をA市との間に取り交わしていたものであるが、B地区についてはトンネルが完成してもなお恒常的に生ずると予想されるトンネル内の湧（ゆう）水を供給するなどしてもなお水に不足が生ずるとして、その不足量は、土地改良事業のほ場整備工事で水田を床締めすることなどにより地中への浸透水を現状より減少させることによって対処できるものとして、この事業を補償の対象としたものである。

328

第3章　用地補償の分類別指摘事例

●検査結果

　この土地改良事業について調査したところ、事業計画書によるとこの事業は農業の機械化により農業経営を長期的に安定させることを目的としていて、ほ場の区画、用排水路及び農道の整備を行うものであって、水田の地中に浸透する水量を減少させることについては特別の対策をたてておらず、従来の浸透量を全く変更することとしていないものであった。このことは、国鉄が意図した減渇水対策を充足するものではないことは明らかであるのに、補償の目的を達することとはならない事業について国鉄が8875万円を負担する旨の覚書を取り交わし、そのうち1439万円を支払ったことは適切とは認められない。

　指摘額　1439万円

▶ひと口コメント

　補償対象の内容をしっかりと確認する必要がある。

営業補償・特殊補償

141 調査確認を行わないまま補償金を支払った

不当事項　支払不適切　昭和54年度
指摘箇所：渇水対策補償費

●補償概要

　この補償は、日本鉄道建設公団が、北越北線建設工事の一環として、昭和48年度から新潟県A市地内において施行している北越北線薬師峠ずい道工事に伴い、同市B地区の207世帯及び小学校、保育所等が飲料水源として利用している井戸に減渇水が生じたため、その対策としての簡易水道施設の設置に要する費用相当額3億3430万円及び維持管理費相当額3070万円総額3億6500万円を補償することとして、55年3月31日にA市B地区渇水対策協議会（対策協）と補償契約を締結し、同日全額を支払ったものである。

　公団が補償契約を締結するに至るまでの経緯についてみると、公団では、ずい道工事を48年8月に着手し、同年12月から掘削を開始したが、その後49年10月ごろから施工箇所の湧（ゆう）水が順次増加し、これに伴って井戸に減渇水の現象が生じ、市からその対策を施すよう要望があったため、応急対策として仮給水施設を設置し、被害地域を対象に52年12月から給水を実施するとともに、減渇水の原因及びその範囲を調査した。その結果、減渇水がずい道工事に起因するものであると認めたが、ずい道の覆工によって減渇水の事態が解消されることもあり得ることから、引き続き調査を続行する一方、対策協及び市との間で補償について協議し、53年8月に補償の形態を基本的には被害地域を対象に簡易水道施設を設置する工事補償とすることとした。そして、補償工事の実施については、公団は工事に要する費用を対策協に支払い、対策協は、工事の施行を市に依頼して55年7月31日までに完成することを補償契約の条件として上記の補償を行ったものである。

第3章　用地補償の分類別指摘事例

●検査結果

　市においては、52年ごろから補償対象地区を含むB地区の全域を対象に簡易水道事業を56年度に実施することとしていたものであるが、地区に減渇水の現象が生じたため、54年度に繰り上げて実施することとし、54年4月、A市B地区簡易水道事業経営認可を新潟県知事から受け、更に7月厚生省所管の国庫補助事業として厚生省から国庫補助金の交付決定を受けるとともに、自己資金の大部分は起債によることとし、工事は厚生省から内示を受けて6月に着手し12月に完成して、55年1月10日から給水を開始しており、これに伴う国庫補助事業の実績報告及び国庫補助金の交付額の確定が行われていた。

　以上の経緯によっても明らかなように、補償契約締結時においては、補償の対象とした簡易水道施設が市において既に設置され給水されており、補償の対象とした工事は施行する必要がなくなっていたものである。

　公団は補償交渉の過程において市が補償金と国庫補助金とは重複させない旨を再三言明していたため、これを信頼して補償金を支払ったものであるが、補償対象地区において、補償工事と同一目的を有する簡易水道施設の設置が国庫補助事業として先行して行われていて、補償工事がこれと重複していることは容易に確認することができたものであるのに、何ら調査確認を行わないまま補償金を支払ったのは適切とは認められない。

　したがって、本件補償は、補償対象簡易水道施設のうち、国庫補助事業の対象とならない本管又は枝管から蛇口までの設備等を対象とするのが妥当であり、これにより補償額を計算すると1億0809万円となり、補償額は約2億5690万円が過大に支払われていると認められた。

　　指摘額　2億5690万円

▶ひと口コメント

　「信ずるより確かめよ」である。補償契約締結した時には、その必要がなくなっていたのは、かなりマズイ。

331

142 補償費の算定に対象外の店舗を含めている

不当事項　支払過大　平成 15 年度
指摘箇所：補償対象外

●事業概要

A 県は、街路を拡幅するため、B 地内に所在する会社所有の店舗併用住宅等の移転に要する建物移転料、営業補償等の費用として、8612 万円を社に補償している。

●補償費内容

このうち、営業補償費は、店舗の移転による休業期間中の損失として、営業用資産の減価償却費、従業員に対する休業手当相当額、休業による一時的な得意先喪失に伴う損失額、休業期間中の収益源等の各項目を合計して 2790 万円と算定し、これにより補償していた。

●検査結果

この事業において移転の対象となったのは、B 地内に所在する店舗であるので、この店舗の休業期間中の損失のみを営業補償費の算定対象とすべきであるのに、誤って移転の対象となっていない他の地域に所在する被補償者の複数の店舗の減価償却費や従業員の休業手当相当額を損失額に算入したり、移転の対象となっていない店舗を含めた売上高に対して売上減少率を乗ずるなどして得意先喪失に伴う損失額を算出したりなどしたため、営業補償費が過大に算定されていた。

●指摘内容

事業に要する適正な費用を算定すると計 6758 万円となり、事業費との差額 1854 万円が過大となっており、国庫補助金相当額 927 万円が不当と認められた。

指摘額　927 万円（補助金）

▶ひと口コメント

県は補償額算定に当たり、営業調査積算業務を補償コンサルタント会社に委託しているが、この委託成果品に誤りがあった。成果品に対する県の検査が十分ではなかった。

第3章　用地補償の分類別指摘事例

143 休業補償に臨時雇用者を含めて算定

不当事項　過大補償　平成19年度
指摘箇所：補償費算定

●事業概要

　A県は、B空港整備事業の一環として、空港建設に必要となる土地の取得に当たり、支障となるC市内のゴルフ場を移転させるため、平成18年度に、24億1144万円（国庫補助金19億6628万円）で、ゴルフ場の経営者に建物等の移転に伴う損失補償を行った。

　県は、公共事業の施行に伴う損失補償を、「A県の公共事業の施行に伴う損失補償基準」等（損失補償基準等）に基づいて行うこととしている。損失補償基準等によれば、土地等の取得に伴い通常生ずる損失の補償費として、建物等の移転料（工作物の移転料を含む。）、営業補償費、立木補償費等を計上することとされている。

●検査結果

(1)　営業補償費の算定について

　県は、従業員30名に係る休業手当を6737万円と算定し、営業補償費に計上していたが、この中には、一時限りの臨時に雇用された従業員8名に係る休業手当462万円が含まれていた。

　しかし、損失補償基準等では、従業員が一時限りの臨時に雇用されているときは、その額を補償しないものとされていることから、従業員8名に係る休業手当は補償対象とはならず、営業補償費462万円が過大となっていた。

(2)　工作物の移転料の算定について

　県は、防球ネット、花壇、金網フェンス等の工作物をゴルフ場のクラブハウス等に付随するものとして、鉄筋コンクリート造であるクラブハウス等の建物の耐用年数（65年又は90年）等を基に、工作物の移転料を1億0857万円と算定していた。

　しかし、建物に付随する工作物とは、電気設備、給排水設備等の

営業補償・特殊補償

333

防球ネット

建物と構造上一体となっているものとされており、防球ネット等は、建物から完全に分離している独立した工作物であることから、これらの工作物の移転料を、クラブハウス等の建物の耐用年数等を基に算定しているのは適切でない。

そこで、防球ネット等について、それぞれの工作物ごとの耐用年数（10年から50年）等を基に工作物の移転料を算出すると、合計額は1億0559万円となり、298万円が過大となっていた。

したがって、物件移転に係る適正な補償費は24億0383万円となり、760万円（国庫補助対象額688万円）が過大となっていて、国庫補助金620万円が不当と認められた。

指摘額　620万円（補助金）

▶ひと口コメント

補償費を何とか膨らませようとしたのかあるいは単純ミスなのか。専門の補償コンサルタントが誤るとは思えない。

第 3 章　用地補償の分類別指摘事例

補償の趣旨が生かされていない

144

意見表示事項　機能未回復　昭和 59 年度
指摘箇所：事業損失補償

●損失補償概要

　水資源開発公団では、琵琶湖開発事業の実施に伴い、琵琶湖汽船株式会社ほか 4 名（会社等）に対しその所有に係る旅客船の運航について事業施行により将来発生することが予想される損失をあらかじめ事業損失として補償するため、旅客船 18 隻を対象として、昭和 56 年 3 月から 5 月までの間に補償額を総額 46 億 5780 万円とする補償協定を会社等と締結し、このうち 15 隻分について 56 年度から 59 年度までの間に総額 35 億 3928 万円を支払っている。

　この補償は、事業が大阪府内及び兵庫県内の増大する水需要に対処するため最大毎秒 40 m³ の都市用水を新たに供給することを目的としており、その施行によって、将来、非常渇水時には琵琶湖の水位が基準水位に比べて 2 m 低下すると予測されており、この水位低下が 2 m の場合、平均水深が 4 m 程度の南湖水域のほぼ全域で、喫水深が 1 m 以上の船舶に船速の低下や波浪の影響による触底等の航行障害が生じることが予見されるとして、これら旅客船の航行上の障害等についてあらかじめ補償することにより、会社等が被る一切の損害について解決することとして実施されたものである。そして、この補償に当たって、公団では、琵琶湖における旅客船運航事業が公益性の高い事業であることから、非常渇水による水位低下時においてもなお旅客船の運航を確保する必要性があると判断し、このような事態について旅客船の低喫水化を図ることにより対処することにし、運航の用に供している旅客船を改造することは技術的に困難であることから、専門機関に技術的検討を委嘱した結果を基に滋賀県旅客船協会（琵琶湖において旅客船運航事業を営む者で構成する団体）等と協議のうえ、56 年 3 月に、協会等との間で、補償額は代替船の建造費用相当額とすることを内容とする覚書を取り交わしている。この覚書では補償額算定の基礎とする代替船の構造を、① 喫水深は

335

1.0 m 以内、② 船型は排水量型、③ 材質は軽合金とすることとし、「公共事業の施行に伴う公共補償基準要綱」（昭和 42 年閣議決定）で定める機能の回復に係る補償費の算定方式を参考とするなどして補償対象船の機能回復に要する費用相当額を合計 46 億 7684 万円と算定し、これに基づき会社等と補償協定を締結している。そして、この補償協定書では、事業損失補償は原則として金銭渡し切り補償で行われるものであるとの観点から補償後の処置については会社等の責任において対応されるべきものであるとして、補償額算定の基になった覚書記載の喫水深 1.0 m 以内、軽合金製等の要素の実行については何らの定めも設けていなかった。

●検査結果

　本件補償について調査したところ、59 年度までに補償が行われた 15 隻の代替船として 59 年 7 月までに建造された 12 隻のうち、琵琶湖汽船株式会社ほか 3 名所有の「玻璃丸」等 11 隻に対する補償（補償支払額 28 億 4172 万円）の代替船「ミシガン」等 8 隻は、いずれもスクリュー最下端部までの喫水が、最大のものでは 1.76 m、最小のものでも 1.12 m となっていて、いずれも 1 m を超えていた。このなかには、船底までは 1.0 m 未満であるがかじ最下端部までが 1.25 m であることを考慮して補償対象とした「銀竜丸」の代替船の「第 8 わかあゆ」のように、スクリュー最下端部までが 1.2 m となっていて補償対象船とほとんど変わらない喫水深となっているものや、「ゆうぎり」等 5 隻の代替船である「第 6 わかあゆ」等 4 隻のように、代替船の方がスクリュー最下端部までの喫水がかえって深くなっているものも見受けられ、また、材質が軽合金でなく鋼船となっているものが 2 隻ある状況であった。さらに、15 隻に対する補償のうち、橋本汽船株式会社所有の「ちくぶしま」（補償支払額 1 億 7916 万円）の代替船として建造された「なにわ 1 号」についてみると、58 年 8 月に進水後、琵琶湖に就航することなく直ちに淀川で旅客船運航事業等を営む大阪水上バス株式会社（58 年 8 月設立）に貸し渡され、同一設計の他の 3 隻とともに社の定期航路（毛馬―淀屋橋間）及び不定期航路（淀川周遊）で通勤、観光併用船として使用されており、60 年 7 月に

336

至るまで琵琶湖の旅客船運航事業の用に供されたことはない状況であった。

本件補償は、琵琶湖における旅客船運航事業の公益性を重視し、非常渇水による水位低下時においてもその運航が確保されることを前提に代替船の建造費用相当額を補償した経緯からみて、その趣旨が生かされているとはいえないものとなっている。

このような事態となっているのは、本件補償が、琵琶湖における旅客船運航事業の公益性を重視して非常渇水時においても運航できるように、公共施設に対する補償の場合に準じて機能回復に要する多額の費用相当額を補償金として支払うこととしている特殊な補償であり、たとえ事業損失補償が金銭渡し切りによる補償を原則としているとしても、機能回復が図られないこととなった場合には公益性を重視した趣旨が生かされないことになるのに、この点についての公団の認識と配慮が十分でなかったことによると認められた。

●意見表示

公団の行う事業は、多額の国費を含む公共の資金をもって実施されているのであり、今後も水資源の開発に伴って同種の補償を行う場合も多いと思料されるので、今後の水資源開発事業の施行の際、公益性を重視して機能回復に要する多額の費用相当額を補償するような場合には、機能回復の実現を確保するための適切な処置を講じる要があると認められた。

上記のほか、代替船の喫水深が1mを超える11隻の補償対象船のうち「銀竜丸」及び「湖城」については、補償協定締結時（56年）まで10年以上にわたり係船されていたが、エンジン及び船体の維持管理状況は良好であり、所要の調整を加えれば将来南湖航路に就航することができるとして、その場合には航行障害等を被ることとなるなどを理由に補償の対象（補償支払額それぞれ1億0348万円及び1億4420万円）としたものであるが、この両船は、係船と同時に、航行時の常備が義務付けられている船舶検査証書等を国に返納していて旅客船として運航されていなかったものであり、このような船舶を補償の対象とする場合は、維持管理及び改造状況、これらを裏づける経理状況等について特に入念に調査検討し、補償の根拠を明確にしておく

べきであるにもかかわらず、資料の保管が十分でなかったため、当該
船舶が解体処分された現在、補償対象船として選定したことなどの適
否が確認できない状況であったので、今後この種の補償を行うに際し
ては、適切な配慮を要すると認められた。

　背景金額　35 億 3928 万円

▶ひと口コメント

　金銭渡し切り補償であったとしても、このような事態は理解が得られない。
真面目に使ってほしい。

第3章　用地補償の分類別指摘事例

145 取引慣行や家賃の実態に即していない

処置済事項　算定不適切　昭和 59 年度
指摘箇所：立退補償

●補償概要

　阪神高速道路公団では、高速道路等の建設に伴う立退補償を毎年多数実施しているが、このうち、各部が昭和 57 年度から 59 年度までの間に契約し、支払っている借家人に対する立退補償 90 件（補償対象 104 物件、総額 2 億 6574 万円）について検査したところ、次のとおり、立退きによって新たに建物を賃借するに当たり、契約締結時に支払う一時金の費用（一時金）及び従前の建物と新たに賃借する建物との家賃の差額（家賃差額）に係る補償額の算定方法が適切でないと認められる点が見受けられた。

　すなわち、各補償は、高速道路等の建設に伴い支障となる住宅、店舗・事務所、工場・倉庫の借家人に対し、「阪神高速道路公団の事業用地の取得に伴う損失補償規程」（昭和 38 年規程第 1 号）第 24 条の規定に基づき定められた「阪神高速道路公団の事業用地の取得に伴う損失補償規程の実施要領」（昭和 38 年理事長決裁。以下「実施要領」）及び実施要領の運用についての本社から各建設部等への指示に従って、一時金については、土地及び建物価格に一定率を乗ずる算定方法により計 1 億 4979 万円と算定し、また、家賃差額については、土地及び建物価格に一定率を乗じて求めた月額家賃と現在家賃との差額に基づき算定する方法により計 5958 万円と算定し、その他の経費として算定した計 5637 万円とを合わせて、契約額を合計 2 億 6574 万円として補償したものである。

●検査結果

　近年、賃貸取引の増大や不動産仲介市場の充実によって、各補償対象物件が所在する地域において、一時金の取引慣行の把握や賃貸事例の収集が可能になってきており、

⑴　一時金の場合、実施要領及びその運用についての本社指示に基づ

339

き算定された補償額を月数に換算したものと取引慣行に基づく補償額の月数とを比較したところ、例えば、公団が補償した21件（23物件）が所在するA市南部地域においては、店舗・事務所（8物件）について公団算定の平均33箇月に対し取引慣行が21箇月程度、住宅（6物件）について平均26箇月に対し13箇月程度、工場・倉庫（9物件）について平均21箇月に対し9箇月程度となっているなど、90件の補償すべてについて公団算定の一時金は当該地域における取引慣行に比べて著しく高額になっていて、約8800万円過大になっていると認められた。

(2) 家賃差額の場合、補償額の算定の基となった公団算定の家賃と賃貸事例から比較算定して求めた家賃とを比較すると、相当の開差を生じており、その結果、公団算定の家賃差額は、賃貸事例を基とした家賃差額に比べて90件の補償のうち14件が高額、残り76件が低額になっていて、総額では約3000万円過小になっていると認められた。

したがって、各補償について、当該地域の取引慣行に即した一時金の月数や賃貸事例を比較算定して求めた家賃を基にして一時金及び家賃差額の補償額を計算したとすれば、借家人に係る立退補償額は約5800万円低減できたと認められた。

検査院の指摘に基づき、阪神高速道路公団では、一時金の取引慣行及び家賃の実態について調査を行い、60年11月に実施要領の運用に関する通達を定め、借家人に対する一時金及び家賃差額に係る補償額の算定方法を取引慣行等に即した適切なものとする処置を講じた。

指摘額　5800万円

▶ひと口コメント

検査院は取引実態をみて、プラスもマイナスも公平に指摘している。

第3章　用地補償の分類別指摘事例

146 休業補償費を過大に算定している

処置済事項　過大支給　平成 19 年度
指摘箇所：休業補償の算定

●補償等概要

　林野庁は、公務上の災害を受けた職員に対して療養補償、休業補償の支給等を、また、福祉事業として休業援護金の支給等を行っている。

　これらの公務災害補償に要する経費は、平成 18、19 両年度 53 億 2131 万円となっている。このうち休業補償は、被災職員が療養のため勤務することができない場合において、給与を受けないときに、その勤務ができない期間につき支給することとなっており、また、休業援護金は、休業補償と併せて支給することとなっている。そして、補償を受ける権利は離職後も影響を受けないものとされていることから、公務災害補償に要する経費には、離職後の被災職員に対する休業補償等も含まれている。

　庁は、離職者に対する休業補償等の支給額を、離職者が公務災害の療養のために医療機関等に通院するのに要する時間を対象として、次のとおり算定することとしている。

$$\boxed{休業補償} = \boxed{平均給与額} \times 60/100 \times 1/8 \times \boxed{通院時間}$$
$$\boxed{休業援護金} = \boxed{平均給与額} \times 20/100 \times 1/8 \times \boxed{通院時間}$$

　そして、離職者は、この計算式により算定される休業補償及び休業援護金を、請求書等により、1 月ごとに森林管理署等へ請求及び申請することとなっている。請求書等の提出を受けた森林管理署等は、それらを審査した上で、休業補償等の支給額を決定することとしている。庁は、上記の算定方法に基づき、離職者に対する休業補償等を 18 年度 1,537 人、19 年度 1,458 人、計 18 億 3772 万円支給している。

営業補償・特殊補償

341

●検査結果

　すべての森林管理署等に対して、請求者の20年4月分の通院の実態について、診療時間の状況、使用する交通機関の状況等を請求者本人から聴取するとともに、医療機関や公共交通機関等に対して問合せをするよう求めるなどして確認した。

　これによれば、請求者1,196人のうち335人については、18、19両年度に休業補償等を算定した際に用いられた通院時間が、20年4月分の通院の実態に基づく通院時間よりも1日当たり1時間から6時間多くなっていた。

　以上のことから、今回確認した20年4月分の請求者の通院の実態に基づく通院時間が18、19両年度も同様であると仮定した上で算出した休業補償等の額は、18、19両年度計16億2637万円となり、支給額に比較して、9759万円の開差を生ずることとなる。

●改善処置

　庁は次のような処置を講じた。

⑴　森林管理署等に対して、通院時間の取扱いを明確にした上で、離職者に対してもその内容を含めた休業補償等の制度について周知させることとした。

⑵　森林管理署等に対して、離職者から請求書等の提出を受ける都度、通院時間の審査、確認を厳正に実施させるとともに、通院時間に関して離職者、医療機関等への一斉確認を毎年度行わせることにより、医療機関での診療時間の状況、交通機関の状況等が反映されるようにした。

　指摘額　9759万円

▶ひと口コメント

　休業補償の算定には通院時間も含まれるが、離職者の通院時間については事務の簡素化と請求者の不利にならないようにとの配慮などから実際より多い時間を算定して支給していた。

第 3 章　用地補償の分類別指摘事例

147 埋没建設機械器具等の損害額が過大負担

不当事項　過大負担　昭和 55 年度
指摘箇所：損害額の算定

●損害額概要

　この損害に対する負担は、日本鉄道建設公団が上越新幹線建設工事の一環として、昭和 47 年 2 月から施行している中山ずい道（四方木）工事において、工事中の 54 年 3 月、ずい道内で異常出水事故が発生し、請負人が搬入していた建設機械器具、工事の仮設物の資材等が埋没するなどの損害を受けたため、工事請負契約条項に基づき、公団が負担すべき損害額を 6 億 2814 万円と算定し、55 年 12 月に支払ったものである。

　この損害額の算定に当たっては、① 工事の出来形部分に関するもの、② 工事の材料に関するもの、③ 工事の仮設物又は建設機械器具に関するものに区分し、また、坑道の一部を止水のためモルタル注入により閉そくし廃坑としたため②及び③については更に、この坑道内に埋没していて回収できない物件と回収できた物件に区分し算出している。

　そして、③の損害額の算定に当たっては、契約条項に基づき、公団と請負人とが協議して定めた算定方式によることとしたが、この算定の基礎とする建設機械器具、資材等の取得価格、取得年月等については請負人の減価償却費計算書、機器具移動台帳、納品書等によることとし、請負人はこの算定方式に基づいて算定した損害額と①及び②の損害額を合わせた総額 6 億 4814 万円を公団に請求し、これらの算定基礎となった減価償却費計算書、機器具移動台帳及び納品書の写し等を立証書類として提出した。

　これに対し公団では、機械類の取得価格、取得年月、再使用や修理の可否及び資材類等の損害数量、取得価格等について審査のうえ、総額 6 億 2814 万円と決定し、同額を請負人に通知するとともに請負人からこれを承諾する旨の請書を徴したうえ支払っているものである。

事業補償

343

●検査結果

　請負人から徴した立証書類は原資料そのものではなく写し等であり、公団ではこれについて原資料との対査を実施していなかったことから、検査の際、これら立証書類の内容について、機械類については請負人の減価償却費計算書、機械器具移動台帳等の原資料により取得価格、取得年月及び現地への搬入年月を、また、資材類等については請負人の会計伝票、請求書等の原資料によりその数量、取得価格等を対査したところ、前記区分③の工事の仮設物又は建設機械器具に関するものについて立証書類に記載された取得価格、取得年月等が事実と相違していたものが1,088件のうち570件あり、損害額が著しく過大となっているものと認められた。

　いま、損害額を計算すると4億6955万円となり、負担額はこれに比べ約1億5800万円が過大に支払われていると認められた。

　指摘額　1億5800万円

▶ひと口コメント

　大変な出水事故で請負人は人命救助も行い、感謝されたはずであるが、残念な指摘である。

第3章　用地補償の分類別指摘事例

148 先行補償に係る利子支払が過大

不当事項　支払過大　平成 17 年度
指摘箇所：利子支払額

●事業概要

A 県は、港湾整備事業特別会計が支払った損失補償 7 億 1100 万円のうち、B 湾臨港道路 4 号線に係る分に要した費用 4462 万円（国庫補助金 2231 万円）を、一般会計から特別会計に対して支払っている。

この損失補償は、B 港で実施する港湾改修事業に先行して、漁業権等の消滅又は制限に対する損失を漁業権者である漁業協同組合に対し行ったもので、補償費 7 億 1100 万円のうち 4 億 7700 万円は金融機関等から借り入れたものであった。

●検査結果

県は、先行補償費 7 億 1100 万円のうち臨港道路 4 号線に係る先行補償費 1745 万円に、借入金 4 億 7700 万円と先行補償費 7 億 1100 万円との比率を乗じて、利子計算の対象額を算定していた。そして、これに係る利子支払額は、利子計算対象額を借入期間（10 年〜20 年）中は全く返済することなく据え置き 6 箇月複利で利子が増加するものとして、2704 万円と算定していた。

しかし、実際には、定められた支払期日ごとに借入金の元金及び利子を支払っており、このため、償還期限の 14 年 3 月までに支払われた利子の額は 872 万円にすぎず、利子支払額が過大に算定されていた。

したがって、実際の先行補償に要した費用を算定すると、1832 万円が過大となっており、国庫補助金 916 万円が不当と認められた。

指摘額　916 万円（補助金）

▶ひと口コメント

先行補償に対する利子支払額に着目して不当事項で指摘している。確かに過大支払となっているのは事実であるが、翌 18 年度に同様事態が全国で多数判明し、処置済となっていることを勘案すると、結果的にバランスを欠く扱いと思われる。

事業補償

345

149 漁業権等の先行補償者に支払う利子支払額が過大

処置済事項　支払過大　平成 18 年度
指摘箇所：利子支払額

●事業概要

　国土交通省は、港湾事業の実施に伴い漁業権等の消滅又は制限の必要が生じたときは、漁業権者である漁業協同組合等に対し、その損失を補償している。補償については、漁業権者から、一括全面補償要求が行われた場合等に、港湾事業の実施に先行して当該事業区域に係る漁業補償を一括して行うことができるとされている。

　事業者は、先行補償が行われた事業区域のうち個々の事業実施区域に係る補償費、先行補償のための事務費及びこれらの費用に有利子の資金が充てられた場合の利子支払額の合計額を先行補償者に支払うこととされている。このため、国が事業者となる場合は国が先行補償者に、地方公共団体等が補助事業者となる場合は補助事業者が先行補償者に、それぞれ補償費相当額を支払うこととなり、補助事業者はこの補償費相当額を補助対象額として補助金の交付申請を行い交付を受けている。

　一方、先行補償者は、先行補償に要した費用の全額又は一部の額を金融機関等から調達し、償還条件に基づきその元金及び利子を金融機関等に返済していて、事業者から補償費相当額の支払を受けるまで補償費相当額を一時的に負担することとなる。

●検査結果

　検査したところ、利子支払相当額の算定方法は、次のとおりとなっていた。

　事業者は、元金を借入期間中は返済することなく固定したものとして利子支払相当額を算定しており、52 件のうち 17 件については、先行補償者も同様の方法により借り入れるなどしていた。一方、35 件については、先行補償者は、実際には、元金均等償還又は元利均等償還の方法や、期日一括償還であっても借換え時に元金を減額させる方

第3章　用地補償の分類別指摘事例

法により元金及び利子を支払っており、利子支払相当額の算定方法と
先行補償者の実際の償還方法とが合致していなかった。

---〈事例〉---

A先行補償者（県）は、B港の港湾計画に予定している事業区域
に係る一括全面補償に要する費用の一部を平成8年5月に金融機関
から借り入れている。

そして、C補助事業者は、18年度に港湾防波堤築造等工事の実
施に当たり、先行補償者に支払う補償費248万円を利子計算の対象
額として、8年5月から18年3月までの9年10箇月にわたり対象
額を固定させて利子支払相当額を83万円と算定していた。

しかし、A先行補償者（県）は、金融機関に対し元金均等半年
賦の方式で毎期元金及び利子を支払っていたため、これに応じて毎
期残元金及び利子支払額が減少しており、利子支払相当額とA先
行補償者（県）の利子支払額に開差が生ずることとなる。

このように、利子支払相当額の算定が実際に要した利子支払額に基
づいて行われていないものが見受けられる事態は適切でなく、改善の
必要があった。

●低減できた利子支払相当額の試算

実際に要した利子支払額に基づいた利子支払相当額の算定を行って
いなかった35件のうち、直轄事業13件4事業者で9476万円、また、
補助事業16件6事業者で6269万円（国庫補助金1928万円）の開差
が、それぞれ生ずる。

●改善処置

省は、実際に発生している利子支払額を正確に把握し、適切な利子
支払相当額の算定を行うよう、周知徹底を図るなどの処置を講じた。

指摘額　直轄事業　9476万円　　補助事業　1928万円（補助金）

事業補償

▶ひと口コメント

先行補償に関する利子支払相当額が、実際に発生している利子支払額より多
く支弁されていることを改善させた処置済の指摘であるが、前年、同様な事態
でF県を不当事項で指摘していることとバランスを失しないか。

150 用地の買収が補助対象外

不当事項　補助対象外　昭和 50 年度
指摘箇所：借用地

●事業概要

東京都 A 市は、事業費 3687 万円（国庫補助金 598 万円）で小学校用地を買収した。

●検査結果

この事業は、児童急増対策として教室不足の解消を図るため学校用地 2,276 m² を買収したとしているが、このうち 871 m² は従前からの借用地を買収したもので教室不足の解消を図るためのものではないから、補助の対象とならないものである。

指摘額　229 万円（補助金）

▶ひと口コメント

教室不足の解消を借用地で達成している。

第3章　用地補償の分類別指摘事例

151 補助金で取得した学校用地を転用

不当事項　目的不達成　昭和61年度
指摘箇所：学校用地

●事業概要

　この事業は、昭和58年度補助事業として、A中学校の教室不足の解消を図るのに必要な校舎の増築を行うため、B町が中学校用地6,383 m²を補助対象事業費7404万円で取得したものである。

　町では、学校用地の買収及び造成が完成し国庫補助金の交付決定が行われた直後の59年3月に、従前から中学校に供用していた学校用地の一部1,291 m²を町庁舎用地に所管換していた。

●検査結果

　しかし、町が既存の学校用地では不足するとして、国庫補助金の交付を受けて新たに学校用地を取得しておきながら、その直後に既存の学校用地の一部を他の用途に転用しているのは、これに相当する補助対象面積を他の用途に転用したことと同様の結果となり、事業により取得した用地のうち1,291 m²（国庫補助金相当額424万円）分は補助の目的を達していない。

　指摘額　424万円（補助金）

▶ひと口コメント

　最初から転用目的だったと思われても仕方のない事態であり、目的の異なる学校用地を利用してはならない。

総合補償

349

152 学校用地の一部を公民館敷地に使用(1)

不当事項 目的外使用 昭和61年度
指摘箇所：公民館敷地

●事業概要

　この事業は、昭和48年度補助事業として、A小学校及びB小学校の教室不足の解消を図るのに必要な分離新設校の校舎の新築を行うため、C市がD小学校用地21,556 m² を補助対象事業費3億7507万円で取得したものである。

●検査結果

　しかし、市では、学校用地のうち674 m²（国庫補助金相当額190万円）を53年度以降公民館の敷地として目的外に使用している。

　指摘額　190万円（補助金）

▶ひと口コメント

　補助金の執行について県及び関係市町に対する指導を徹底すべきである。

350

第 3 章　用地補償の分類別指摘事例

153 学校用地の一部を公民館敷地に使用(2)

不当事項　目的外使用　昭和 61 年度
指摘箇所：公民館敷地

●事業概要

　この事業は、昭和 53 年度補助事業として、A 小学校の教室不足の解消を図るのに必要な分離新設校の校舎の新築を行うため、B 市が C 小学校用地 15,789 m^2 を補助対象事業費 6 億 5998 万円で取得したものである。

●検査結果

　しかし、市では、学校用地のうち 540 m^2（国庫補助金相当額 526 万円）を 57 年度以降公民館の敷地として目的外に使用している。

　指摘額　526 万円（補助金）

▶ひと口コメント

　補助金の執行について県及び関係市町に対する指導を徹底すべきである。

総合補償

154 学校用地の一部を公民館敷地に使用(3)

不当事項　目的外使用　昭和 61 年度
指摘箇所：公民館敷地

●事業概要

　この事業は、昭和 53 年度補助事業として、A 小学校の教室不足の解消を図るのに必要な校舎の増築を行うため、B 町が小学校用地 1,884 m^2 を補助対象事業費 5369 万円で取得したものである。

●検査結果

　しかし、町では、学校用地のうち 660 m^2（国庫補助金相当額 438 万円）を 57 年度以降公民館の敷地等として目的外に使用している。

　指摘額　438 万円（補助金）

▶ひと口コメント

補助金の執行について県及び関係市町に対する指導を徹底すべきである。

第 3 章　用地補償の分類別指摘事例

155 学校用地の一部を働く婦人の家の 敷地に使用(4)

不当事項　目的外使用　昭和 61 年度
指摘箇所：働く婦人の家の敷地

●事業概要

　この事業は、昭和 58 年度補助事業として、A 小学校の教室不足の解消を図るのに必要な校舎の増築を行うため、B 町が小学校用地 2,112 m² を補助対象事業費 6167 万円で取得したものである。

●検査結果

　しかし、町では、学校用地のうち 840 m²（国庫補助金相当額 694 万円）を 59 年度以降働く婦人の家の敷地として目的外に使用している。

　指摘額　694 万円（補助金）

▶ひと口コメント

　目的外使用の通番 152〜155 の県は全て同じであり、事業主体は通番 152 と通番 153 が同じ市、通番 154 と通番 155 が同じ町である。

総合補償

353

156 権利関係等を確認せずに 用地・補償を実施

不当事項　事業不実施　昭和 61 年度
指摘箇所：用地取得・移転補償

●事業概要

　これらの事業は、A 都市計画道路 B 本線街路新設事業の一環として、昭和 59 年度から 63 年度までの間に、道路用地 430.89 m² の取得を事業費 1 億 6800 万円で、また、59 年度に土地に所在する住宅等建物 4 棟、工作物等の移転補償等を事業費 1 億 2000 万円で施行するものである。事業のうち、① 用地取得について、C 市は、C 市土地開発公社との間で、公社に土地を先行取得させ、これを 60 年度以降 4 箇年に分割して取得するとした契約を締結し、これに基づき、公社は、59 年度に当該土地の売買契約を登記名義人の配偶者と締結し代金の支払を了した。そして、市は、公社と 60、61 両年度に土地 430.89 m² のうち計 221.24 m² の取得契約を締結して代金の支払を了し、一方、国に対しては、両年度とも事業が当該年度内に完了したとして、国庫補助金計 5680 万円の交付を受けていた。また、② 物件移転補償等について、市は、59 年度の未完了部分を 60 年度に繰り越したうえ、事業が 60 年度までに完了したとして、59、60 両年度に国庫補助金計 8000 万円の交付を受けていた。

第3章　用地補償の分類別指摘事例

●検査結果

　しかし、① 土地 430.89 m² の所有権は、59 年度に公社が売買契約を締結する時点で既に登記名義人の死亡により共同相続され、共同相続人間で当該土地を含めた遺産の分割について調停交渉が進められていて、その権利関係等が明確でなかったのに、公社は、これら権利関係等に関する調査を十分行わないまま、登記名義人の配偶者（共同相続人の1人で、調停結果によると、当該土地の所有権についての持分は2分の1である。）のみを相手方として売買契約を締結し、また、市も権利関係等を確認しないまま、公社と取得契約を締結していた。このため、221.24 m² の土地 8520 万円（これに対する国庫補助金相当額 5680 万円）については、62 年5月の会計実地検査当時においてもなお所有権移転登記も完了することができない状況であった。また、② 物件移転補償等のうち、前記土地に所在し、60 年度までに移転したとしていた住宅等建物4棟延べ 316.61 m² 及び工作物等一式計 5464 万円（これに対する国庫補助金相当額 3642 万円）については、その権利関係等が①と同様であったにもかかわらず、市が、調査を十分に行わないまま共同相続人の1人である配偶者（調停結果によると、当該物件の所有権を有しない。）のみを相手方として移転補償契約を締結し補償金を支払ったため、62 年5月の会計実地検査当時においてもなお移転させることができない状況であった。

　指摘額　土地　　　　　　　　　5680 万円（補助金）

　　　　　物件移転補償等　3642 万円（補助金）

▶ひと口コメント

　事業を急いだのかも知れないが、当事者等の確認があまりにも杜撰である。

総合補償

157 移転補償額の業務委託費の支払が不適切

不当事項 支払過大 平成 13 年度
指摘箇所：委託業務

●契約概要

(1) 北海道開発局は、Ａ川で実施しているダム建設事業において、水没区域内に所在するＢ社Ｃ工場に対する移転補償の補償額を算定するため、移転工法の検討、営業に係る調査及び補償額の積算等の業務を、補償コンサルタントに、平成 9 年度から 12 年度に計 4 件委託している。

(2) このうち営業調査積算業務は、営業休止期間中の収益減、従業員の休業手当相当額等、事業所移転に伴う営業損失の補償額を算出するための業務であり、局制定の「仕様書」によると、貸借対照表、損益計算書、固定資産台帳、総勘定元帳等の財務関係資料等を収集し、これらを基に補償額を積算することとされていた。

第3章　用地補償の分類別指摘事例

●検査結果

(1)　平成9年度及び11年度の2件の業務委託契約（委託費4206万円）において、B社から財務関係資料等の提出を受けられず、受託者は営業調査積算を実施できなかったのに、すべて完了したとしていた。そして局において、必要な契約変更を行わず、業務完了として委託費を支払っていた。このため、両契約の適正な委託費を計算すると3890万円となり、委託費316万円が過大に支払われていた。

(2)　12年度の2件の業務委託契約（委託費903万円）において、補償額算定の対象であるC工場については、既に契約締結以前に補償契約が締結されていて、補償額の算定等を委託する必要はなく、受託者は2契約について業務を実施していなかったのに完了としていた。そして、局において、実態と異なる関係書類を作成して会計処理を行い、業務完了として委託費を支払っていた。このため、両契約に係る委託費903万円は支払う必要がなかった。

したがって、(1)(2)に係る委託費計1219万円は過大に支払われており、不当と認められた。

指摘額　1219万円

▶ひと口コメント

本件は、局の不適正経理であり、法令違反でもある。

総合補償

357

158 移転補償金の支払が不適切

不当事項 法令違反 平成14年度
指摘箇所：賃借人補償

●事業概要

　防衛施設庁は、生活環境の整備等に関する法律等に基づき、移転補償事業を行っている。この事業は、飛行場等の周辺地域で騒音障害区域に所在する建物の所有者が、この建物等を騒音障害区域外に移転する場合に、これにより通常生ずべき損失を補償するため、移転補償金を支払うものである。そして、この移転補償金の支払は、移転等に係る建物所有者及びその建物等に関する所有権以外の権利を有する者に対して行われる。

●移転補償金の支払手続

　訓令によると、移転補償金の支払手続は、次のとおりである。

(1)　建物所有者から騒音障害区域外への移転等を希望する旨の申し出を受けたときは、建物移転等補償申請書の提出を受ける。建物に賃借人が居住している場合には、賃借人からも申請書の提出を受ける。

(2)　申請書を受理したときは、現況を確認の上、関係書類を添付した建物等調書を作成する。

(3)　建物等調書を作成したときは、移転補償金の額を算定した上、建物所有者等と移転補償額について協議し、協議が整ったときは、移転同意書の提出を求める。

(4)　各建物所有者等から移転同意書の提出があったときは、契約書を作成し、各建物所有者等との間で移転補償契約を締結する。

(5)　建物所有者等が建物等の移転を完了したときは、移転完了届を提出させて移転を確認の上、各建物所有者等に対して移転補償金を支払う。

第 3 章　用地補償の分類別指摘事例

●検査結果

　A 局は、平成 13 年度に、飛行場周辺における移転補償事業の一環
として、騒音障害区域内に所在する建物を所有する 3 名の建物所有者
との間で移転補償契約を締結し、13、14 両年度にわたり、移転補償
金を支払っていた。

　しかし局は、移転補償金の支払に当たり、移転補償に係る建物には
いずれも賃借人が居住していることを認識していたのに、賃借人との
間では、申請書の受理、移転補償額に関する協議、移転同意書の受
理、移転補償契約書の作成等訓令に定める手続を行わないまま、賃借
人に係る移転補償金の額を含めて移転補償額を算出し、各建物所有者
に対してその全額を支払っていた。なお、一部の賃借人には、各建物
所有者から移転補償金相当額が支払われていなかった。

　訓令に定める手続に違背して支払われた賃借人に対する移転補償金
相当額 830 万円が不当と認められた。

　指摘額　830 万円

▶ひと口コメント

　書類だけを見て、事実確認を怠った結果である。

総合補償

359

159 道路用地取得の事務処理の改善

処置済事項　事務処理不適切　平成7年度
指摘箇所：登記

●用地取得概要

(1) 建設省は、道路建設用の用地取得を行う地方公共団体に国庫補助金を交付しており、一連の事務処理を経て実施される。

① 土地権利を確認するため、公図、登記簿等の調査を行う。

② 土地所有者と境界等の調査を行い、土地面積を確定する。

③ 補償金額を算定し、用地交渉を行い、契約を締結する。

④ 所有権移転の登記完了後、土地の補償金の支払を行う。

(2) 補償金の支払には、次のような支払要件を確認する。

前金払を行うときは、所有権移転登記に必要な添付書類の提出、また、抵当権登記の場合は、登記抹消の書面が提出されたこと。

(3) 残金の支払又は一括支払を行うときは、登記済証の還付を受けたこと、また、抵当権等の登記が抹消されたこと。

第 3 章　用地補償の分類別指摘事例

●検査結果

　16 県 158 事業主体において、土地の所有権移転登記が未了のまま補償金の支払を完了している。平成 7 年度末においても①土地の現況と公図が一致していなかったり、②土地所有者又は相続人が多数いたり、遠隔地に居住していたり、③土地の抵当権等の権利が抹消されていなかったりしている。

　なお、登記未了となっているものが、5,702 筆、土地面積 1,612,786 m^2（補償金 65 億 8594 万円、国庫補助金 34 億 9037 万円）あった。

●改善処置

　8 年 11 月に、県等に通達を発し、用地取得の事務処理を適切に行うための処置を執った。

　背景金額　34 億 9037 万円（補助金）

▶ひと口コメント

　あまりに事務処理がデタラメである。そもそも、登記未了のまま補償金を支払うとは、履行が完了していない契約に金を支払うのと同じであり、本来は、違法、不当である。

総合補償

361

160 用地取得ができずトンネル工事が中止している

処置済事項　計画不適切　平成 18 年度
指摘箇所：用地取得

●**事業概要**

　国土交通省は、トンネル整備事業を毎年実施している。

　トンネル用地については、一般に、トンネルの掘削を開始する起点側と掘削が完了する終点側のそれぞれの坑口部分に係る範囲を取得することとし、坑口部分を除く範囲については土被りが厚く開発行為等があってもトンネルの構造に影響がないとして用地取得の対象外としている。このことから、トンネル工事は、起点側のトンネル用地のみを取得すれば、終点側が未取得の場合でも起点側からトンネル工事に着手し、終点側のトンネル用地の直下の手前の位置まで工事を続けることが可能となるが、いったん工事に着手したトンネルは、平地部に施工する道路と異なり、工事を中止した場合、施工済み区間のみを部分的に供用させることはできない。

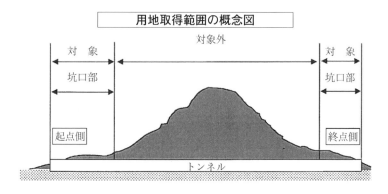

●**検査結果**

　トンネル工事に着手するに当たって、終点側のトンネル用地の取得が見込まれるとして工事に着手したものの、その後の用地交渉によっ

第3章　用地補償の分類別指摘事例

ても土地所有者の合意が得られなかったため、トンネル工事を中止している事態が4箇所あった。

　これらの4箇所におけるトンネル整備事業は、トンネルの供用時期が遅れることから事業実施の効果が早期に発現しておらず、整備事業費は、平成18年度末までで直轄事業59億8339万円（2事業主体）、国庫補助事業51億4464万円（国庫補助金30億1026万円）（2事業主体）計111億2804万円に上っている。また、この整備事業費には、トンネル工事に着手するに当たって必要なトンネル掘削機械等の設置費用計7551万円と中止に伴い必要となった撤去費用計3923万円が含まれている。そして、トンネル工事を再開した場合には、残余の掘削に必要なトンネル掘削機械等の再設置、再撤去に伴う費用が発生することになる。

　したがって、トンネル整備事業の実施に当たり、その円滑な推進に必要な、事業の特性に配意した用地取得に対する認識が十分でなく、このため工事が中止されるなどしていて、多額の費用を投入して整備するトンネル整備事業実施の効果が早期に発現していないなどの事態は適切でなく、改善の必要があった。

●改善処置

　省は、次のような処置を講じた。

(1)　工事着手時点までに、用地取得の見込み等について、事業実施部局、用地担当部局等との間で緊密に連絡調整を行う。

(2)　トンネル用地の取得が完了しないまま工事に着手する場合には、他事業にも増してより一層、土地所有者の意向等を把握する。

(3)　取得が困難と見込まれるトンネル用地については、適期に事業認定の申請をするなど土地収用制度を効果的に運用する。

　背景金額　89億9366万円

▶ひと口コメント

「出口なきトンネル」と新聞報道された事態。用地取得と工事発注はどうしても追いかけっこになるものだが、検査院は的確な状況把握を行うよう指摘。省側も規則どおりの厳格適用は現実的ではないとしている。

総合補償

363

第4章

会計検査院の概要

1. 会計検査院の歩み

(1) 会計検査院の歴史

　会計検査院は、明治2年（1869年）、太政官（内閣の前身）のうちの会計官（財務省の前身）の一部局として設けられた監督司を前身とし、その後、検査寮、検査局と名称の変遷を経て、明治13年（1880年）に至り、太政官に直属する財政監督機関として誕生した。そして、明治22年（1889年）、大日本帝国憲法が発布されるとともに、会計検査院は、憲法に定められた機関となり、以後60年間、天皇に直属する独立の官庁として財政監督を行ってきた。

　昭和22年（1947年）、日本国憲法が制定され、憲法第90条の規定を受け、現行の会計検査院法が公布施行された。会計検査院は、同法において、内閣に対し独立の地位を有するものとされた。改められた主な点は、国会との関係が緊密になったこと、検査の対象が拡充されたこと、検査の結果を直ちに行政に反映させる方法が定められたことである。

(2) 会計検査の動向と変遷

　会計検査院では、社会経済情勢の変化や国民の期待に積極的に対応して、検査活動を発展させてきた。そして、これにより数多くの様々な検査成果を上げている。

検査領域の拡大

① 「ハード」から「ソフト」への検査の拡大充実

〈医療費の検査〉

　医療費検査の領域は、医療行為という極めて特殊な分野に関するものであり、高度の専門的な知識も必要とすることから、以前は、会計検査になじまないとか困難とされていた分野である。

　しかし、高齢化社会の進展に伴い国民医療費は急増し、国の負担も膨大な額になってきている状況にあることから、会計検査院として避けて通れ

ない重要な検査領域として浮上してきた。そこで、医療費検査の研究を進め、昭和62年頃から本格的に検査を行い、以後毎年検査報告に取り上げている。

〈年金の検査〉

　年金の支給については、昭和60年頃から検査に取り組んでいる。そして、年金支給額がますます増大している状況を踏まえて、平成3年に年金担当の検査課を分離独立し、検査の充実を図ったところであり、新たな着眼や方法により、毎年多くの成果を上げている。

〈介護給付費の検査〉

　平成12年に導入された介護保険については、まずその円滑な導入に資するための補助金や貸付金について検査を実施し、その結果を12年度検査報告に掲記したが、14年からは介護給付費本体についても本格的な検査を行い、その成果を掲記している。高齢化が進展し支出額が膨大に上っていることから、重要な検査領域の一つとなっている。

②　会計検査の国際化

〈政府開発援助（ODA）の検査〉

　昭和61年に、いわゆるマルコス疑惑が表面化し、ODAの透明性と有効性が大きく問われ、会計検査院に対しても検査の充実強化が求められた。これに応えて、会計検査院では、62年に、主としてODAの検査を行う外務検査課を新設し、本格的に検査を行うようになった。

　ODAについては、相手国に対する検査権限がないなどの制約があるが、毎年調査官を派遣して、我が国の援助で建設された施設や調達された機材は有効に活用されているか、技術協力の成果は上がっているかなど、援助効果の側面を重視して現地調査を行っている。

〈海外プロジェクト等の実地検査〉

　我が国が海外で実施するプロジェクトも多数あり、予算も多額になっている。また、対象が海外に及んでいる会計経理も多くなっている。そこで、平成6年以降、海外に赴いて、これらの検査を実施してきている。また、在外公館についても毎年実地検査を行っており、その結果を検査報告に掲記している。

③ 制度の改変に対応して

〈消費税の検査〉

　会計検査院は、平成元年の制度導入に対応して、消費税に対する検査の着眼点や方法の研究を進め、導入後3年余を経た平成5年から本格的に検査を開始した。そして、同年の4年度検査報告で2600万円の消費税の徴収不足の事態を指摘した。この徴収不足の指摘は以後も毎年続いている。

④ 公共調達の透明性・競争性の確保に向けて

〈入札・契約手続の検査〉

　会計検査院は、公共調達について従来、過大な予定価格や高率な最低制限価格の設定により割高な契約を締結していないかなど、どちらかと言えば金額ベースで評価できる検査を行ってきた。しかし近年、公共調達の閉鎖性やいわゆる官製談合問題が指摘され、それが調達コストのムダにつながっているとして、透明性・競争性の確保が強く要請されている。

　そこで会計検査院は、平成10年頃から入札・契約手続において、有効な競争が行われ経済的な調達に資するものとなっているかという観点からの検査を本格的に行い、9年度検査報告における防衛庁の航空タービン燃料の調達に関する指摘をはじめとして、毎年度の検査報告にその検査結果を掲記している。

⑤ 財政の理解や見直しのために

〈検査対象の決算分析〉

　会計検査院では、これまで国の一般会計や各特別会計、各出資法人等ごとに決算等の概要を検査報告に記述するほか、平成7年度検査報告からは、国の財政の現状に関する情報を提供し、その理解に資するなどのため、これらの決算のうち財政全般に係る事項を取りまとめ整理して総括的に記述し、更に10年度検査報告からは、各特別会計等の個別の決算について順次、掘り下げて分析した状況を記述している。

　このような状況の中で、近年の社会経済の大きな変容、厳しい財政事情等を背景として、昨今、財政の現状や課題に対する関心が著しく高まっている。

　そこで会計検査院は、こうした関心に応え広く財政の見直し等に資する

第4章　会計検査院の概要

情報提供や提言をより一層充実させるため、13年に、国や国の出資法人の横断的・統一的な分析を担当する課・室を設け、決算分析の充実を図ることにした。

⑥　検査の観点の多角化

〈業績の評価も―3E検査の充実拡大―〉

　会計検査院は、正確性、合規性、経済性、効率性及び有効性などの様々な観点から検査を行っている。かつては合規性の観点からの検査が比較的大きな比重を占めていたが、昭和40年代頃からは有効性の観点からの検査にも取り組み、その検査結果を検査報告に掲記している。

　また、昭和57年度の検査報告からは、第1章に検査の概況として上記5つの検査の観点についての説明を記述するようになった。このうち、経済性、効率性及び有効性の観点については、「事業が経済的、効率的に実施されているか、つまり、より少ない費用で実施できないか、同じ費用でより大きな成果が得られないかという経済性、効率性の側面、事業が所期の目的を達成し効果を上げているかという有効性の側面」と記述している。そして、経済性、効率性及び有効性の検査は、それぞれの英語の頭文字が「E」（Economy、Efficiency、Effectiveness）であることから、「3E検査」と呼ばれている。

　平成9年12月の会計検査院法の改正により、会計検査院は、正確性、合規性、経済性、効率性及び有効性の観点、その他会計検査上必要な観点から検査を行うこととする旨の規定が加えられたが、この改正以前からこれらの観点からの検査は行われてきているものであり、この規定は、検査の観点に関して創設的な意味を持つものではなく、検査の観点に関する法律上の根拠を確認的に明定したものと考えられている。

　会計検査には、正確性や合規性の検査はもとより、広く事業や施策の評価が求められていることから、会計検査院は、その期待に応えるべく、3E検査、中でも事業や施策の効果を問う有効性の検査の充実拡大に努めており、検査報告にその成果を多数掲記している。

　また、政策評価法等により、政府においては、必要性や有効性等の観点から政策の効果を評価するシステムの導入が図られているが、会計検査院としてはこうしたシステムも手掛かりにして有効性等の検査の更なる充実

を図るとともに、政府の外部監査機関として、評価が適切に行われるよう留意していきたいと考えている。

2.　会計検査院の地位

会計検査院は、国の収入支出の決算、政府関係機関・独立行政法人等の会計、国が補助金等の財政援助を与えているものの会計などの検査を行う憲法上の独立した機関である。

国の活動は、予算の執行を通じて行われる。

予算は、内閣によって編成され、国会で審議して成立したのち、各府省等によって執行される。

そして、その執行の結果について、決算が作成され、国会で審査が行われる。

予算が適切かつ有効に執行されたかどうかをチェックすることと、その結果が次の予算の編成や執行に反映されることが、国の行財政活動を健全に維持していく上で極めて重要である。

そこで、憲法は、「国の収入支出の決算は、すべて毎年会計検査院がこれを検査し、内閣は、次の年度に、その検査報告とともに、これを国会に提出しなければならない。」と定めている。

また、会計検査院は、このほか、国有財産、国の債権・債務、「国が出資している法人」や「国が補助金等の財政援助を与えている地方公共団体」などの会計を検査している。

会計検査院は、このような重要な機能を他から制約を受けることなく厳正に果たせるよう、国会及び裁判所に属さず、内閣に対し独立の地位を有する憲法上の機関となっている。

会計検査院の地位は、次頁の「国の機構図」のとおりである。

第 4 章　会計検査院の概要

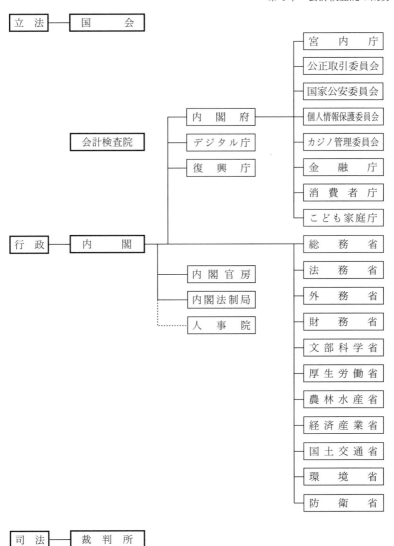

国の機構図

3. 会計検査院の組織

　会計検査院は、意思決定を行う検査官会議と検査を実施する事務総局で組織されている。

　意思決定機関と検査実施機関を分けているのは、意思決定を慎重に行い、判断に公正を期するためである。

(1)　検査官会議

　検査官会議は、3人の検査官により構成されており、その合議によって会計検査院としての意思決定を行うほか、事務総局の検査業務などを指揮監督している。検査官会議が合議体となっているのは、会計検査院として判断の公正・妥当を確保する必要があるからである。

　検査官は、国会の衆・参両議院の同意を経て、内閣が任命し天皇が認証することになっている。その任期は5年で、検査の独立性を確保するため、在任中その身分が保障されている。

　院長は、3人の検査官のうちから互選した人を、内閣が任命することになっている。院長は、会計検査院を代表し、また、検査官会議の議長となる。

(2)　事 務 総 局

　事務総局には、事務総長官房と5つの局（第1局から第5局まで）が置かれ、更に官房及び各局には課・上席調査官等が置かれて検査や庶務等の業務を分担している。

　検査を担当しているのは各局で、その検査課・上席調査官別の分担は次表のとおりである。

　なお、この中には、特定の検査対象府省・団体を持たず、機動的・横断的な検査に取り組む課（第5局特別検査課及び上席調査官（特別検査担当））がある。

第4章　会計検査院の概要

各局検査各課の事務分掌一覧

局	課及び上席調査官	事務分掌事項
第1局	財務検査第1課	決算、債権及び物品の検査の総括 国会、内閣、内閣府（他の課（上席調査官を含む。以下同じ。）の所掌に属する分を除く。）、財務省（他の課の所掌に属する分を除く。）、日本銀行、預金保険機構、農水産業協同組合貯金保険機構、独立行政法人国立公文書館、独立行政法人北方領土問題対策協会及び金融経済教育推進機構その他国が資本金の二分の一以上を出資している法人（他の課の所掌に属する分を除く。） 国の会計経理に関する検査として行う財政状況に関する検査のうち横断的な処理を要するものとして事務総長から特に命ぜられた事項
	財務検査第2課	国有財産の検査の総括 人事院、内閣府の沖縄の振興及び開発に係る経理、公正取引委員会、カジノ管理委員会、消費者庁、財務省理財局の所掌に属する国有財産、貨幣回収準備資金に係る経理、財務省の財政投融資特別会計特定国有財産整備勘定に係る経理（他の課の所掌に属する分を除く。）、独立行政法人造幣局、独立行政法人国立印刷局、独立行政法人国民生活センター、公益財団法人塩事業センター及び日本たばこ産業株式会社
	司法検査課	裁判所、会計検査院、国家公安委員会、法務省、日本司法支援センター及び自動車安全運転センター
	総務検査課	内閣府地方創生推進事務局、復興庁、総務省（他の課の所掌に属する分を除く。）、財政融資資金の地方債及び地方公共団体に対する貸付けに係る経理、福島国際研究教育機構並びに地方公共団体金融機構検査を受けるものの東日本大震災からの復興に関する事業に係る経理に関する検査のうち横断的な処理を要するものとして事務総長から特に命ぜられた事項
	外務検査課	外務省、独立行政法人国際協力機構及び独立行政法人国際交流基金
	租税検査第1課	租税検査の総括 財務省大臣官房会計課の国税収納整理資金に係る経理、財務省主税局及び関税局（他の課の所掌に属する分を除く。）、国税庁（他の課の所掌に属する分を除く。）、函館、東京、横浜各税関、独立行政法人酒類総合研究所並びに輸出入・港湾関連情報処理センター株式会社

373

局	課及び上席調査官	事務分掌事項
第1局	租税検査第2課	名古屋、大阪、広島、高松、福岡、熊本各国税局及び沖縄国税事務所並びに名古屋、大阪、神戸、門司、長崎各税関及び沖縄地区税関
第2局	厚生労働検査第1課	こども家庭庁、厚生労働省（他の課の所掌に属する分を除く。）、独立行政法人福祉医療機構及び独立行政法人国立重度知的障害者総合施設のぞみの園
	厚生労働検査第2課	厚生労働省労働基準局、職業安定局、雇用環境・均等局及び人材開発統括官、中央労働委員会、独立行政法人勤労者退職金共済機構、独立行政法人高齢・障害・求職者雇用支援機構、独立行政法人労働政策研究・研修機構並びに外国人技能実習機構
	厚生労働検査第3課	厚生労働省老健局及び保険局並びに全国健康保険協会の医療給付に係る経理
	厚生労働検査第4課	厚生労働省年金局、年金積立金管理運用独立行政法人、全国健康保険協会（他の課の所掌に属する分を除く。）及び日本年金機構
	上席調査官(医療機関担当)	厚生労働省大臣官房厚生科学課、医政局、健康・生活衛生局及び医薬局、検疫所、国立ハンセン病療養所、国立医薬品食品衛生研究所、国立保健医療科学院、国立社会保障・人口問題研究所、国立感染症研究所、独立行政法人労働者健康安全機構、独立行政法人国立病院機構、独立行政法人医薬品医療機器総合機構、国立研究開発法人医薬基盤・健康・栄養研究所、独立行政法人地域医療機能推進機構、国立研究開発法人国立がん研究センター、国立研究開発法人国立循環器病研究センター、国立研究開発法人国立精神・神経医療研究センター、国立研究開発法人国立国際医療研究センター、国立研究開発法人国立成育医療研究センター並びに国立研究開発法人国立長寿医療研究センター
	防衛検査第1課	防衛省（他の課の所掌に属する分を除き、財務省から委任された財政投融資特別会計特定国有財産整備勘定に係る経理を含む。）及び独立行政法人駐留軍等労働者労務管理機構
	防衛検査第2課	海上幕僚監部、海上自衛隊の部隊及び機関、地方防衛局の海上自衛隊関係の装備品等の調達、補給及び管理並びに役務の調達に係る経理並びに防衛装備庁の海上自衛隊関係の経理

第4章　会計検査院の概要

局	課及び上席調査官	事務分掌事項
第2局	防衛検査第3課	航空幕僚監部、航空自衛隊の部隊及び機関、地方防衛局の航空自衛隊関係の装備品等の調達、補給及び管理並びに役務の調達に係る経理並びに防衛装備庁の航空自衛隊関係の経理
第3局	国土交通検査第1課	国土交通省（他の課の所掌に属する分を除く。）、国立研究開発法人土木研究所、国立研究開発法人建築研究所、独立行政法人都市再生機構及び株式会社海外交通・都市開発事業支援機構
第3局	国土交通検査第2課	国土交通省港湾局及び航空局、航空保安大学校、国立研究開発法人海上・港湾・航空技術研究所、独立行政法人航空大学校、独立行政法人空港周辺整備機構、成田国際空港株式会社、新関西国際空港株式会社、横浜川崎国際港湾株式会社、中部国際空港株式会社並びに阪神国際港湾株式会社
第3局	国土交通検査第3課	国土交通省水管理・国土保全局、独立行政法人水資源機構及び日本下水道事業団
第3局	国土交通検査第4課	国土交通省都市局及び道路局並びに一般財団法人民間都市開発推進機構
第3局	国土交通検査第5課	国土交通省鉄道局、物流・自動車局及び海事局、海難審判所、観光庁、気象庁、海上保安庁、運輸安全委員会、独立行政法人海技教育機構、独立行政法人自動車技術総合機構、独立行政法人鉄道建設・運輸施設整備支援機構、独立行政法人国際観光振興機構、独立行政法人自動車事故対策機構、東京地下鉄株式会社、北海道旅客鉄道株式会社、四国旅客鉄道株式会社並びに日本貨物鉄道株式会社
第3局	環境検査課	環境省（他の課の所掌に属する分を除く。）、国立研究開発法人国立環境研究所、独立行政法人環境再生保全機構、中間貯蔵・環境安全事業株式会社及び株式会社脱炭素化支援機構
第3局	上席調査官（道路担当）	東日本高速道路株式会社、中日本高速道路株式会社、西日本高速道路株式会社、本州四国連絡高速道路株式会社、独立行政法人日本高速道路保有・債務返済機構、首都高速道路株式会社及び阪神高速道路株式会社

375

局	課及び上席調査官	事務分掌事項
第4局	文部科学検査第1課	文部科学省（他の課の所掌に属する分を除く。）、独立行政法人国立特別支援教育総合研究所、独立行政法人国立女性教育会館、独立行政法人国立科学博物館、独立行政法人国立美術館、独立行政法人教職員支援機構、独立行政法人日本スポーツ振興センター、独立行政法人日本芸術文化振興会、独立行政法人国立青少年教育振興機構、独立行政法人国立文化財機構及び放送大学学園
	文部科学検査第2課	文部科学省高等教育局、科学技術・学術政策局及び研究振興局、日本学士院、科学技術・学術政策研究所、日本私立学校振興・共済事業団、独立行政法人大学入試センター、国立研究開発法人科学技術振興機構、独立行政法人日本学術振興会、独立行政法人日本学生支援機構、国立大学法人法（平成十五年法律第百十二号）別表第一に掲げる国立大学法人及び同法別表第二に掲げる大学共同利用機関法人、独立行政法人国立高等専門学校機構、独立行政法人大学改革支援・学位授与機構並びに国立研究開発法人日本医療研究開発機構
	上席調査官(文部科学担当)	文部科学省研究開発局、国立研究開発法人物質・材料研究機構、国立研究開発法人防災科学技術研究所、国立研究開発法人量子科学技術研究開発機構、国立研究開発法人理化学研究所、国立研究開発法人宇宙航空研究開発機構、国立研究開発法人海洋研究開発機構及び国立研究開発法人日本原子力研究開発機構
	農林水産検査第1課	農林水産省（他の課の所掌に属する分を除く。）、独立行政法人農林水産消費安全技術センター、株式会社農林漁業成長産業化支援機構及び独立行政法人農業者年金基金
	農林水産検査第2課	農林水産省農村振興局
	農林水産検査第3課	農林水産省消費・安全局畜水産安全管理課及び動物衛生課並びに畜産局、動物検疫所、動物医薬品検査所、水産庁、日本中央競馬会、独立行政法人家畜改良センター、国立研究開発法人水産研究・教育機構並びに独立行政法人農畜産業振興機構
	農林水産検査第4課	農林水産省農林水産技術会議、林野庁、国立研究開発法人農業・食品産業技術総合研究機構、国立研究開発法人国際農林水産業研究センター及び国立研究開発法人森林研究・整備機構

第4章　会計検査院の概要

局	課及び上席調査官	事務分掌事項
第5局	デジタル検査課	デジタル庁、総務省国際戦略局、情報流通行政局、総合通信基盤局及びサイバーセキュリティ統括官、情報通信政策研究所、国立研究開発法人情報通信研究機構並びに株式会社海外通信・放送・郵便事業支援機構
	上席調査官(情報通信・郵政担当)	日本郵政株式会社、独立行政法人郵便貯金簡易生命保険管理・郵便局ネットワーク支援機構、日本放送協会及び日本電信電話株式会社
	経済産業検査第1課	経済産業省（他の課の所掌に属する分を除く。）、国立研究開発法人産業技術総合研究所、独立行政法人製品評価技術基盤機構、独立行政法人日本貿易振興機構、独立行政法人情報処理推進機構、独立行政法人中小企業基盤整備機構、株式会社産業革新投資機構、株式会社海外需要開拓支援機構及び株式会社日本貿易保険
	経済産業検査第2課	内閣府の原子力災害に関する事務に係る経理、経済産業省のエネルギー対策特別会計に係る経理、資源エネルギー庁、原子力規制委員会、国立研究開発法人新エネルギー・産業技術総合開発機構、独立行政法人エネルギー・金属鉱物資源機構、原子力損害賠償・廃炉等支援機構及び日本アルコール産業株式会社
	上席調査官(融資機関担当)	沖縄振興開発金融公庫、株式会社日本政策金融公庫、株式会社国際協力銀行、独立行政法人農林漁業信用基金、独立行政法人奄美群島振興開発基金、独立行政法人住宅金融支援機構、株式会社日本政策投資銀行、株式会社民間資金等活用事業推進機構及び株式会社商工組合中央金庫
	特別検査課	国会法（昭和二十二年法律第七十九号）第百五条（同法第五十四条の四第一項において準用する場合を含む。以下同じ。）の規定による要請に係る国の会計経理に関する特定の事項その他の事務総長から特に命ぜられた事項
	上席調査官(特別検査担当)	国会法第百五条の規定による要請に係る国以外のものの会計経理に関する特定の事項その他の事務総長から特に命ぜられた事項

377

事務総局の職員は、1,251人（令和6年1月現在定員）であり、これらの者の多くは調査官又は調査官補として各検査課・上席調査官付に所属している。

　会計検査の対象となる会計は、金銭の出納や記帳という狭い意味の会計ではなく、国の各種の行政活動に伴う経費使用という意味である。

　したがって、検査を遂行するに当たっては、広範多岐にわたる検査対象機関の行政や業務の内容をはじめ、法律・財政・経済・電気・デジタル・機械・土木・建築などに関する幅広い知識が要求される。

　このような検査に当たる職員は、国家公務員試験合格者の中から選抜され採用される。この中には、法律や経済を専攻した人のほか、電気やデジタル、機械、土木、建築などを専攻した技術系の人も多数いる。

　更に、公認会計士などの専門的知識を有する人を中途採用したり、任期付職員等として採用したりすることにより、外部の知見の活用も図っている。

　そして、これらのうち国家公務員試験合格者の中から採用された職員は、採用後、様々な分野の研修と試験を重ねて、必要な知識・能力を養うとともに、検査実務の経験を積んだ上で、調査官となる。

　また、調査官になった後も、検査対象機関の行政や業務の複雑多様化・専門化などに的確に対応できるよう、より高度で専門的な研修を受ける。

　会計検査院は、こうした職員に対する研修を充実し、検査能力の向上を図るため、専門の研修施設を設置し、計画的な研修を実施している。

(3)　会計検査院組織表

　380ページの図参照。

4.　会計検査院の業務

(1)　検査の目的

　会計検査院は、適正な会計経理が行われるよう常時会計検査を行って会計経理を監督することになっている。

　また、検査の結果により国の決算を確認するという職責も負っている。

第 4 章　会計検査院の概要

①　会計経理の監督

　会計検査院は、常時会計検査を行い、会計経理を監督し、その適正を期し、かつ是正を図ることになっている。

　不適切又は不合理な会計経理等を発見したときは、単にこれを指摘するだけではなく、原因を究明してその是正や改善を促すという積極的な機能を果たすこととなっている。

　このため、会計検査院には、会計経理に関し法令に違反し又は不当と認める事項や、法令、制度又は行政に関し改善を必要と認める事項について、意見を表示し又は処置を要求する権限が与えられている。

②　決算の確認

　会計検査院の検査のもう一つの目的は、決算の確認である。会計検査院は、検査の結果によって国の収入支出の決算を確認することになっている。

　決算の確認とは、決算の計数の正確性と、決算の内容をなす会計経理の妥当性を検査判定して、検査を了したことを表明することである。

　内閣は、会計検査院の検査を経た決算を国会に提出することになっているが、会計検査院が決算の確認という公的な意思表明をすることによって、内閣は決算を国会に提出できることになる。

(2)　検査の対象

　会計検査院が行う検査の対象には、会計検査院が必ず検査をしなければならないもの（必要的検査対象）と、会計検査院が必要と認めるときに検査することのできるもの（選択的検査対象）とがあり、国の会計の全ての分野のほか、政府関係機関など国が出資している団体や、国が補助金その他の財政援助を与えている都道府県、市町村、各種法人などにまで及んでいる。

　選択的検査対象を検査しようとするときは、検査官会議の議決（検査の指定）が必要とされ、その旨を相手方に通知することになっている。

(3)　検査の観点

　検査は、広い視野に立って多角的な観点から行われている。

　会計検査院は、①決算の表示が予算執行等の財務の状況を正確に表現して

379

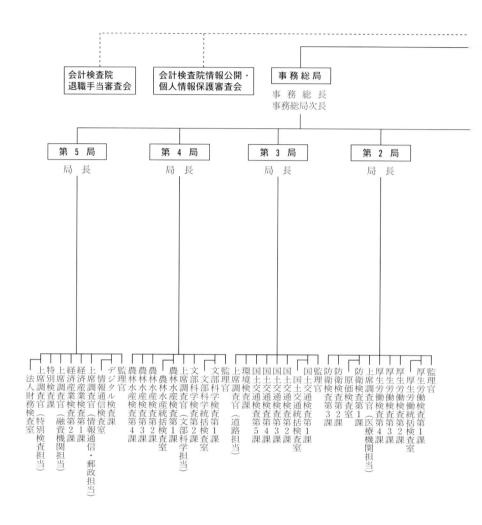

第4章 会計検査院の概要

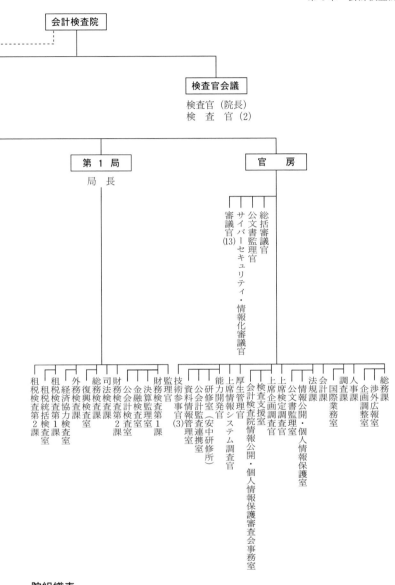

院組織表

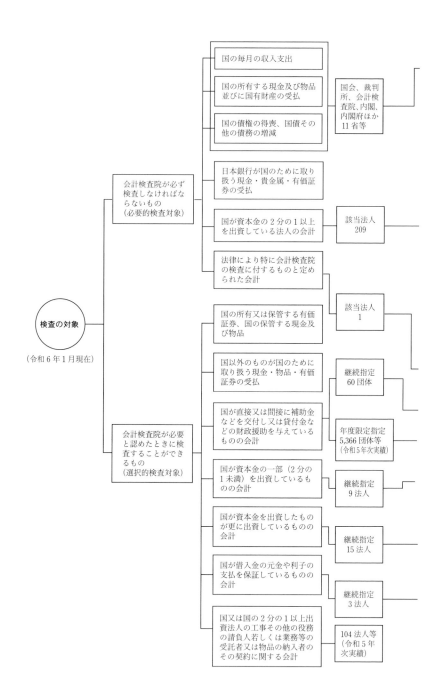

第 4 章　会計検査院の概要

――― 371 ページ　国の機構図参照

政府関係機関 4

沖縄振興開発金融公庫　　　株式会社日本政策金融公庫　　　独立行政法人国際協力機構
有 償 資 金 協 力 部 門 (注1)
株式会社国際協力銀行

その他 37

日本私立学校振興・共済事業団　日　本　銀　行　日本中央競馬会　預 金 保 険 機 構
東京地下鉄株式会社　中間貯蔵・環境安全事業株式会社　成田国際空港株式会社　東日本高速道路株式会社
中日本高速道路株式会社　西日本高速道路株式会社　本州四国連絡高速道路株式会社　日本司法支援センター
全国健康保険協会　株式会社日本政策投資銀行　輸出入・港湾関連情報処理センター株式会社　株式会社産業革新投資機構
日 本 年 金 機 構　原子力損害賠償・廃炉等支援機構　農水産業協同組合貯金保険機構　新関西国際空港株式会社
株式会社農林漁業成長産業化支援機構　株式会社民間資金等活用事業推進機構　株式会社海外需要開拓支援機構　株式会社海外交通・都市開発事業支援機構
横浜川崎国際港湾株式会社　外国人技能実習機構　株式会社海外通信・放送・郵便事業支援機構　株式会社日本貿易保険
株式会社脱炭素化支援機構　福島国際研究教育機構　以上のほか、清算中のものなど 7 団体

――― 独立行政法人 83 ――― 次頁参照

――― 国立大学法人等 86 ――― 385 ページ参照

――― 日本放送協会

――― 都道府県 47　国家公務員共済組合連合会ほか 12

――― 市区町村 1,603　農業協同組合等各種法人 2,411　その他 1,352

中部国際空港株式会社　日本電信電話株式会社　首都高速道路株式会社　阪神高速道路株式会社
日本アルコール産業株式会社　株式会社商工組合中央金庫(注2)　日本たばこ産業株式会社　阪神国際港湾株式会社
日 本 郵 政 株 式 会 社

北海道旅客鉄道株式会社　四国旅客鉄道株式会社　日本貨物鉄道株式会社　東京湾横断道路株式会社
東日本電信電話株式会社　西日本電信電話株式会社　日本郵便株式会社　株式会社ゆうちょ銀行
株式会社かんぽ生命保険　株式会社整理回収機構　株式会社地域経済活性化支援機構　株式会社東日本大震災事業者再生支援機構
関西国際空港土地保有株式会社　東京電力ホールディングス株式会社(注2)　株 式 会 社 INCJ

――― 一般財団法人民間都市開発推進機構(注2)　独立行政法人農業者年金基金(注2)　地方公共団体金融機構

(注 1)「国が資本金の 2 分の 1 以上を出資している法人の会計」の総数においては，「独立行政法人国際協力機構有
償資金協力部門」を「独立行政法人国際協力機構」に含めている。
(注 2)　この 4 法人は「国が直接又は間接に補助金などを交付し又は貸付金などの財政援助を与えているものの会計」
の継続指定団体にも含まれている。

383

（前頁該当法人 169 の内訳）

独立行政法人 83

独立行政法人

国立公文書館	酒類総合研究所	国立特別支援教育総合研究所	大学入試センター
国立青少年教育振興機構	国立女性教育会館	国立科学博物館	国立美術館
国立文化財機構	農林水産消費安全技術センター	家畜改良センター	製品評価技術基盤機構
海技教育機構	航空大学校	教職員支援機構	駐留軍等労働者労務管理機構
自動車技術総合機構	造幣局	国立印刷局	国民生活センター
農畜産業振興機構	農林漁業信用基金	北方領土問題対策協会	国際協力機構[注1]
国際交流基金	日本学術振興会	日本スポーツ振興センター	日本芸術文化振興会
高齢・障害・求職者雇用支援機構	福祉医療機構	国立重度知的障害者総合施設のぞみの園	労働政策研究・研修機構
日本貿易振興機構	鉄道建設・運輸施設整備支援機構	国際観光振興機構	水資源機構
自動車事故対策機構	空港周辺整備機構	情報処理推進機構	エネルギー・金属鉱物資源機構
労働者健康安全機構	国立病院機構	医薬品医療機器総合機構	環境再生保全機構
日本学生支援機構	国立高等専門学校機構	大学改革支援・学位授与機構	中小企業基盤整備機構
都市再生機構	奄美群島振興開発基金	日本高速道路保有・債務返済機構	地域医療機能推進機構
年金積立金管理運用独立行政法人	住宅金融支援機構	郵便貯金簡易生命保険管理・郵便局ネットワーク支援機構	勤労者退職金共済機構

国立研究開発法人

情報通信研究機構	物質・材料研究機構	防災科学技術研究所	量子科学技術研究開発機構
農業・食品産業技術総合研究機構	国際農林水産業研究センター	森林研究・整備機構	水産研究・教育機構
産業技術総合研究所	土木研究所	建築研究所	海上・港湾・航空技術研究所
国立環境研究所	新エネルギー・産業技術総合開発機構	科学技術振興機構	理化学研究所
宇宙航空研究開発機構	海洋研究開発機構	医薬基盤・健康・栄養研究所	日本原子力研究開発機構
国立がん研究センター	国立循環器病研究センター	国立精神・神経医療研究センター	国立国際医療研究センター
国立成育医療研究センター	国立長寿医療研究センター	日本医療研究開発機構	

第4章　会計検査院の概要

国立大学法人等86

国立大学法人

北海道大学	北海道教育大学	室蘭工業大学	北海道国立大学機構	旭川医科大学
弘前大学	岩手大学	東北大学	宮城教育大学	秋田大学
山形大学	福島大学	茨城大学	筑波大学	筑波技術大学
宇都宮大学	群馬大学	埼玉大学	千葉大学	東京大学
東京医科歯科大学	東京外国語大学	東京学芸大学	東京農工大学	東京芸術大学
東京工業大学	東京海洋大学	お茶の水女子大学	電気通信大学	一橋大学
横浜国立大学	新潟大学	長岡技術科学大学	上越教育大学	富山大学
金沢大学	福井大学	山梨大学	信州大学	静岡大学
浜松医科大学	東海国立大学機構	愛知教育大学	名古屋工業大学	豊橋技術科学大学
三重大学	滋賀大学	滋賀医科大学	京都大学	京都教育大学
京都工芸繊維大学	大阪大学	大阪教育大学	兵庫教育大学	神戸大学
奈良国立大学機構	和歌山大学	鳥取大学	島根大学	岡山大学
広島大学	山口大学	徳島大学	鳴門教育大学	香川大学
愛媛大学	高知大学	福岡教育大学	九州大学	九州工業大学
佐賀大学	長崎大学	熊本大学	大分大学	宮崎大学
鹿児島大学	鹿屋体育大学	琉球大学	政策研究大学院大学	総合研究大学院大学
北陸先端科学技術大学院大学	奈良先端科学技術大学院大学			

大学共同利用機関法人

人間文化研究機構　　自然科学研究機構　　高エネルギー加速器研究機構　　情報・システム研究機構

いるか（正確性）、②会計経理が予算、法律、政令等に従って適正に処理されているか（合規性）、③事務・事業の遂行及び予算の執行がより少ない費用で実施できないか（経済性）、④業務の実施に際し、同じ費用でより大きな成果が得られないか、あるいは費用との対比で最大限の成果を得ているか（効率性）、⑤事務・事業の遂行及び予算の執行の効果が、所期の目的を達成しているか、また、効果を上げているか（有効性）等といった観点から検査を行っている。

なお、経済性、効率性及び有効性の検査は、それぞれの英語の頭文字が「E」であることから、総称して「3E検査」と呼ばれている。

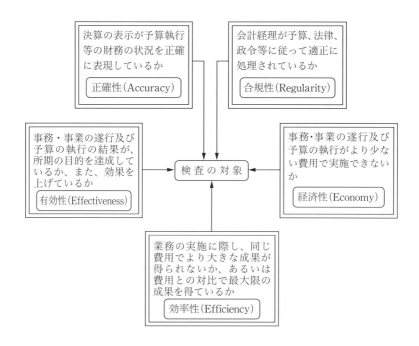

◆**検査の観点**

これを、主な検査の分野ごとにそれぞれの観点に基づく着眼点を例示すれば、次のようになる。

〈共　　通〉

●収入支出や収益費用の実績あるいは所有する財産や物品は、会計法令や

会計原則に従って漏れなく正確に決算書や財務諸表等に計上されているか（正確性）

●契約の締結は予算の範囲内で行われているか、法令に違反した予算の移用又は流用はないか（合規性）

●債権の管理や収入金の徴収、支出金の支払は会計法令等に定める手続に従って適正に行われているか、また、その内容は事実と合致したものであるか（合規性）

●契約方式や業者の選定、仕様等は競争性を阻害するものとなっていないか（経済性）

〈租　　税〉

●租税の徴収に当たり、関係法令の適用に誤りはないか、税額の計算の基礎となる所得額等の把握は的確か、徴収額の計算に誤りはないか（合規性）

〈社会保障〉

●医療費が不適正な診療報酬の請求に対して支払われていないか（合規性）

●年金が受給資格のない者に支給されていないか、支給停止や併給調整は必要に応じて確実に行われているか（合規性）

●社会保険料や各種の福祉サービスに伴う受益者負担金の徴収は、適正、公平なものとなっているか（合規性）

●膨大な年金給付に関するデータ処理や支払等の業務は、経済的、効率的に行われているか（経済性、効率性）

●福祉関係の補助金や雇用関係の給付金が、意図したように福祉サービスの充実や雇用の安定に結び付いているか（有効性）

●社会保障の制度は、目的を達成しているか、効果的に運営されているか（有効性）

〈公共事業〉

●工事の設計は所要の安全度を確保した適切なものとなっているか、また、工事が設計どおりに施工されているか（合規性）

●工事の契約額が割高になっていないか（経済性）

●事業の計画や工事の施行計画が不経済、非効率なものとなっていないか（経済性、効率性）

●構造物の設計が、不経済、非効率なものとなっていないか（経済性、効率性）

●事業が遅延して投資効果が未発現となっていないか、建設した施設や設置した設備が、所期の目的に沿って利用され効果を上げているか（有効性）

●建設された施設の有効な利活用が図られているか（有効性）

〈農林水産業〉

●農業の担い手の育成や農業経営の規模拡大のための諸施策が、その実施面で徹底しておらず、目的実現に十分寄与していないものはないか（有効性）

●社会経済や農業の実態とかい離し当初の目的の意義が薄れて事業・制度を継続することに疑問があるものはないか（有効性）

〈政府関発援助（ODA）〉

●援助は、交換公文、借款契約等に則ったものとなっているか、支払、貸付などは予算、法令等に従って適正に行われているか（合規性）

●事業が相手国の実情に適応したものであるか十分検討しているか、また、事業の進捗状況の把握・評価を的確に行い、必要な措置を執っているか（有効性）

●援助の対象となった施設、機材、移転された技術等は、十分利活用され、事業が効果を上げているか、また、事業が援助実施後も順調に運営されているか（有効性）

〈特別会計・政府出資法人〉

●国の特別会計や政府出資法人の事務・事業は、設立の目的に沿って企業的経営の見地から経済的、効率的に運営されているか（経済性、効率性）

388

第 4 章　会計検査院の概要

〈補助事業等〉
- ●補助の対象とならないものに補助金を交付していないか（合規性）
- ●補助金の申請、精算に当たって、対象事業費を基準に従って適正に算定しているか、事実と異なる経費使用の実績報告を行い過大に補助金の交付を受けていないか、また、委託事業において、委託費の支払額が業務の従事実績に基づいた適正なものとなっているか（合規性）
- ●補助の対象となった施設や基金等が良好に運営され、補助目的を達成しているか（有効性）

　また、個別の検査の実施に当たっては、以上のような一般的な着眼点を基本としながら、経理の態様や関係資料に沿って、更に具体的な着眼点や検査方法を検討して検査している。

(4)　検査の運営

　検査は次の図のような手順によって進められる。

　「会計検査の基本方針の策定」及びこれに基づく「検査計画の策定」から、検査報告の内閣送付までのサイクルとなる。

　なお、検査報告に掲記された事項については、翌年以降その是正改善が完全に終わるまでフォローアップが続けられる。

①　国会及び内閣への随時報告と国会からの検査要請事項に関する報告

　平成17年11月に、会計検査院法が改正され、会計検査院は、意見を表示し又は処置を要求した事項その他特に必要があると認める事項について、各年度の検査報告の作成を待たず、随時、その検査の結果を国会及び内閣に報告できることになった。

　また、9年から、会計検査院は、国会から国会法に基づき特定の事項について検査要請があったときは、当該事項について検査を実施してその結果を報告することができることになっている。

　これらの報告事項も概要が検査報告に掲記される。

②　会計検査の基本方針・検査計画

　会計検査院として、限られた人員でよりよい検査成果を上げるために

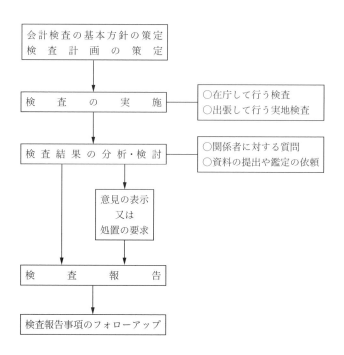

会計検査の運営

は、効率的、効果的な検査を行うことが重要である。そして、そのためには、的確な計画の策定が必要である。

そこで、毎年、次の年に行う会計検査のための会計検査院全体としての基本的な「検査方針」を策定して、これに基づいて各課ごとの「検査計画」が策定される。

第4章　会計検査院の概要

「検査計画」の策定に当たっては、検査対象の予算の規模や内容、内部統制の状況、過去の検査の結果、国民の関心や国会の審議の状況などの綿密な分析が行われ、それをもとに重点項目を設定して、それに対する検査のテーマ、勢力配分などが決められる。

③　**検査の実施**

検査は、在庁検査と実地検査の二つに区分される。

ア　在庁して行う検査（在庁検査）

会計検査院は、次のような方法等により、在庁して常時検査している。

1)　検査対象機関から、会計検査院が定める計算証明規則により、当該機関で行った会計経理の実績を計数的に表示した計算書、その裏付けとなる各種の契約書、請求書、領収書等の証拠書類を提出させてその内容を確認するなどの方法（下記「計算書と証拠書類」参照）

2)　検査対象機関から、その事務、事業等の実施状況等に関する資料

計算書と証拠書類

検査の対象となっている府省や団体は、会計検査院が定めた計算証明規則の規定に従い、その取り扱った会計経理が正確、適法、妥当であることを証明するため、一定期間ごとに取り扱いの実績を計算書に取りまとめ、その裏付けとなる証拠書類を添えて会計検査院に提出しなければならないことになっている。

計算書は、会計経理の実績を計数的に表示したものである。証拠書類は、各種の契約書、請求書、領収書などで、計算書に示された計数の真実性、適法性、妥当性を示す書類である。

計算書や証拠書類については、紙媒体により提出されるもののほか、近年では、会計事務の電子化の進展に伴うシステムの整備等により、電子情報処理組織の使用（オンライン）又は電磁的記録媒体により提出されるものが増えている。

また、1年度分の計算書の検査を終了すると、その最終計算書により、定められた手続に従って、内閣が作成した決算の計数上の正確性を検証している。

やデータ等の提出を求めてその内容を確認したり、情報通信システムを活用して関係者から説明を聴取したりするなどの方法

イ　出張して行う実地検査

　会計検査院は、府省や団体の本部や支部、あるいは工事などの事業が実際に行われている場所に職員を派遣して実地に検査を行っている。また、国から財政援助を受けて種々の事業を実施している地方公共団体等についても、国が交付した補助金などが適正に使われているかどうかを実地に検査している。更に、政府開発援助（ODA）の事業現場や在外公館など、海外においても検査活動を行っている。

　実地検査を行う箇所は、検査計画で決められた重点項目や勢力配分、在庁検査の結果、また、これまでの検査頻度・実績、国会の審議、マスコミや国民からの情報などを考慮して選定する。

　実地検査では、派遣先の事務所内で関係帳簿や会計検査院に証拠書類として提出されない書類などについて検査するほか、担当者や関係者から意見や説明を聞いたり、財産の管理状況や工事の出来栄えを実地にて確認するなどして事務・事業の実態を調査したりする。

　検査報告に掲記されて国会に報告される事項の大部分は、この実地検査によって明らかとなったもので、会計検査上極めて重要な検査方法である。

④　検査結果の分析・検討

　会計検査院の所見は、検査対象についての批判の情報を予算執行機関に示し、また国民に提供するものであることから、判断に誤りがあってはならない。

　したがって、実地検査等の結果、不適切ではないかなどと思われる会計経理を発見した場合は、事実関係等の確認はもちろんのこと、発生原因や改善のための方策について十分な検討が行われるが、事態を究明する方策として、次のようなことが行われている。

ア　関係者に対する質問

　実地検査等の結果、不適切又は不合理ではないかなどと思われる会計経理については、責任者に対して質問をする。

　この質問は、事実関係や事実認識の確認、疑問点の解明などのため行

第 4 章　会計検査院の概要

実地検査の実施率

　令和 5 年次に実施した実地検査の実施率は、次の表のとおりとなっている。

　なお、4 年次に引き続き、5 年次の実地検査は、新型コロナウイルス感染症の感染拡大防止への対応等として、同感染症による検査対象機関への影響等に配慮して実施した。

　そして、実地検査のために活動した調査官の延べ人日数は約 2 万 7 千人日となっている。

区　　　分	左の箇所数	左のうち検査を実施した箇所数	実地検査実施率(%)
検査上重要な箇所 (本省,本社,主要な地方出先機関等)	4,556 (4,476)	1,717 (1,604)	37.6 (35.8)
上記に準ずる箇所 (その他の地方出先機関等)	6,568 (6,663)	751 (685)	11.4 (10.2)
計	11,124 (11,139)	2,468 (2,289)	22.1 (20.5)

（注）　（　）は、令和 4 年次。

　　　　上記以外の箇所（郵便局、駅等）は、20,346 か所のうち 41 か所において実地検査を実施しており、これらを含めた実施率は 7.9% となっている。

うもので、当該会計経理の概要、疑問点、検査過程における所見とその理由などが記述される。

　そして、検査対象機関の書面による説明を求めて事態を究明している。

イ　資料提出・鑑定の依頼

　高度な技術的内容を含む事柄については、会計検査院職員の検討だけでは、判断が下しきれないケースがある。このような場合、第三者的な専門機関や専門家の知識、技術による判定を依頼し、その結果を参考にして判断を下すことになる。

　実地検査等の結果の分析・検討を経て事態が究明され、その結果、不適切又は不合理な事態であるなどと判断された事案については、それに対して意見を表示し又は処置を要求し、あるいは、法令、予算に違反し又は不当と認めた事項等として検査報告に掲記することになる。

　この判断は、会計検査院の意思決定機関である検査官会議において確

定されるが、判断に誤りが生じないよう、慎重な審議が行われている。

⑤ 意見の表示又は処置の要求

　会計検査院は、検査の進行に伴い、会計経理に関し法令に違反し又は不当であると認める事項がある場合には、直ちに、本属長官又は関係者に対し当該会計経理について意見を表示し又は適宜の処置を要求し及びその後の経理について是正改善の処置をさせることができることになっている。

　また、検査の結果、法令、制度又は行政に関し改善を必要とする事項があると認めるときは、主務官庁その他の責任者に意見を表示し又は改善の処置を要求することができることになっている。

　そして、これらは、会計検査院としての結論に達したとき、検査対象機関に対して発せられるものだが、その事項については、検査報告に「意見を表示し又は処置を要求した事項」として掲記することになっている。

⑥ 審議システム

　検査結果は、次の図のような審議システムにより慎重に審議される。

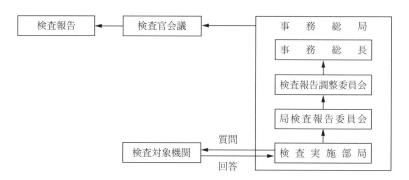

委員会の構成、運営、審議のポイントなどは次のとおりである。
　ア　委員会の構成
　「局検査報告委員会」は、それぞれの局に設けられ、局長が委員長、提案検査課長以外の局内の課長などが委員となる。「検査報告調整委員会」は、事務総長官房に設けられ、事務総局次長が委員長、官房の課長などが委員となる。
　イ　審議のポイント

第 4 章　会計検査院の概要

審議は、多種多様な事案について、①事実関係の解明、②制度の仕組みや法令の適用関係の分析、③過去の経緯と客観情勢の変化との関係の評価、④問題の所在や解決策の検討など、多角的な面から行われる。

ウ　覆審制度の採用

「局検査報告委員会」と「検査報告調整委員会」では、判断の客観性と信頼性を確保するため、委員の 1 人が第三者的立場から、あらかじめ事実関係の正確性や論旨に問題がないかを審査し、委員会に報告する「覆審制度」を採用している。

5.　検 査 報 告

会計検査院は、憲法第 90 条の規定に基づいて検査報告を作成している。この検査報告は、会計検査院が 1 年間にわたって実施した検査の成果を明らかにした文書で、検査を経た決算とともに内閣に送付され、内閣から国会に提出される。そして、国会で決算審査を行う場合の重要な資料となるほか、財政当局などの業務執行にも活用されている。また、検査報告の内閣への送付時期を従前より早めており、これにより決算の早期の国会審議に資するとともに、検査結果を予算へ一層反映することが可能となっている。

この検査報告は、国民が予算執行の結果について知ることができる重要な報告文書であり、内閣送付のときには、マスコミを通じて広く報道され国民の関心を集めている。

検査報告には、国の収入支出の決算の確認、国の決算金額と日本銀行が取り扱った国庫金の計算書の金額との不符合の有無、法令・予算に違反し又は不当と認めた事項、国会の承諾を受ける手続をとっていない予備費の支出など 8 項目の掲記が義務づけられている。また、このほか、会計検査院が必要と認めた事項についても掲記できることになっている。

このように、検査報告の内容は広範囲にわたっているが、会計検査院の検査の所見が記述されているのは主として次の 7 つの事項である。このうち、①～④の事項が不適切な事態の記述で、通常「指摘事項」と呼ばれているものである。

395

① 不当事項	検査の結果、法律、政令若しくは予算に違反し又は不当と認めた事項
② 意見を表示し又は処置を要求した事項（意見表示・処置要求事項）	会計検査院法第34条又は第36条の規定により関係大臣等に対して意見を表示し又は処置を要求した事項
③ 会計検査院の指摘に基づき当局において改善の処置を講じた事項（処置済事項）	会計検査院が検査において指摘したところ当局において改善の処置を講じた事項
④ 特に掲記を要すると認めた事項（特記事項）	検査の結果、特に検査報告に掲記して問題を提起することが必要であると認めた事項
⑤ 国会及び内閣に対する報告（随時報告）	会計検査院法第30条の2の規定により国会及び内閣に報告した事項
⑥ 国会からの検査要請事項に関する報告	国会法第105条の規定による会計検査の要請を受けて検査した事項について会計検査院法第30条の3の規定により国会に報告した検査の結果
⑦ 特定検査対象に関する検査状況	会計検査院の検査業務のうち、検査報告に掲記する必要があると認めた特定の検査対象に関する検査の状況

（1） 会計検査院の検査効果

会計検査院の検査効果は、毎年度の検査報告における指摘金額等にとどまるものではなく、以下のような様々なものがある。

① 検査結果を活用した内部監査等による是正

会計検査院は、検査対象の全ての会計経理を検査しているわけではなく、指摘金額等は実際に検査した分だけのものである。そして、これらは所要の是正措置が執られるが、そのほかに、検査していない分についても同様の事態があれば、当局においてその事態の是正も図られる。

② 検査の実施中に行われる指導助言による是正

検査報告に掲記するほどではない軽微な事態についても、実地検査などの検査の過程で指摘したり、指導助言したりして是正又は改善させている。

③ 波及効果

各府省等が、他の検査対象機関に係る検査報告掲記事項等を参考とし

第4章　会計検査院の概要

令和4年度決算検査報告掲記事項等の件数と指摘金額

事　項　等	掲記件数	指摘金額^(注1)	掲記件数の うち背景金 額を掲記し た件数^(注2)
① 不当事項	265 件	97 億 6375 万円	―
② 意見を表示し又は処置を要求した事項			
34 条関係^(注6)	3 件^(注3)	3 億 1409 万円	1 件
34 条及び 36 条関係^(注6)	3 件^(注3)	5 億 4999 万円	1 件
36 条関係^(注6)	14 件^(注3)	300 億 9664 万円	9 件
③ 会計検査院の指摘に基づき当局におい て改善の処置を講じた事項	28 件^(注3)	173 億 0615 万円	4 件
指　摘　事　項　計	333 件	〈327 件分〉^(注4) 580 億 2214 万円	
⑤ 国会及び内閣に対する報告	3 件		
⑥ 国会からの検査要請事項に関する報告	4 件		
⑦ 特定検査対象に関する検査状況	4 件		
掲記した事項等の合計	344 件	〈327 件分〉^(注4) 580 億 2214 万円	

(注1)　指摘金額とは、租税や社会保険料等の徴収不足額、工事や物品調達等に係る過大な支出額、補助金等の過大交付額、管理が適切に行われていない債権等の額、有効に活用されていない資産等の額、計算書や財務諸表等に適切に表示されていなかった資産等の額等である。なお、検査報告の指摘金額の総額については、「無駄遣いの総額」などと言われることがあるが、上記のように様々な事態を指摘していることから、会計検査院では指摘事項を説明する際に「無駄遣い」という表現を用いていない。

(注2)　背景金額とは、検査の結果、法令、制度又は行政に関し改善を必要とする事項があると認める場合や、政策上の問題等から事業が進捗せず投資効果が発現していない事態について問題を提起する場合等において、上記の指摘金額を算出することができないときに、その事態に関する支出額や投資額等の全体の額を示すものである。なお、背景金額は個別の事案ごとにその捉え方が異なるため、金額の合計はしていない。

(注3)　「意見を表示し又は処置を要求した事項」及び「会計検査院の指摘に基づき当局において改善の処置を講じた事項」には、複数の事態について取り上げているため指摘金額と背景金額の両方があるものが計9件ある。

(注4)　「不当事項」と「意見を表示し又は処置を要求した事項」の両方で取り上げているものがあり、その金額の重複分を控除しているので、各事項の金額を集計しても計欄の金額とは一致しない。

(注5)　令和4年度決算検査報告では、「④特に掲記を要すると認めた事項」として掲記したものはない。

(注6)　34条：会計検査院は、検査の進行に伴い、会計経理に関し法令に違反し又は不当であると認める事項がある場合には、直ちに、本属長官又は関係者に対し当該会計経理について意見を表示し又は適宜の処置を要求し及びその後の経理について是正改善の処置をさせることができる。

　　　36条：会計検査院は、検査の結果法令、制度又は行政に関し改善を必要とする事項があると認めるときは、主務官庁その他の責任者に意見を表示し又は改善の処置を要求することができる。

397

決算検査報告掲記件数、指摘金額の推移

年度	掲記件数	指 摘 金 額
平成 25	595 件	2831 億 7398 万円
26	540 件	1568 億 6701 万円
27	455 件	1 兆 2189 億 4132 万円
28	423 件	874 億 4130 万円
29	374 件	1156 億 9880 万円
30	335 件	1002 億 3058 万円
令和元	248 件	297 億 2193 万円
2	210 件	2108 億 7231 万円
3	310 件	455 億 2351 万円
4	344 件	580 億 2214 万円

（注）　掲記件数には「国会及び内閣に対する報告
（随時報告）」、「国会からの検査要請事項に関す
る報告」及び「特定検査対象に関する検査状
況」の件数も含まれている。

て、同様の事態の有無を自ら調査して是正する効果や、経理執行等に留意
するため同様の事態の発生が未然に防止される効果がある。

④　**牽制効果**

　検査対象機関にとって、会計検査が行われること自体が相当な牽制とな
り、違法不当な会計経理が未然に防止される効果が期待される。

(2)　検査報告事項のフォローアップ

　会計検査院は、検査報告に掲記した不当事項や意見を表示し又は処置を要
求した事項等について、国や団体の損失は回復されたか、再発防止のためにど
のような処置が執られたか、また、関係者に対してどのような処分が行われ
たかについて、処理完結に至るまで毎年報告を徴するなどして検査している。

①　国等の損失は回復されたか

　検査報告に掲記した不当事項について、租税の追徴、保険給付金や補助
金の返納、貸付金の繰上償還、手直し工事などの処理が完了しているかど
うかの把握を行っている。そして、その是正措置の状況を検査報告に掲記

している。

② 再発防止のためにどのような処置が執られたか

　検査報告に掲記した不当事項及び意見を表示し又は処置を要求した事項について、現行体制の見直しを図ったか（法規等の改正、要領・仕様の改定、事務手続の改善など）、また、担当者等に対し指導及び注意を喚起するなどしているか（文書による指導・注意、会議・研修会の開催、監査・調査の実施など）の把握を行っている。

　このうち、特に「意見を表示し又は処置を要求した事項」については、その結果を検査報告に掲記しなければならないことになっており、通常、翌年度の検査報告に、事後処置の状況を掲記している。

　また、「意見を表示し又は処置を要求した事項」に対して当局が講じた処置及び「会計検査院の指摘に基づき当局において改善の処置を講じた事項」については、当局における処置の履行状況をフォローアップし、履行されていない事態が見受けられるなどした場合には不当事項として検査報告に掲記するなどすることとしている。

③ 関係者に対してどのような処分が行われたか

　検査報告に掲記した不当事項の関係者（担当者及び監督責任者）に対して、所掌府省等においてどのような内容の処分が行われたかの把握をしている。

6.　検査結果の反映

　検査の成果が予算の編成や執行に反映されるよう、国会や財政当局に対して検査報告の説明を行っている。

（1）　国会への提出、説明

　検査報告は、決算に添付して、内閣から国会に提出され、国会の決算審査の参考に供される。

　国会の決算審査は、衆議院では決算行政監視委員会、参議院では決算委員

会で行われるが、国民の代表機関である国会において検査報告が十分活用され、そこに盛り込まれた事項について、原因の究明や改善の処置の徹底が図られてこそ、会計検査の効果が十分に発揮されることになる。

会計検査院は、上記の委員会の決算審査には、責任者が常に出席し、検査報告の内容や検査活動の状況を説明したり、会計検査の立場から所見を述べたりしている。こうして、検査報告は、決算審査の際の重要な資料として利用されている。

また、予算委員会やその他の委員会にも必要に応じて責任者が出席し、検査報告の内容を説明したり、所見を述べたりしている。

なお、検査計画の策定や検査の実施に当たっては、国会の要請や論議を十分取り入れ、国会・国民の期待に応えるようにしている。

(2)　財政当局への説明

会計検査院の検査成果を予算編成や財政運営の参考にしてもらうために、会計検査院では、定期的に財務省主計局及び理財局との連絡会を開いている。その際には、検査報告に掲記した事項の説明を行ったり、検査の過程で気付いた予算編成上又は財政運営上の参考事項について意見を述べたりしている。

また、この連絡会において、財政当局から、予算編成の背景、意図、執行上の留意点などを聴取して、検査の参考にしている。

7.　検査対象機関に対する講習会等

会計検査院では、以下のような説明会や講習会を開催するなどして、検査対象機関の内部監査や内部牽制の充実・強化及び指摘事項の再発防止を図っている。

会計検査院による外部チェックと各府省等の内部監査等が、言わば車の両輪として機能することにより、予算執行の適正化が効率的に推進されることが期待される。

第4章　会計検査院の概要

(1)　検査報告説明会

　①各府省等の官房長等、②各府省等の会計課長等、③各府省等の会計実務担当者、④出資法人等の監事・監査役、予算執行担当理事、⑤都道府県の会計管理者等を対象として「検査報告説明会」を開催している。

　この説明会は、検査報告の指摘事項等を詳しく説明することで、指摘内容の周知及び理解とその再発防止を目的としている。

(2)　検査対象機関の職員への講習会等

　検査を受ける各府省や団体等の職員の会計や監査に関する能力向上に寄与するため、各府省、政府関係機関、独立行政法人等国の出資法人及び都道府県等地方公共団体の会計事務職員や内部監査職員を対象として、会計関係の法令実務や監査技法などの講習会を開催している。
　・各省庁内部監査業務講習会
　・政府出資法人等内部監査業務講習会
　・全都道府県会計職員事務講習会
　・地方自治体監査職員事務講習会
　・全都道府県内部監査業務講習会（一般コース、工事コース）
　このほか、各府省等が主催する指摘事態の再発防止のための研修会等に、検査業務に支障のない範囲で職員等を派遣して、注意を喚起している。

(3)　内部監査関連業務

　検査対象機関の内部監査、内部牽制等の内部統制の状況についての調査・分析や各府省等の内部監査担当者との連絡会を実施するなどして、内部監査等の充実・強化を後押しするための取組を進めている。

8.　その他の業務

　会計検査院は、会計と深い関わりのある次のような業務も行っている。

401

(1) 弁償責任の検定

現金出納職員や物品管理職員、予算執行職員が、現金や物品を亡失又は損傷したり、法令又は予算に違反した支出などを行ったりして国に損害を与えた場合、会計検査院は、それが、善良な管理者の注意を怠ったことによるものであるかどうか、又は故意若しくは重大な過失によるものであるかどうかを審理し、損害の弁償責任の有無を判定する。これを「検定」と呼んでいる。

会計検査院が弁償責任があると検定したときは、各省大臣等はその職員に対して弁償命令を出さなければならない。

(2) 懲戒処分の要求

会計検査院は、検査の結果、国の会計事務を処理する職員が故意又は重大な過失によって国に著しい損害を与えたと認める場合や、予算執行職員が故意又は過失によって法令又は予算に違反した支出などを行い国に損害を与えたと認める場合などには、各省大臣等に対して、その職員の懲戒処分を要求することができることになっている。

この懲戒処分の要求は、国の会計事務を処理する職員が計算書や証拠書類の提出を怠った場合などにもできることになっている。

(3) 審　　査

会計検査院は、国の会計事務を処理する職員の会計経理の取扱いについて、それを不服として利害関係人から審査の要求があった場合は、これを審査し、是正の必要なものがあればその判定を行う。

主務官庁その他の責任者は、この判定に基づいて適切な措置を講じなければならない。

第5章

会計検査院法（一部抜粋）

会計検査院法（一部抜粋）

昭和 22 年 4 月 19 日　法律第 73 号

最終改正　令和　4 年 6 月 17 日　法律第 68 号

第一章　組　　　織

第一節　総　　　則

第一条　会計検査院は、内閣に対し独立の地位を有する。

第二章　権　　　限

第一節　総　　　則

第二十条　会計検査院は、日本国憲法第九十条の規定により国の収入支出の決算の検査を行う外、法律に定める会計の検査を行う。

②　会計検査院は、常時会計検査を行い、会計経理を監督し、その適正を期し、且つ、是正を図る。

③　会計検査院は、正確性、合規性、経済性、効率性及び有効性の観点その他会計検査上必要な観点から検査を行うものとする。

第二十一条　会計検査院は、検査の結果により、国の収入支出の決算を確認する。

第二節　検査の範囲

第二十二条　会計検査院の検査を必要とするものは、左の通りである。

一　国の毎月の収入支出

二　国の所有する現金及び物品並びに国有財産の受払

三　国の債権の得喪又は国債その他の債務の増減

四　日本銀行が国のために取り扱う現金、貴金属及び有価証券の受払

五　国が資本金の二分の一以上を出資している法人の会計

六　法律により特に会計検査院の検査に付するものと定められた会計

第二十三条　会計検査院は、必要と認めるとき又は内閣の請求があるとき

は、次に掲げる会計経理の検査をすることができる。

一　国の所有又は保管する有価証券又は国の保管する現金及び物品

二　国以外のものが国のために取り扱う現金、物品又は有価証券の受払

三　国が直接又は間接に補助金、奨励金、助成金等を交付し又は貸付金、損失補償等の財政援助を与えているものの会計

四　国が資本金の一部を出資しているものの会計

五　国が資本金を出資したものが更に出資しているものの会計

六　国が借入金の元金又は利子の支払を保証しているものの会計

七　国若しくは前条第五号に規定する法人（以下この号において「国等」という。）の工事その他の役務の請負人若しくは事務若しくは業務の受託者又は国等に対する物品の納入者のその契約に関する会計

②　会計検査院が前項の規定により検査をするときは、これを関係者に通知するものとする。

第三節　検査の方法

第二十四条　会計検査院の検査を受けるものは、会計検査院の定める計算証明の規程により、常時に、計算書（当該計算書に記載すべき事項を記録した電磁的記録（電子的方式、磁気的方式その他人の知覚によっては認識することができない方式で作られる記録であつて、電子計算機による情報処理の用に供されるものとして会計検査院規則で定めるものをいう。次項において同じ。）を含む。以下同じ。）及び証拠書類（当該証拠書類に記載すべき事項を記録した電磁的記録を含む。以下同じ。）を、会計検査院に提出しなければならない。

②　国が所有し又は保管する現金、物品及び有価証券の受払いについては、前項の計算書及び証拠書類に代えて、会計検査院の指定する他の書類（当該書類に記載すべき事項を記録した電磁的記録を含む。）を会計検査院に提出することができる。

第二十五条　会計検査院は、常時又は臨時に職員を派遣して、実地の検査をすることができる。この場合において、実地の検査を受けるものは、これに応じなければならない。

第二十六条　会計検査院は、検査上の必要により検査を受けるものに帳簿、書類その他の資料若しくは報告の提出を求め、又は関係者に質問し若しく

は出頭を求めることができる。この場合において、帳簿、書類その他の資料若しくは報告の提出の求めを受け、又は質問され若しくは出頭の求めを受けたものは、これに応じなければならない。

第二十七条　会計検査院の検査を受ける会計経理に関し左の事実があるときは、本属長官又は監督官庁その他これに準ずる責任のある者は、直ちに、その旨を会計検査院に報告しなければならない。

一　会計に関係のある犯罪が発覚したとき

二　現金、有価証券その他の財産の亡失を発見したとき

第二十八条　会計検査院は、検査上の必要により、官庁、公共団体その他の者に対し、資料の提出、鑑定等を依頼することができる。

第四節　検査報告

第二十九条　日本国憲法第九十条により作成する検査報告には、左の事項を掲記しなければならない。

一　国の収入支出の決算の確認

二　国の収入支出の決算金額と日本銀行の提出した計算書の金額との不符合の有無

三　検査の結果法律、政令若しくは予算に違反し又は不当と認めた事項の有無

四　予備費の支出で国会の承諾をうける手続を採らなかつたものの有無

五　第三十一条及び政府契約の支払遅延防止等に関する法律第十三条第二項並びに予算執行職員等の責任に関する法律第六条第一項（同法第九条第二項において準用する場合を含む。）の規定により懲戒の処分を要求した事項及びその結果

六　第三十二条（予算執行職員等の責任に関する法律第十条第三項及び同法第十一条第二項において準用する場合を含む。）並びに予算執行職員等の責任に関する法律第四条第一項及び同法第五条（同法第八条第三項及び同法第九条第二項において準用する場合を含む。）の規定による検定及び再検定

七　第三十四条の規定により意見を表示し又は処置を要求した事項及びその結果

八　第三十六条の規定により意見を表示し又は処置を要求した事項及びそ

第5章　会計検査院法（一部抜粋）

の結果

第三十条　会計検査院は、前条の検査報告に関し、国会に出席して説明することを必要と認めるときは、検査官をして出席せしめ又は書面でこれを説明することができる。

第三十条の二　会計検査院は、第三十四条又は第三十六条の規定により意見を表示し又は処置を要求した事項その他特に必要と認める事項については、随時、国会及び内閣に報告することができる。

第三十条の三　会計検査院は、各議院又は各議院の委員会若しくは参議院の調査会から国会法（昭和二十二年法律第七十九号）第百五条（同法第五十四条の四第一項において準用する場合を含む。）の規定による要請があつたときは、当該要請に係る特定の事項について検査を実施してその検査の結果を報告することができる。

第五節　会計事務職員の責任

第三十一条　会計検査院は、検査の結果国の会計事務を処理する職員が故意又は重大な過失により著しく国に損害を与えたと認めるときは、本属長官その他監督の責任に当る者に対し懲戒の処分を要求することができる。

②　前項の規定は、国の会計事務を処理する職員が計算書及び証拠書類の提出を怠る等計算証明の規程を守らない場合又は第二十六条の規定による要求を受けこれに応じない場合に、これを準用する。

第三十二条　会計検査院は、出納職員が現金を亡失したときは、善良な管理者の注意を怠つたため国に損害を与えた事実があるかどうかを審理し、その弁償責任の有無を検定する。

②　会計検査院は、物品管理職員が物品管理法（昭和三十一年法律第百十三号）の規定に違反して物品の管理行為をしたこと又は同法の規定に従つた物品の管理行為をしなかつたことにより物品を亡失し、又は損傷し、その他国に損害を与えたときは、故意又は重大な過失により国に損害を与えた事実があるかどうかを審理し、その弁償責任の有無を検定する。

③　会計検査院が弁償責任があると検定したときは、本属長官その他出納職員又は物品管理職員を監督する責任のある者は、前二項の検定に従つて弁償を命じなければならない。

④　第一項又は第二項の弁償責任は、国会の議決に基かなければ減免されな

407

い。

⑤　会計検査院は、第一項又は第二項の規定により出納職員又は物品管理職員の弁償責任がないと検定した場合においても、計算書及び証拠書類の誤謬脱漏等によりその検定が不当であることを発見したときは五年間を限り再検定をすることができる。前二項の規定はこの場合に、これを準用する。

第三十三条　会計検査院は、検査の結果国の会計事務を処理する職員に職務上の犯罪があると認めたときは、その事件を検察庁に通告しなければならない。

第六節　雑　　則

第三十四条　会計検査院は、検査の進行に伴い、会計経理に関し法令に違反し又は不当であると認める事項がある場合には、直ちに、本属長官又は関係者に対し当該会計経理について意見を表示し又は適宜の処置を要求し及びその後の経理について是正改善の処置をさせることができる。

第三十五条　会計検査院は、国の会計事務を処理する職員の会計経理の取扱に関し、利害関係人から審査の要求があつたときは、これを審査し、その結果是正を要するものがあると認めるときは、その判定を主務官庁その他の責任者に通知しなければならない。

②　主務官庁又は責任者は、前項の通知を受けたときは、その通知された判定に基いて適当な措置を採らなければならない。

第三十六条　会計検査院は、検査の結果法令、制度又は行政に関し改善を必要とする事項があると認めるときは、主務官庁その他の責任者に意見を表示し又は改善の処置を要求することができる。

第三十七条　会計検査院は、左の場合には予めその通知を受け、これに対し意見を表示することができる。

　一　国の会計経理に関する法令を制定し又は改廃するとき

　二　国の現金、物品及び有価証券の出納並びに簿記に関する規程を制定し又は改廃するとき

②　国の会計事務を処理する職員がその職務の執行に関し疑義のある事項につき会計検査院の意見を求めたときは、会計検査院は、これに対し意見を表示しなければならない。

第5章　会計検査院法（一部抜粋）

第三章　会計検査院規則

第三十八条　この法律に定めるものの外、会計検査に関し必要な規則は、会計検査院がこれを定める。

　　附　　　則（令和4年6月17日法律第68号）　抄
（施行期日）
1　この法律は、刑法等一部改正法施行日から施行する。ただし、次の各号に掲げる規定は、当該各号に定める日から施行する。
　一　第五百九条の規定　公布の日

第6章

会計検査基準（試案）

会計検査基準（試案）

平成 24 年 10 月 19 日
会計検査院

前　　文

　会計検査院が行う会計検査の目的は、国の収入支出の決算及び法律に定める会計について、常時会計検査を行うことにより、会計経理を監督し、その適正を期し、かつ、是正を図るとともに、検査の結果により国の収入支出の決算を確認することである。会計検査院はこれまで、社会経済の動向等を踏まえて国民の期待に応える会計検査に努めてきたが、国の健全な財政の維持を含め、行財政全般に対する国民の関心が高い中で、会計検査院に対する国民の期待は更に高まっている。

　このような状況の中で、会計検査院及び会計検査院の職員が会計検査業務上遵守すべき規範及び会計検査業務遂行上の基礎的手続を整理した会計検査基準（試案）を策定することは、職員の資質と能力の維持・向上に資するものであるとともに、会計検査の質を確保し、会計検査の実効性を維持・向上すべき責務を負うことを公に宣言することにもつながる。

　また、会計検査院がどのような会計検査を行っているかについて、その基本姿勢や目的、範囲、検査の方法等を会計検査基準（試案）として体系的に整理し、これを公表することは、会計検査の説明責任（アカウンタビリティ）の更なる向上のために重要であり、国民の期待に的確に応えることになる。このように会計検査の在り方を広く国民に明らかにすることは、各国の最高会計検査機関に対する共通の要請でもある。

　会計検査院は、上記のような認識に基づいて、会計検査の基本姿勢と検査方法等の大綱を明らかにすることを目的として、会計検査基準（試案）を策定し公表する。会計検査基準（試案）の作成に当たっては、日本国憲法、会計検査院法、財政法、会計法等の各種の法令や、会計検査院の内部規定等により定められた手続等に準拠することはもとより、これまでの会計検査活動

第6章　会計検査基準（試案）

の蓄積の中で遵守すべき準則として位置付けられた手法等についても、これを基本的事項として取り込んで策定した。このため、会計検査基準（試案）における各項の規範性の淵源は、それぞれ各項の基となる法令等に求められることとなる。

　なお、財政制度及び会計制度は各国により異なり、したがってこれらに立脚する会計検査制度も各国により異なる。会計検査院の会計検査の特徴は、常時会計検査を行い、会計経理を監督し、その適正を期し、かつ、是正を図ることなどを目的とし、不適切又は不合理な会計経理や、会計経理と関連する事務・事業の遂行を指摘する検査に重点を置いていることが挙げられる。このため、会計検査基準（試案）は、欧米各国の基準や国際的な基準を参考にしてはいるものの、我が国における会計検査制度に立脚して策定したものである。

　最後に、会計検査院としては、社会経済の動向等を踏まえ国民の期待に応えられるよう、会計検査基準（試案）を継続的に見直すとともに、会計検査の透明性及び実効性を高めていくために不断の努力を積み重ねて行くこととする。

関係法令：日本国憲法
　　　　　会計検査院法

第1章　会計検査の目的

　会計検査院は、憲法上の機関として、国の収入支出の決算の検査を行うほか、法律に定める会計の検査を行い、会計経理を監督する責務を担い、会計経理の適正を期し、かつ、是正を図るとともに、検査の結果により国の収入支出の決算を確認することを目的として、独立した公正不偏の立場から常時会計検査を実施する。そして、会計検査院は、正確性、合規性、経済性、効率性及び有効性の観点その他会計検査上必要な観点から行った検査の結果について、国会ひいては国民に報告し、この検査の結果がその後の予算の編成及び執行に反映されることなどにより、国の行財政活動等の健全性及び透明性の維持・向上に寄与するものとする。

関係法令：日本国憲法
　　　　　会計検査院法
　　　　　財政法

第2章　会計検査の基本原則

第1　会計検査院の基本的事項

1　独立性の確保

(1)　会計検査院は、内閣に対し独立の地位を有する。

(2)　会計検査院は、会計検査の目的を達成するため、公正不偏の立場で会計検査業務を行う。

(3)　会計検査院は、法令の定める事項について、対等かつ身分が保障された3人の検査官によって構成される検査官会議により意思決定を行い、その決定は他から制約を受けることはない。

2　客観性及び専門性の確保

(1)　会計検査院は、客観的事実と専門的判断に基づき会計検査業務を実施し、意思決定を行う。

(2)　会計検査院は、職員の専門的知見の蓄積と共有に努め、その専門的能力の向上を図る。その不断の取組の一つとして、継続的な研修を実施する。研修の実施においては、職員として必要な資質をかん養するため、個々の職員の検査経験の各段階に応じた専門的知見及び検査技能を付与するとともに、研修の効果を把握し、職員の専門的知見及び検査技能が必要な水準を維持できるよう適切な措置を講ずる。

3　会計検査業務の品質管理

(1)　会計検査院は、会計検査業務の実施に当たり、法令、予算又は所定の手続を遵守することにより、常に会計検査業務の品質を維持・向上させるように努める。

(2)　会計検査院は、会計検査業務の品質を確保するために、検査計画の策定、実地検査等の実施、検査結果の報告事項案の審議及び検査結果の報告に至る各段階の品質管理の手続等を定め、これを遵守する。この品質管理の手続等には、関係者に対して質問を発することによる事実関係等の確認、検査結果の報告事項案に対する重層的な審議及び検査結果の報告事項案を取りまとめた職員以外の会計検査を担当する職員による第三者的視点からの検証を含む。

4　情報の管理

会計検査院は、会計検査業務で作成したり、取得したりした情報を適切

第6章　会計検査基準（試案）

に管理する。

第2　会計検査院の職員の基本的事項

1　公正性の保持

　　会計検査を担当する職員は、公正不偏の態度で、客観性を保持しつつ誠実に職務を遂行する。

2　専門的能力の向上

　　会計検査を担当する職員は、会計検査の専門家として、常に、実務経験等から得られる専門的知見の蓄積及び検査技能の向上に努める。

3　会計検査の専門家としての注意

　　会計検査を担当する職員は、会計検査の専門家としての注意を払い、違法不当な事態又は改善を必要とする事態が生じている可能性を常に念頭に置いて会計検査を実施する。

4　情報の守秘

　　職員は、職務上知り得た情報を漏えいしたり、自己のために利用したりしてはならない。

5　検査実施状況の報告及び指導監督

　(1)　会計検査を実施した職員は、実施した会計検査の状況について、所定の手続に従って適時に上級の職にある者に報告する。

　(2)　上級の職にあるものは、その指揮下にある職員が実施した会計検査の内容を十分把握し、これに基づき、その後の会計検査の的確な実施のため、当該職員に対して、適時適切に指導監督する。

関係法令：日本国憲法
　　　　　会計検査院法
　　　　　会計検査院法施行規則
　　　　　国家公務員法
　　　　　個人情報の保護に関する法律
　　　　　行政機関の保有する情報の公開に関する法律
　　　　　公文書等の管理に関する法律
　　　　　国家公務員倫理法
　　　　　職員の服務の宣誓に関する政令

第3章　会計検査の実施

第1　会計検査実施の基本的事項

1　会計検査の対象及び範囲

(1)　会計検査院は、憲法の規定により国の収入支出の決算の検査を行うほか、法律に定めるところにより、必ず検査しなければならない対象及び必要と認めるときに検査することができる対象について検査を実施する。会計検査院が必要と認め検査することを決定した場合には、当該決定を関係者に通知する。

(2)　会計検査院は、会計検査の実施に当たっては、既往に会計検査を実施したものか否かに関わりなく、また、その時点で必要と認める範囲と深度で行う。

(3)　会計検査院は、広く会計経理が妥当なものとなっているかなどを検査するため、会計検査の範囲を会計経理の処理に限定することなく、会計経理と関連する事務・事業の遂行もその範囲に含めて実施する。

2　会計経理の監督

　　会計検査院は、常時会計検査を行い、会計経理を監督し、その適正を期し、かつ、是正を図る。

3　会計検査の観点等

(1)　会計検査院が実施する会計検査における検査の観点は、次のとおりである。

　　ア　正確性

　　　　決算の表示が予算執行等の財務の状況を正確に表現しているかという観点

　　イ　合規性

　　　　会計経理が予算、法律、政令等に従って適正に処理されているかという観点

　　ウ　経済性

　　　　事務・事業の遂行及び予算の執行がより少ない費用で実施できないかという観点

　　エ　効率性

　　　　事務・事業の遂行及び予算の執行において、同じ費用でより大きな

成果が得られないか、あるいは費用との対比で最大限の成果を得ているかという観点

オ　有効性

事務・事業の遂行及び予算の執行の結果が、所期の目的を達成しているか、また、効果を上げているかという観点

カ　その他会計検査上必要な観点

上記のほか、会計検査上必要と認める観点

(2)　会計検査院は、上記の観点からの検査に際しては、入札等における公正な競争が確保されているか、政府出資法人等における財務の健全性が確保されているか、実施された事務・事業について継続の必要性があるか、事務・事業がそれらに内在するリスク評価を踏まえて適切に実施されているか、会計経理や事務・事業の遂行において、透明性が確保され適切に説明責任が果たされているかなどの点にも着眼することを視野に入れて、多角的な観点から検査を実施する。

4　決算の確認

会計検査院は、検査の結果により、国の収入支出の決算を確認する。

第2　検査の計画

1　会計検査の基本方針の策定

会計検査院は、検査年次ごとに、会計検査業務の基本的な統制を図るため、会計検査の際に重点を置く施策の分野等を示した会計検査の基本方針を定める。そして、この会計検査の基本方針に基づき、検査年次ごとに、検査計画を策定する。

2　検査計画の策定

(1)　会計検査院は、会計検査を効率的、効果的に実施し、その目的を達成するために、検査計画を策定する。検査計画の策定に当たっては、検査対象とする会計経理を行う機関（以下「検査対象機関」という。）の事業内容、予算規模、内部統制の状況、過去の検査状況、社会経済情勢、国会での審議、報道等を十分に分析検討した上で、会計検査に当たって重点的に取り組むべき事項を設定する。

(2)　会計検査院は、検査計画策定後、国会から検査の要請を受け検査官会議において検査することを決定したとき、社会的関心の高い事項を迅速

に検査する必要があるとき、検査の進行に伴い新たな事態が判明したときなど重点的に取り組むべき事項等の見直しを行う必要が生じた場合には、検査計画を変更するなど機動的に対応する。

第3　検査の実施

1　検査の方法

会計検査院は、策定した検査計画に基づき、検査対象機関に対して、次のように与えられた権限を十分に行使して会計検査を実施する。

(1)　会計検査院の規定に基づいて提出させている検査対象機関における会計経理の実績を取りまとめた計算書及び契約書、領収証書等の証拠書類について書面検査を行うなど、在庁して検査を実施する。

(2)　検査対象機関における会計経理や事務・事業の遂行の実態を的確に把握するために、会計検査院法の規定に基づいて、職員を検査対象機関に派遣して実地検査を行う。実地検査の実施に当たっては、次のような点を基本とする。

　　ア　在庁検査により得られた情報を活用するなどして効率的、かつ、効果的に実施する。

　　イ　会計経理の記録並びに当該記録を裏付ける資料及び成果を現地で確認し、検査対象機関の職員から説明を聴取する。

　　ウ　会計検査の対象となる施設の管理・運営の現場や工事の施工現場等に、必要に応じて立ち入ることにより、事務・事業の実施状況の実態を的確に把握し、確認する。

(3)　在庁検査及び実地検査により得られた情報のほかに、会計検査院法に定める次の方法により得られた情報等を活用する。

　　ア　検査対象機関に帳簿、書類その他の資料若しくは報告の提出を求め、又は関係者に質問し若しくは出頭を求めることにより、提出された報告又は回答等から得られた情報

　　イ　検査対象機関の会計経理に関し、会計に関係のある犯罪が発覚したとき、又は現金、有価証券その他の財産の亡失を発見したときに、本属長官等から提出される報告により得られた情報

　　ウ　官庁、公共団体その他の者に対し依頼して提出を受けた資料、鑑定報告等により得られた情報及び知見

第 6 章　会計検査基準（試案）

(4)　上記の情報や知見を補完するため、外部から提供された情報や一般に入手可能な情報を、当該情報の精度を検討の上、活用する。

2　根拠資料の収集等

(1)　会計検査院は、会計検査の実施に当たっては、客観的な事実認定と妥当な判断を行うために必要と認める十分かつ的確な資料を収集し、整理し、保存する。

(2)　会計検査院は、実施した会計検査の内容について、所定の方法に基づき、必要な事項を文書として適切に記録し、整理し、保存する。

3　検査対象機関に対する意見の表示又は処置の要求

会計検査院は、会計検査の実施により認められた事態の態様に応じて、検査対象機関に対し、次のとおり意見の表示又は処置の要求を行う。

(1)　検査の進行に伴い、会計経理に関し法令に違反し又は不当であると認める事項がある場合、その発生原因を究明し、直ちに、本属長官又は関係者に対し当該会計経理について意見を表示し又は適宜の処置を要求し及びその後の経理について是正改善の処置を求める。

(2)　検査の結果、会計経理や事務・事業の遂行において不合理、不都合な事態が生じており、その発生原因を除去するなどのため、法令、制度又は行政に関し改善を必要とする事項があると認める場合、主務官庁その他の責任者に意見を表示し又は改善の処置を要求する。

4　検査結果に対するフォローアップ検査

会計検査院は、検査結果の報告に掲記した事項のうち、不適切又は不合理な事態として指摘した事項等については、その後の会計検査において、不適切な事態等の是正措置状況及び再発防止措置の状況等を的確に把握する。そして、当該措置等が十分でない場合等には必要な対応を執ることにより検査の結果の実効性を高める。

第4　検査の計画、実施における留意事項

1　横断的な検査等

(1)　会計検査院は、複数の検査対象機関により横断的に実施されている施策、あるいは複数の検査対象機関に共通又は関連する事項について、状況に応じて、横断的な検査を実施する。

(2)　会計検査院は、検査対象機関における一部の部局や事務・事業の遂行

及び予算の執行において不適切な事態が判明した場合は、状況に応じて、他の部局や事務・事業の遂行及び予算の執行においても同様の事態が生じていないかを確認する。

(3) 会計検査院は、検査対象機関において不適切な事態が判明した場合は、状況に応じて、当該事態が生じた年度から遡った年度においても同様の事態が生じていないかを確認する。

2　機動的、弾力的な検査

会計検査院は、社会的関心の高い事項等については必要に応じて機動的、弾力的な検査を行うなど、適時適切に対応する。

3　内部統制の状況を踏まえた検査

会計検査院は、検査対象機関における内部統制の実効性に十分留意する。また、内部統制が十分機能して会計経理の適正性が確保されるよう、必要に応じて内部統制の改善を求めるなど適切に対応する。

関係法令：日本国憲法
　　　　　会計検査院法
　　　　　国会法
　　　　　会計検査院法施行規則
　　　　　公文書等の管理に関する法律

第4章　会計事務を処理する職員に対する責任の追及及び審査

第1　会計事務を処理する職員に対する責任の追及

1　弁償責任の検定

会計検査院は、出納職員等の会計事務を処理する職員が善良な管理者の注意義務を怠ったことにより国に損害を与えたことなど、法律の定める弁償責任の要件に該当するかどうかなどを審理し、弁償責任の有無を検定する。

2　懲戒処分の要求

会計検査院は、検査の結果等により、会計事務を処理する職員が故意又は重大な過失により著しく国に損害を与えたことなど、法律の定める要件に該当すると認めるときは、当該職員の任命権者等に対し懲戒処分を要求する。

第6章　会計検査基準（試案）

3　検察庁への通告

　　会計検査院は、検査の結果国の会計事務を処理する職員に職務上の犯罪があると認めたときは、その事件を検察庁に通告する。

第2　国の会計経理の取扱いに関する審査

　　会計検査院は、国の会計事務を処理する職員の会計経理の取扱いに関し、利害関係人から審査の要求があったときは、これを審査する。審査の結果、是正を要するものがあると認めるときは、その判定を主務官庁その他の責任者に通知する。

関係法令：会計検査院法

　　　　　予算執行職員等の責任に関する法律

　　　　　会計法

　　　　　政府契約の支払遅延防止等に関する法律

　　　　　会計検査院法施行規則

　　　　　会計検査院審査規則

第5章　検査結果の報告

第1　検査結果報告の基本的事項

(1)　会計検査院は、その検査結果が公正性と妥当性を確保し、信頼されるものとなるよう、次の慎重な審議手続を経て検査結果を報告する。

　ア　検査結果の報告に当たっては、事務総局内で重層的な審議を行った上で検査官会議の審議に付する。事務総局内での審議においては、事実認定の客観性と判断の妥当性を確保するため、検査結果の報告事項案を取りまとめた職員以外の会計検査を担当する職員による第三者的視点からの検証を行う。

　イ　検査結果の報告における掲記の要否、その内容については、検査官会議において、検査結果の事実関係や事態の規模、重大性、発生原因、事態の広がり等の各要素を総合的に検討して判断する。

(2)　会計検査院は、検査結果の報告に当たっては、国民が理解しやすいものとするため、分かりやすい用字用語で的確かつ簡潔に記述する。

第2　検査結果の報告

(1)　会計検査院は、次の各報告によって検査結果を明らかにする。

ア　決算検査報告

会計検査院は、憲法の規定により作成する決算検査報告に、国の収入支出の決算を検査した結果及びその他法律に定める会計について検査した結果を掲記し、内閣に送付する^(注)。

イ　国会及び内閣に対する報告

会計検査院は、会計検査院法の規定に基づいて、意見を表示し又は処置を要求した事項その他特に必要と認める事項について、随時、国会及び内閣に報告する。

ウ　国会からの検査要請事項に関する報告

会計検査院は、国会法の規定に基づいて国会から要請があった特定の事項について検査を行ったときは、その検査の結果を、会計検査院法の規定に基づき、国会に報告する。

エ　国有財産検査報告

会計検査院は、国有財産法の規定に基づき、「国有財産増減及び現在額総計算書」及び国有財産無償貸付状況総計算書について検査した結果を記した国有財産検査報告を作成し、内閣に送付する^(注)。

(2)　会計検査院は、特別会計に関する法律及び個別の法律に規定された決算に関する書類等について検査を行い、検査を行った旨等を明らかにした通知を決算に関する書類等とともに内閣に送付する^(注)。

(注)　これらの報告等は、内閣から国会へ提出又は報告される。

第3　決算検査報告の掲記事項

会計検査院は、会計検査院法又は会計検査院法施行規則の規定に基づき、次の各事項について決算検査報告に掲記する。

1　決算の確認

会計検査院は、決算検査報告に、国の決算を確認したこと、計算書等の検査を完了したことなどについて記載する。具体的には、次の項目について記載する。

①　国の決算の確認

②　国税収納金整理資金受払計算書の検査完了

第6章　会計検査基準（試案）

③　政府関係機関の決算の検査完了

④　国の決算金額と日本銀行の提出した計算書の金額との対照

⑤　国会の承諾を受ける手続を採っていない予備費の支出

2　個別の検査結果

(1)　会計検査院は、次の事項については、個別の検査結果として決算検査報告に掲記する。

　　ア　不当事項

　　　　検査の結果、法律、政令若しくは予算に違反し又は不当と認めた事項

　　イ　意見を表示し又は処置を要求した事項

　　　　会計検査院が検査対象機関に対して意見を表示し又は処置を要求した事項及びその結果

　　ウ　本院の指摘に基づき当局において改善の処置を講じた事項

　　　　会計検査院が検査において指摘したところ当局において改善の処置を講じた事項

　　エ　特に掲記を要すると認めた事項

　　　　検査の結果、特に決算検査報告に掲記して問題を提起することが必要であると認めた事項

　　オ　不当事項に係る是正措置の状況等

　　　　不当事項に係る是正措置の状況及び本院の指摘に基づき当局において改善の処置を講じた事項に係る処置の履行状況

(2)　会計検査院は、個別の検査結果を決算検査報告に掲記するに当たっては、検査の対象とした事務・事業等の概要及び検査の結果を記載する。検査の結果には、原則として、検査の観点、着眼点、対象、方法及び検査の過程で究明した発生原因を含む。

(3)　国会及び内閣に対する報告並びに国会からの検査要請事項に関する報告等

　　　会計検査院は、国会及び内閣に対する報告並びに国会からの検査要請事項に関する報告について決算検査報告に掲記する。また、会計検査院の検査業務のうち、決算検査報告に掲記する必要があると認めた特定の検査対象に関する検査の状況については、特定検査対象に関する検査状況として決算検査報告に掲記する。

423

4　会計事務職員に対する懲戒処分の要求及び検定

　会計検査院は、懲戒処分の要求をしたときは、当該要求事項及びその結果を決算検査報告に掲記する。また、会計検査院は、弁償責任の検定をしたときは、当該件数・金額及びその主な事項の概要を決算検査報告に掲記する。

5　その他会計検査院が必要と認める事項

　会計検査院は、検察庁へ通告した事項、審査を行い是正を要する旨の判定をした事項その他会計検査院が必要と認める事項を決算検査報告に掲記する。

関係法令：会計検査院法
　　　　　会計検査院法施行規則
　　　　　日本国憲法
　　　　　財政法
　　　　　国会法
　　　　　国有財産法
　　　　　特別会計に関する法律
　　　　　放送法
　　　　　国税収納金整理資金に関する法律
　　　　　沖縄振興開発金融公庫の予算及び決算に関する法律
　　　　　株式会社日本政策金融公庫法
　　　　　独立行政法人国際協力機構法
　　　　　株式会社国際協力銀行法

※関係法令は令和6年4月1日現在。

資料編

昭和 22 年から令和 4 年

戦後の昭和22年度から令和4年度までの決算検査報告において、会計検査院が指摘してきた「用地補償」に関する指摘事項を一覧表にして掲載する。これらの詳細な情報は、会計検査院のホームページ『検査報告データベース』（https://report.jbaudit.go.jp/）にて公開されているため、本書とあわせてご参照いただきたい。

　なお、昭和50年度決算検査報告以降の指摘事項については、上記『検査報告データベース』をもとに編集して本書に掲載しているため「第3章　用地補償の分類別指摘事例」をご参照いただきたい。

報告検査年度	省庁・団体名	指摘事項	件　　　名
S 22	大蔵省	不　当	国有財産の管理当を得ないもの
S 23	法務府	不　当	国有財産使用料の徴収決定をしていないもの
	大蔵省	不　当	国有財産の貸付料及び売渡代金の収納処置当を得ないもの
		不　当	国有財産の使用料が低価に失したもの
		不　当	国有財産の売渡価格が低価に失したもの
		不　当	社寺国有境内地の管理当を得ないもの
		不　当	国有財産の貸付目的を達していないもの
		不　当	国有財産の管理当を得ないもの
	文部省	不　当	土地の購入に当り処置当を得ないもの
		不　当	国有財産の管理当を得ないもの
	農林省	不　当	農地等の購入代金の支払及び売渡代金の徴収入に当り処置当を得ないもの
		不　当	農地等の売渡代金の徴収処置当を得ないもの
S 24	大蔵省	不　当	国有財産の貸付料及び売渡代金の収納処置当を得ないもの
		不　当	国有財産の売渡に関し処置当を得ないもの
		不　当	社寺国有境内地の管理当を得ないもの
S 25	総理府	不　当	架空の庫移補償費を支払ったもの
		不　当	連合国軍に使用された資材の補償金支払に当り処置当を得ないもの
		不　当	ホテル焼失補償金の支払に当り処置当を得ないもの
	大蔵省	不　当	国有財産の管理当を得ないもの
		不　当	国有財産の売渡に当り処置当を得ないもの
		不　当	国有財産の管理及び処分に関し処置当を得ないもの
S 26	大蔵省	不　当	国有財産の管理当を得ないもの
		不　当	用途を指定して売り渡した国有財産に関し処置当を得ないもの
		不　当	国有財産の貸付料及び売渡代金の収納処置当を得ないもの

資料編　昭和22年から令和4年

報告検査年度	省庁・団体名	指摘事項	件名
S 27	総理府（調達庁）	不 当	土地借料等の支払にあたり処置当を得ないもの
		不 当	土地の提供に伴う立毛、離作補償等にあたり処置当を得ないもの
		不 当	立木補償の支払にあたり処置当を得ないもの
	大蔵省	不 当	用途を指定して売り渡した国有財産に関し処置当を得ないもの
		不 当	国有財産の売渡代金および使用料の収納処置当を得ないもの
	日本国有鉄道	不 当	土地建物使用料の徴収処置当を得ないもの
	日本電信電話公社	不 当	土地の交換にあたり評価等当を得ないもの
S 28	総理府（調達庁）	不 当	建物の購入にあたり処置当を得ないもの
		不 当	返還財産の損失補償額の算定当を得ないもの
		不 当	補償すべき林野雑産物を過大に見積ったもの
		不 当	土地、建物の借料が過大に支払われたもの
	大蔵省	不 当	国有財産の売渡代金および使用料の徴収処置当を得ないもの
S 29	総理府（防衛庁）	不 当	用地の取得にあたり処置当を得ないと認められるもの
	大蔵省	不 当	土地の売渡価格が低価に失したもの
		不 当	用途を指定して売り渡した国有財産に関し処置当を得ないもの
		不 当	国有財産の使用料の徴収処置当を得ないもの
S 30	大蔵省	不 当	用途を指定して売り渡した国有財産に関し処置当を得ないもの
		不 当	普通財産の管理当を得ないもの
		不 当	土地建物等の使用料の徴収処置当を得ないもの
	日本国有鉄道	不 当	土地の売渡価額が低れんと認められるもの
S 31	大蔵省	不 当	用途を指定して売り渡した普通財産に関し処置当を得ないもの
		不 当	土地建物等の使用料の徴収処置当を得ないもの
	日本国有鉄道	不 当	高架下使用料の料金決定が適正でないもの
S 32	総理府（調達庁）	不 当	過大な土地借料を支出しているもの
		不 当	建物の返還に伴う損失補償金の支払にあたり処置当を得ないもの
	総理府（防衛庁）	不 当	用地の取得にあたり処置当を得ないもの

427

報告検査年度	省庁・団体名	指摘事項	件　　名
S 33	総理府（防衛庁）	不　当	不用の土地を購入しているもの
	農林省	不　当	国有財産の管理当を得ないもの
S 35	大蔵省	不　当	国有財産の管理当を得ないもの
	農林省	不　当	土地等の交換にあたり処置当を得ないもの
		不　当	土地の売渡価額が低廉と認められるもの
S 36	大蔵省	不　当	土地の売渡価額が低廉と認められるもの
	文部省	意見表示処置要求	国立学校に所属する国有財産の管理について是正改善の処置を要求したもの
	農林省	不　当	国有財産の管理が適切を欠いているもの
		不　当	土地の貸付料が低廉と認められるもの
		意見表示処置要求	土地改良事業によって造成した埋立地等を転用する場合における造成費の回収について改善の意見を表示したもの
		意見表示処置要求	自作農創設特別措置特別会計に所属する財産の管理について是正改善の処置を要求したもの
	建設省	意見表示処置要求	建設省直轄河川工事において河川の敷地とするため買収した土地の管理について是正改善の処置を要求したもの
S 37	大蔵省	不　当	土地の売渡価額が低廉と認められるもの
	農林省	不　当	国有財産の管理が適切を欠いているもの
		不　当	土地の貸付料が低廉と認められるもの
	日本国有鉄道	不　当	会社線との並行敷設に伴う損失補償の処置当を得ないと認められるもの
		不　当	用地の買収等にあたり処置当を得ないと認められるもの
S 38	大蔵省	不　当	土地の売渡価額が低廉と認められるもの
	農林省	不　当	土地の売渡価額が低廉と認められるもの
		不　当	国有財産の管理が適切を欠いているもの
		不　当	土地の貸付料が低廉と認められるもの
S 39	大蔵省	意見表示処置要求	普通財産の管理について是正改善の処置を要求したもの
	農林省	不　当	国有財産の管理が適切を欠いているもの
S 40	農林省	不　当	国有財産の管理が適切を欠いているもの
	日本住宅公団	意見表示処置要求	土地買収予定価格の評定について

資料編　昭和 22 年から令和 4 年

報告検査年度	省庁・団体名	指摘事項	件　　名	通番号	収録頁
S 50	文部省	不　当	補助事業の実施及び経理が不当と認められるもの	1	28
				150	348
	農林省	不　当	土地の貸付料改定に関する処置が適切でなかったため、徴収額が低額となっていたもの	27	77
	日本住宅公団	特　記	用地の利用及び住宅の供用について	75	187
S 51	建設省	処置要求	廃川敷地の管理について処置を要求したもの	43	109
		処置済	一般国道等における道路の占用料について	44	111
		特　記	国有財産（法定外公共物）の管理について	76	188
	日本国有鉄道	不　当	補償金の支払が適正でなかったと認められるもの	139	326
	日本国有鉄道・日本鉄道建設公団	処置要求	日本鉄道建設公団が日本国有鉄道に有償で貸し付けている鉄道施設のうち不用となっている用地について処置を要求したもの	45	113
	水資源開発公団	処置済	導水路の建設に伴う地上権の設定について	17	56
	阪神高速道路公団	不　当	高速道路の建設に伴う事業用地の買収に当たり処置当を得ないもの	80	199
S 52	文部省	不　当	移転統合のため購入した用地が、校舎等諸施設の建設の目途も立たないまま遊休しているもの	28	78
	農林水産省	処置要求	管水路等の建設に伴う地上権の設定について処置を要求したもの	18	58
	日本住宅公団	処置済	学校等の用地に対する固定資産税等の負担について	46	115
S 53	文部省	不　当	補助事業の実施及び経理が不当と認められるもの	81	201
	日本国有鉄道	不　当	トンネル工事に伴う水田の減渇水対策費の支払が適切でなかったもの	140	328
S 54	日本鉄道建設公団	不　当	ずい道工事に伴う飲料水の渇水対策補償費の支払が適切でなかったもの	141	330
S 55	日本鉄道建設公団	不　当	ずい道工事の異常出水事故に伴い負担する損害額の支払が適切でなかったもの	147	343
S 56	文部省	不　当	国有財産の管理等が適切でなかったもの	29	80
	日本鉄道建設公団	特　記	上越新幹線建設に伴い取得した併設道路用地の費用の回収について	77	190
S 57	運輸省	処置済	東京国際空港における土地使用料の算定方法を適切なものに改善させたもの	19	60

報告検査年度	省庁・団体名	指摘事項	件　名	通番号	収録頁
S 57	建設省	特　記	国が補助した土地区画整理事業の施行に伴って整備された宅地の利用の現状について	78	193
	日本国有鉄道	処置要求	固定資産の貸付け等について、貸付けに関する基準の適用方を明確にするなどして収入の増加を図るよう是正改善の処置を要求したもの	47	118
S 58	農林水産省	不　当	国有財産の管理が適切を欠いているもの	30	83
	運輸省	不　当	補助事業の実施及び経理が不当と認められるもの	82	202
	建設省	不　当	公営住宅建設補助事業の実施及び経理が不当と認められるもの	2	29
	住宅・都市整備公団	処置済	長期保有に係る道路等の移管予定施設を早期に移管するよう改善させたもの	48	124
S 59	日本国有鉄道	不　当	職員の不正行為による損害を生じたもの	31	85
		特　記	東北新幹線建設に伴い取得した都市施設用地について	79	196
	住宅・都市整備公団	処置要求	事業完了後長期間保有している造成宅地の処分を促進するよう是正改善の処置を要求したもの	49	126
	水資源開発公団	意見表示	琵琶湖開発事業における旅客船に対する補償の処理について意見を表示したもの	144	335
	阪神高速道路公団	処置済	借家人に対する補償額の算定方法を適切なものに改善させたもの	145	339
S 60	建設省	不　当	補助事業の実施及び経理が不当と認められるもの	3	32
S 61	文部省	不　当	補助事業の実施及び経理が不当と認められるもの	4	34
				151	349
				152	350
				153	351
				154	352
				155	353
	建設省	不　当	補助事業の実施及び経理が不当と認められるもの	156	354
S 62	文部省	不　当	補助事業の実施及び経理が不当と認められるもの	5	36
	日本国有鉄道清算事業団	不　当	固定資産税及び都市計画税を過大に納付していたもの	32	86
H 元	西日本旅客鉄道	不　当	法律の規定により日本国有鉄道清算事業団に譲渡すべき土地を他に売却して利益を得たもの	33	88

資料編　昭和 22 年から令和 4 年

報告検査年度	省庁・団体名	指摘事項	件　　名	通番号	収録頁
H2	農林水産省	意見表示	市街化区域内に所在する国有農地等の有効な利活用を図るためその処分を促進するよう意見を表示したもの	50	130
	運輸省	不　当	地下高速鉄道建設事業の実施に当たり、補助の対象とならない土地取得費を補助対象としているもの	6	37
	建設省	不　当	土地区画整理事業の実施に当たり、建物等の移転補償費の算定が適切でなかったため、事業費が過大になっているもの	83	204
	住宅・都市整備公団	意見表示	住宅団地内に施設用地として保有している土地の利活用を図るよう意見を表示したもの	51	132
H5	日本電信電話	処置済	支障移転工事費の算定における標準単価の適用対象を適切なものにするよう改善させたもの	132	309
H6	農林水産省	処置済	農業農村整備事業の実施における水道管等の移設補償費の算定を適切なものにするよう改善させたもの	133	311
	運輸省	処置済	空港用地の管理を適切なものとするよう改善させたもの	52	134
	建設省	不　当	緊急地方道路整備事業の実施に当たり、買収した土地が道路用地として使用されておらず、その目的を達していないもの	84	207
	日本国有鉄道清算事業団	処置済	簡易駐車場用地として貸し付けている土地の使用料の算定を適切に行うよう改善させたもの	53	136
H7	農林水産省	処置要求	漁港整備事業により造成した漁港施設用地等の利用及び管理を適正に行うことにより、事業効果の発現が図られるよう改善の処置を要求したもの	54	138
	建設省	処置済	国庫補助事業に係る道路用地取得の事務処理を適切に行うよう改善させたもの	159	360
	東京湾横断道路	不　当	土地賃貸借契約において、借地料の算定に当たり課税されていない都市計画税相当額を含めたため、支払額が割高になっているもの	7	39
H8	建設省	処置済	国庫補助事業による公共事業の施行に伴う損失の補償に係る消費税相当額の取扱いを適切に行うよう改善させたもの	104	241
H9	総理府（防衛庁）	処置済	建物等移転補償におけるコンクリート解体費の積算を施工の実態に適合するよう改善させたもの	105	244
	厚生省	処置済	未利用国有地について、利用方針を策定させるなどして有効な利活用を図るよう改善させたもの	55	139

431

報告検査年度	省庁・団体名	指摘事項	件　　名	通番号	収録頁
H 10	建設省	不　当	公共下水道事業の実施に当たり、終末処理場の土地取得費の算定を誤ったため、補助金が過大に交付されているもの	8	41
		処置済	下水道整備事業の実施における水道管等の移設補償費の算定を適切なものにするよう改善させたもの	134	313
	住宅・都市整備公団	処置済	土地区画整理事業等において教育施設等のため確保している公益施設用地の用途を変更して早期に処分するよう改善させたもの	56	141
H 11	建設省	処置済	国庫債務負担行為等により土地開発公社等が先行取得した土地を事業主体が取得する場合の国庫補助基本額の算定が適切に行われるよう改善させたもの	20	62
	都市基盤整備公団	処置済	土地区画整理事業において譲渡した住宅用地に係る固定資産税等について、負担方法の見直しを行い負担額の節減を図るよう改善させたもの	21	64
H 12	国土交通省	不　当	交通安全施設交差点改良事業の実施に当たり、残地補償費の算定を誤ったため、補償費が過大となっているもの	9	42
	阪神高速道路公団	処置済	建物等移転補償における解体材の処理費の積算を適切なものとするよう改善させたもの	106	246
	西日本旅客鉄道	意見表示	鉄道事業用地等における第三者占有地について、適切な処分、管理等を図るよう改善の意見を表示したもの	57	143
H 13	文部科学省	処置済	史跡等購入費補助金の交付を受けて土地の買取り等を行った史跡について、保存のための管理を適切に行うとともに、積極的な活用を図るよう改善させたもの	58	145
	国土交通省	不　当	移転補償額の算定に係る業務委託契約において、実施されていない業務について委託費を支払っていたもの	157	356
		不　当	鉄塔の移転補償契約の実施に当たり、鉄塔の地中部分が撤去されていないのに補償額全額を支払っていたもの	108	264
		処置済	道路事業の実施における公共施設等の移設補償費の算定を適切なものにするよう改善させたもの	135	317
		特定検査	夕張シューパロダム建設事業に伴う損失補償等の実施について	107	248

432

資料編　昭和22年から令和4年

報告検査年度	省庁・団体名	指摘事項	件　　名	通番号	収録頁
H 14	内閣府（防衛庁）	不　当	飛行場周辺に所在する建物等に係る移転補償金の支払が訓令に定める手続に違背し、適正を欠いていたもの	158	358
	国土交通省	不　当	特定交通安全施設等整備事業の実施に当たり、損失の補償の対象とならない消費税相当額を補償費に計上していたため、補償費が過大となっているもの	85	208
	新東京国際空港公団	処置済	空港用地の取得のため保有している代替地用地の保有の必要性等を検討して不要な土地の処分を図るよう改善させたもの	59	147
H 15	財務省	不　当	国の庁舎を使用許可する場合の使用料の算定を誤ったため、使用料が低額となっているもの	34	90
	国土交通省	不　当	緊急地方道路整備事業の実施に当たり、移転の対象となっていない店舗を含めて営業補償費を算定したため、補償費が過大となっているもの	142	332
	都市基盤整備公団	不　当	送電線路等の移設補償契約に係る補償費の支払に当たり、工事予定金額に基づき補償費を精算していたため、支払額が過大となっているもの	109	265
	鉄道建設・運輸施設整備支援機構	処置済	新幹線施設の建設のため取得した残地の売却に係る事務を速やかに行う事務処理体制を整備することにより、その早期の売却を図るよう改善させたもの	22	66
H 16	国土交通省	不　当	道路整備事業の実施に当たり、近傍の取引事例との比較考量を十分に行わないまま土地を取得したため、用地費が過大となっているもの	10	44
		不　当	道路改築事業の実施に当たり、損失の補償の対象とならない消費税額を補償費に計上していたため、補償費が過大となっているもの	110	266
		不　当	道路改築事業の実施に当たり、私道を宅地として評価して土地を取得したため、用地費が過大となっているもの	11	45
H 17	国土交通省	不　当	港湾改修事業の実施に当たり、漁業権等の先行補償に要した費用を支払うに際して利子支払額の算定を誤ったため、補助金が過大に交付されているもの	148	345
		不　当	道路改築事業の実施に当たり、損失の補償の対象とならない消費税額を補償費に計上していたため、補償費が過大となっているもの	86	210

433

報告検査年度	省庁・団体名	指摘事項	件　　名	通番号	収録頁
H 17	成田国際空港	不　当	空港用地の取得のため保有している代替地用地のうち不動産管理会社等に管理させていた土地について、土地賃貸借契約を締結せず、賃料を収納していないもの	35	93
H 18	国土交通省	不　当	道路改築事業等の実施に当たり、建物移転料の算定が適切でなかったなどのため、事業費が過大となっているもの	87	212
		不　当	公共下水道事業の実施に当たり、損失の補償の対象とならない消費税額を補償費に計上していたなどのため、補償費が過大となっているもの	111	268
		不　当	河川改修事業の実施に当たり、建物等移転補償に要する費用の算定が適切でなかったなどのため、補償費が過大となっているもの	88	215
		処置済	河川改修の実施に伴い河川区域の一部が廃止されるなどして普通財産となった土地について、土地の実態を適宜確認することなどによりその管理等を適切に行うよう改善させたもの	60	150
		処置済	トンネル整備事業の実施に当たり、用地取得の状況等を的確に把握するなどして事業を実施することにより、事業効果が早期に発現するよう改善させたもの	160	362
		処置済	港湾事業の実施に当たり、漁業権等の先行補償に要した費用の支払に際して、実際に支払われた利子支払額を正確に把握し、適切な利子支払相当額を算定するよう改善させたもの	149	346
	都市再生機構	不　当	建物等の移転補償の実施に当たり、地区別補正率の適用を誤ったため、補償費が過大となっているもの	89	216
	東京大学	処置済	土地及び建物の貸付料の算定に当たり、継続貸付けの貸付料を新規貸付けの貸付料と同一の取扱いとして、適切な貸付料を徴収するよう改善させたもの	61	152
H 19	農林水産省	処置済	被災職員に対する離職後における休業補償等の支給に当たり、医療機関での診療時間の状況等が反映された通院時間を用いることなどにより、休業補償等の額の算定を適切に行うよう改善させたもの	146	341
	国土交通省	不　当	土地区画整理事業等の実施において支障となる水道管等の移設補償費の算定に当たり、財産価値の減耗分を控除していなかったなどのため、補償費が過大となっているもの	112	270

434

資料編　昭和 22 年から令和 4 年

報告検査年度	省庁・団体名	指摘事項	件　　名	通番号	収録頁
H 19	国土交通省	不　当	空港整備事業の実施に当たり、物件移転補償に要する費用の算定が適切でなかったため、補償費が過大となっているもの	143	333
		処置済	まちづくり交付金等による事業の実施に当たり、土地開発公社等が先行取得した用地を地方公共団体が取得する場合の交付対象事業費の範囲が適切なものとなるよう改善させたもの	23	68
	成田国際空港	処置要求	無償で貸し付けている土地の貸付契約について、借受者と有償化に向けた協議を行い、社内規程に適合したものとするよう適宜の処置を要求したもの	62	154
	造幣局	処置要求	宿舎、庁舎分室等の建物及びこれらに係る用地について、利用状況を考慮するなどして保有の必要性を検討するとともに、不要な資産の確実な国庫返納に備えるよう改善の処置を要求したもの	63	156
H 20	農林水産省	処置要求	貸付けを行っている国有農地等の管理に当たり、国有農地等の使用料の長期滞納者に係る滞納額の収納を適切に行うとともに、貸付条件に違反して国有農地等を使用している場合の契約解除を厳正に行うよう是正改善の処置を求めたもの	64	158
	国土交通省	不　当	自動車教習所の移転に係る補償費の算定が適切でないもの	90	217
		不　当	水道管等の移設に係る補償費の算定が適切でないもの	113	272
		不　当	建物移転料等の算定が適切でないもの	91	218
		不　当	工作物移転料等の算定が適切でないもの	114	273
		不　当	取得した用地が補助の目的を達していないもの	36	94
		意見表示処置要求	河川改修事業を実施するために取得した土地について、適切な管理が行われるよう適宜の処置を要求し及び是正改善の処置を求め並びに工事着手までの間の活用が図られるよう意見を表示したもの	65	160
	日本高速道路保有・債務返済	不　当	高架下の占用許可物件等に係る占用料の徴収に当たり、占用料を徴収していなかったり、占用料の算定を誤ったりしていたため、徴収額が不足しているもの	37	96
H 21	国土交通省	不　当	管理が適切でなかったため、被補償者に提供するために取得した代替地用地が第三者に使用されていたもの	38	98

435

報告検査年度	省庁・団体名	指摘事項	件　名	通番号	収録頁
H 21	国土交通省	不　当	工場等の移転に係る補償費の算定が適切でなかったもの	92	219
		不　当	立体駐車場の移転に係る補償費の算定が適切でなかったもの	93	221
		不　当	事務所等の移転に係る補償費の算定が適切でなかったもの	94	223
		不　当	下水道用地を承認を受けずに貸し付けるなどし、貸付料等に係る国庫納付を行っていなかったもの	39	100
		不　当	道路改築事業の実施に当たり、損失補償等を行う契約において建物等の移転補償に要する費用の算定が適切でなかったため、契約額が割高になっていたもの	95	224
		処置要求	街路事業における土地開発公社等が先行取得した用地の地方公共団体による再取得に当たり、再取得に係る補助対象事業費を算定する際の基準や範囲等を具体的に示すこととなどにより、補助対象事業費の算定を適切なものとするよう是正改善の処置を求めたもの	24	70
		意見表示処置要求	補助事業で取得した下水道用地について、必要性の見直しが適時適切に行われ、その活用が図られるよう意見を表示し、並びに今後の取得が適時適切に行われるよう、また、財産処分に当たって適正な手続がとられるよう適宜の処置を要求し及び是正改善の処置を求めたもの	66	162
		処置要求	道路用地を取得するために保有している代替地用地について、早急に被補償者等に売買契約等の締結を求めるなどの措置を執るよう適宜の処置を要求し及び代替地用地の取得、管理、処分が適切に行われるよう是正改善の処置を求め並びに改善の処置を要求したもの	67	164
	東北大学・東京学芸大学・東京芸術大学・琉球大学	処置要求	国立大学法人が保有している未利用の土地や建物等について、当該資産を保有する合理的な理由の有無を検討して具体的な処分計画又は利用計画を策定するなどし、これにより資産の有効活用を図るよう改善の処置を要求したもの	68	166
H 22	国土交通省	不　当	配水設備の移設に要する損失の補償費に、実質的に負担しないこととなる消費税相当額を加算していたもの	115	274

436

資料編　昭和 22 年から令和 4 年

報告検査年度	省庁・団体名	指摘事項	件　名	通番号	収録頁
H22	国土交通省	不当	共同住宅等の移転に係る補償費の算定が適切でなかったもの	96	226
		処置要求	道路整備事業に伴う建物等の移転補償費の算定に当たり、キュービクル式の受変電設備を機械設備として取り扱うことを明確にするなどして、その算定を適切なものとするよう是正改善の処置を求めたもの	136	319
	中日本高速道路・西日本高速道路	処置済	用地関係業務における業務費の積算について、業務の委託先である子会社において発生している費用を反映した適切なものとするよう改善させたもの	25	72
H23	財務省	処置済	麻薬探知犬訓練センターの敷地内にある訓練場等の有効利用を図ることにより、別途訓練場として借り上げていた土地を借り上げないこととするとともに、今後は、訓練場等の施設の有効利用を図ることを十分検討した上で育成訓練計画表を適切に作成して訓練を実施するよう改善させたもの	69	168
	国土交通省	不当	機械設備等の移転に係る補償費の算定が適切でなかったもの	116	276
		不当	建物の移転に係る補償費の算定が適切でなかったもの	97	228
		処置済	道路整備事業に伴う単独処理浄化槽の移転補償費の算定に当たり、合併処理浄化槽の材工単価に代えて単独処理浄化槽の推定材工単価を用いることにより、その算定を適切なものとするよう改善させたもの	137	321
	日本銀行	処置済	長期間更地となっている土地について速やかに必要性の検討を行ったり、利用が低調となっている土地について利用方法の見直しを行ったりして、保有する必要性が乏しい場合は処分を検討するよう改善させたもの	70	170
	中日本高速道路	不当	新東名高速道路建設事業に伴う損失補償等の実施に当たり、契約条項に違反した行為がなされていたのに支払を行うなどの不適正な会計経理を繰り返したり、補償費の算定が適切でなかったため契約額が割高となったりしていたもの	12	46
H24	国土交通省	不当	建物の移転に係る補償費の算定が適切でなかったもの	98	230
				117	278
		不当	機械設備等の移転に係る補償費の算定が適切でなかったもの	118	280

437

報告検査年度	省庁・団体名	指摘事項	件　名	通番号	収録頁
H 24	国土交通省	不　当	水道管等の移設に係る補償費の算定が適切でなかったもの	119	281
	青少年教育振興機構・国立印刷局・日本原子力研究開発機構	処置済	有効に利用されていない土地について具体的な処分計画を策定して国庫納付に向けた手続に着手するなどするよう改善させたもの	71	175
H 25	財務省	不　当	国有港湾施設有償貸付契約において、貸付料の算定を誤ったため、契約額が低額となっていたもの	40	102
	国土交通省	不　当	建物の移転に係る補償費の算定が適切でなかったもの	99	232
		処置済	国庫補助事業で実施する道路整備事業に伴う移転補償費の算定に当たり、見積書の価格を直接工事費及び諸経費等に区分させるとともに、その内容が検証可能になるようにさせることにより、見積書の価格を適切に反映できるよう改善させたもの	26	74
H 26	国土交通省	不　当	用地の再取得に係る交付対象事業費の算定が適切でなかったため、交付金が過大に交付されていたもの	13	48
		不　当	建物の移転に係る補償費の算定が適切でなかったもの	100	234
		不　当	通信線路等の移設に係る補償費の算定が適切でなかったもの	120	283
H 27	農林水産省	不　当	水道管等の移設補償費の算定が適切でなかったもの	121	285
		不　当	国営かんがい排水事業の実施における移設補償費の支払に当たり、移設対象の水道管等に係る財産価値の減耗分を誤って控除せずに移設補償費を算定していたため、支払額が過大となっていたもの	122	287
		処置要求	農業農村整備事業の実施における既存公共施設等の移設補償費の算定に当たり、移設対象の水道管等に係る財産価値の減耗分を適切に控除することにより、移設補償費の支払が適正なものとなるよう適宜の処置を要求し及び是正改善の処置を求めたもの	138	323
	国土交通省	不　当	建物の移転に係る補償費の算定が適切でなかったもの	123	289
				101	235

438

資料編　昭和22年から令和4年

報告検査年度	省庁・団体名	指摘事項	件　名	通番号	収録頁
H27	国土交通省	不　当	用地の再取得に係る交付対象事業費の算定が適切でなかったため、交付金が過大に交付されていたもの	14	49
		不　当	道路の拡幅等に係る用地費の算定が適切でなかったもの	15	50
	都市再生機構	不　当	建物等の移転補償の実施に当たり、工作物等の区分を誤ったため、補償費が過大となっていたもの	124	291
H28	国土交通省	不　当	通信線路等の移設に係る補償費の算定が適切でなかったもの	125	293
H29	国土交通省	不　当	架空送電線路の移設に係る補償費の算定が適切でなかったもの	102	237
H30	国会（衆議院）	意見表示	使用されていない国有財産について、国有財産法に規定されている原則を踏まえた有効活用が図られていくよう意見を表示したもの	72	177
	国土交通省	不　当	通信線、配水管等の移設に係る補償費の算定が適切でなかったもの	126	295
		不　当	建物の移転に係る補償費の算定が適切でなかったもの	103	239
		不　当	機械設備の移転に係る補償費の算定が適切でなかったもの	127	298
R元	国土交通省	不　当	通信線、配水管等の移設に係る補償費の算定が適切でなかったもの	128	300
	産業技術総合研究所	処置要求	国立研究開発法人産業技術総合研究所が賃借している土地のうち有効に利用されていない土地について、賃借しないこととする土地を確定するとともに、賃貸借契約の見直しに向けた計画を策定するよう是正改善の処置を求め、及び保有している土地のうち有効に利用されていない土地について、具体的な処分計画又は利用計画を策定するなどするよう改善の処置を要求したもの	73	180
	海技教育機構	処置済	有効に利用されていない土地及び建物について、不要財産として国庫納付することとなるよう改善させたもの	74	184
R2	国土交通省	不　当	通信線、ガス管等の移設に係る補償費の算定が適切でなかったもの	129	302
	日本スポーツ振興センター	不　当	水道施設の移設等に当たり、消費税相当額の算定が適切でなかったため、移設等補償費が過大となっていたもの	130	305
R3	国土交通省	不　当	通信線等の移設に係る補償費の算定が適切でなかったもの	131	307

報告 検査 年度	省庁・ 団体名	指摘事項	件　　名	通番号	収録頁
R3	国土交通省	不　当	都市計画道路の整備に係る用地費の算定が適切でなかったもの	16	52
R4	国土交通省	不　当	都市計画道路用地について承認を受けずに財産処分を行い、使用料に係る国庫納付を行っていなかったもの	41	105
		不　当	公共補償の実施に当たり、既存公共施設等の機能廃止の時までの財産価値の減耗分について、一般会計において負担すべきであるのに特別会計において負担しており、また、既存公共施設等の処分利益について、特別会計において支出する撤去工事の費用から控除するなどすべきであるのに一般会計の歳入として処理されていたもの	42	107

【参考図書】

『会計検査院百年史』会計検査院

『会計検査院百三十年史』会計検査院

『会計検査院検査報告データベース』(昭和 22 年度～令和 4 年度) 会計検査院

『決算検査報告』(平成元年度～令和 4 年度) 会計検査院

『会計検査のあらまし』(平成 2 年～令和 5 年会計検査院年報) 会計検査院

『会計検査院』令和 6 年版　会計検査院

『会計検査基準 (試案)』会計検査院

『会計検査院ガイドブック』2024 年版　一般財団法人 経済調査会

編著者略歴

芳賀　昭彦（はが　あきひこ）

（昭和30年生）
東洋大学法学部卒
元会計検査院第4局農林水産検査第4課長
現在、一般財団法人経済調査会技術顧問
日本高速道路保有・債務返済機構「高速道路の新設等に要する
費用の縮減に係る助成に関する委員会」委員等

用地補償と会計検査

令和6年12月10日　初 版 発 行

編著者　芳 賀 昭 彦

発行所　一般財団法人 経済調査会
〒105-0004　東京都港区新橋6-17-15
電 話　（03）5777-8221（編集）
　　　　（03）5777-8222（販売）
FAX　（03）5777-8237（販売）
E-mail：book@zai-keicho.or.jp
https://www.zai-keicho.or.jp/

建設関連図書販売サイト
BookけんせつPlaza
https://book.zai-keicho.or.jp/

複製を禁ずる

印刷所
製本所　中央印刷株式会社

Ⓒ 芳賀昭彦　2024
乱丁・落丁はお取り替えします。

ISBN 978-4-86374-360-1